PRINCIPES DE DESCRIPTION DES VERRES ANCIENS DEPUIS LES TEMPS LES PLUS RECULÉS JUSQU'AU XIIIe SIÈCLE DE N.È.

ZASADY OPISU SZKIEŁ ZABYTKOWYCH OD CZASÓW NAJDAWNIEJSZYCH DO XIII WIEKU

(Na podstawie materiałów z Europy środkowej, wschodniej, południowo–wschodniej i Zakaukazia)

ПРИНЦИПЫ ОПИСАНИЯ ДРЕВНЕГО СТЕКЛА С ДРЕВНЕЙШИХ ВРЕМЁН ДО XIII ВЕКА

(На основе материалов из Центральной, Восточной и Юго–восточной Европы и Закавказья)

INSTITUT D'ARCHÉOLOGIE ET D'ETHNOLOGIE
DE L'ACADÉMIE POLONAISE DES SCIENCES

INSTITUT D'ARCHÉOLOGIE ET D'ETHNOLOGIE
UNIVERSITÉ NICOLAS COPERNIC, TORUŃ

PRINCIPES DE DESCRIPTION DES VERRES ANCIENS DEPUIS LES TEMPS LES PLUS RECULÉS JUSQU'AU XIIIe SIÈCLE DE N.È.

(D'après l'analyse du matériel archéologique du Centre, de l'Est
et du Sud–Est de l'Europe et de la Transcaucasie)

Rédigé par

MARIA DEKÓWNA et JERZY OLCZAK

Wydawnictwo DiG
Warszawa–Toruń 2002

Textes traduits par: Katarzyna Bartkiewicz,
Lucjan Grobelak, Aleksandra Sokołowska

Élaboration numérique des illustrations
en collaboration avec Robert Żukowski

Sous la direction de

Witold HENSEL, membre ordinaire de l'Académie Polonaise des Sciences; Artemij V. ARCICHOVSKIJ, membre correspondant de l'Académie des Sciences de l'ex–URSS; Valentin L. JANIN, membre ordinaire de l'Académie des Sciences de l'ex–URSS; avec la collaboration de Maria DEKÓWNA, professeur à l'Institut d'Archéologie et d'Ethnologie (anciennement Institut d'Histoire de la Culture Matérielle) de l'Académie Polonaise des Sciences; Jerzy OLCZAK, professeur à l'Institut d'Archéologie et d'Ethnologie de l'Université Nicolas Copernic de Toruń et Julia L. ŠČAPOVA, professeur à la Chaire d'Archéologie de l'Université d'État M.V. Lomonosov de Moscou.

Auteurs

(leurs noms figurent sous forme d'initiales
au bas des chapitres respectifs)

R.B. — Rusudana BACHTADZE (Musée de Géorgie, Tbilisi)
M.D. — Maria DEKÓWNA (Institut d'Archéologie et d'Ethnologie de l'Académie Polonaise des Sciences, Varsovie)
A.G. — Anna GIRDWOYŃ (Institut d'Archéologie et d'Ethnologie de l'Académie Polonaise des Sciences, Varsovie)
Z.L. — Zlata A. L'VOVA (Ermitage, Saint–Pétersbourg)
D.N. — Darvin NAUMOV (Saint–Pétersbourg)
J.O. — Jerzy OLCZAK (Institut d'Archéologie et d'Ethnologie de l'Université Nicolas Copernic, Toruń)
N.S. — Nina P. SOROKINA (Musée Historique d'État, Moscou)
J.Š. — Julia L. ŠČAPOVA (Chaire d'Archéologie de l'Université d'État M.V. Lomonosov de Moscou)
N.U. — Nino UGRELIDZE (Centre des Recherches Archéologiques, Académie des Sciences de Géorgie à Tbilisi)
S.Ž. — Sergej V. Žak (Université d'État de Rostov–sur–Don)

Les travaux furent effectués dans le cadre de l'accord signé entre l'Institut d'Histoire de la Culture Matérielle (actuellement Institut d'Archéologie et d'Ethnologie) de l'Académie Polonaise des Sciences à Varsovie et le Département d'Histoire de l'Université d'État M.V. Lomonosov de Moscou, ainsi que l'Institut d'Histoire, d'Archéologie et d'Ethnographie de l'Académie des Sciences de la R.S.F.S. de Géorgie (actuellement Centre des Recherches Archéologiques, Académie des Sciences de Géorgie) à Tbilisi.
Ont également participé à ce projet: Ermitage de Saint–Pétersbourg, Université d'État de Rostov–sur–Don et Université Nicolas Copernic de Toruń.

CIP — Biblioteka Narodowa
Principes de description des verres anciens depuis les temps les plus reculés jusqu'au XIIIe siècle de n.è. : (D'après l'analyse du matériel archéologique du Centre, de l'Est et du Sud–Est de l'Europe et de la Transcaucasie) / réd. par Maria Dekówna et Jerzy Olczak ; Institut d'Archéologie et d'Ethnologie de l'Académie Polonaise des Sciences Warszawa, Institut d'Archéologie et d'Ethnologie Université Nicolas Copernic Toruń. — Warszawa : „DiG", 2002

Cet ouvrage a bénéficié du soutien financier du Comité de la Recherche Scientifique (Komitet Badań Naukowych)

Adresses de la Rédaction

Institut d'Archéologie et d'Ethnologie de l'Académie Polonaise des Sciences,
00–140 Warszawa, Al. Solidarności 105, Pologne, tél. (48 22) 652–19–60; 620–28–82 (poste 138);
fax (48 22) 624–01–00;

Institut d'Archéologie et d'Ethnologie de l'Université Nicolas Copernic, 87–100 Toruń,
rue Szosa Bydgoska 44/48, Pologne, tél. (48 56) 611–39–78; fax (48 56) 611–39–71.

ISBN 83–7181–273–6

WYDAWNICTWO
DiG

PL 01–524 Warszawa
Al. Wojska Polskiego 4
tel./fax: (0–22) 839 08 38
e–mail: biuro@dig.com.pl
http://www.dig.com.pl

Nakład 600 egz.
Do druku oddano i druk ukończono w 2002 r.
Druk: Zakład Poligrafii Instytutu Technologii Eksploatacji w Radomiu

TABLE DES MATIÈRES

SPIS TREŚCI

PRÉFACE

Le début de ce travail remonte à la fin des années 1960, lorsque Jerzy Olczak a lancé l'idée de publier les résultats des analyses des verres anciens découverts dans les terrains correspondant à l'Europe orientale comprise dans un sens large. Cette idée a été inspirée par le travail de E. R. Caley (1962), où on peut trouver les résultats des analyses de la composition chimique des verres antiques et du haut Moyen Âge découverts sur les territoires de l'Europe occidentale et méridionale ainsi qu'en Afrique et en Asie, analyses faites entre 1790 et 1957. Toutefois, l'auteur n'a pas tenu compte de l'acquis dans ce domaine des pays de l'Europe centrale, orientale et sud–orientale, ainsi que de certains pays non européens. Pourtant cet acquis, particulièrement en ce qui concerne certains pays, était considérable et avait une longue tradition déjà depuis le milieu des années 1950. Par exemple, les premières analyses physico–chimiques des verres provenant des territoires de la Pologne actuelle ont été exécutées dans les années 1870 (Tischler 1879), de territoires de l'ancienne Russie — au début du XXe siècle (voir plus de détails à ce sujet: Ščapova 1972, p. 11 sq.). Au cours des années 1950, le développement de ces travaux sur les territoires mentionnés s'est accéléré. Ils étaient menés de manière particulièrement intensive dans l'ex–URSS et en Pologne (p.ex. Bezborodov 1956; 1959; 1969; Bachtadze 1954; 1960; 1964; Ščapova 1960; 1961; 1963; 1973; 1975a; 1975b; 1977 et suivants; L'vova, Naumov 1970; Dąbrowski, Karwowska 1954, p. 179–185; Dąbrowski 1961; Olczak 1960; 1968 et suivants; Olczak, Jasiewiczowa 1963; Chmielowska 1960, p. 105–157; Dekówna 1962, p. 228 sq.; 1978 et suivants). Ont été analysées des trouvailles provenant non seulement de ces deux régions mais également d'autres territoires, comme par exemple de Bulgarie et de Tchécoslovaquie d'alors (p.ex. Bezborodov, Marinov 1958; 1961a; 1961b; Bezborodov 1969; Olczak 1978, p. 131–133; Dekówna 1978). Des travaux semblables, bien que de moindre ampleur, ont été menés dans d'autres pays de l'Europe centrale et sud–orientale, entre autres: en Bulgarie (Džingov 1960; 1963; 1975; Dončeva–Petkova, Zlatinova 1978, p. 39, 42), en Hongrie (Zimmer, Flórián 1979) ainsi qu'en Roumanie (Baluta 1978).

Outre les analyses de la composition chimique, ont été exécutées — il est vrai très rarement — des analyses des matières premières et des matériaux réfractaires utilisés dans la verrerie (Bezborodov 1956; Bezborodov, Olczak 1964, p. 365 sq.).

Maria Dekówna et Julia L. Ščapova ont été invitées à travailler sur le projet de J. Olczak. Selon l'exposé sommaire rédigé en 1970 par ces trois chercheurs, le projet prévoyait de préparer pour la publication les résultats des analyses des verres provenant des découvertes archéologiques faites sur les territoires de l'Europe centrale et orientale et de la Transcaucasie et datées de l'Âge du Bronze au XIIIe s. de n.è. Outre les résultats des analyses, le projet prévoyait d'y faire figurer la description du contexte archéologique et celle des caractéristiques des formes et des autres caractéristiques extérieures (teintes, transparence du verre, dimensions) ainsi que la technologie de fabrication (traces d'opérations techniques, technique d'exécution) des échantillons analysés. Le projet comprenait 14 catégories de découvertes (récipients, cubes de mosaïque, vitraux, vitres, bracelets, bagues, perles, gemmes et sceaux en verre, pendentifs, boutons, têtes d'épingle, intailles pour objets en métal, déchets de fabrication, d'autres découvertes).

A mesure que les travaux avançaient, il a été décidé d'élargir leur domaine et d'augmenter le nombre de chercheurs, invitant à y participer en tant que coauteurs des archéologues et des chimistes spécialisés dans la recherche sur les verres de diverses époques et un mathématicien. À la suite des discussions qui ont eu lieu entre les spécialistes de ce groupe élargi, il a été décidé de préparer des programmes spéciaux de description des différentes caractéristiques des verres analysés, d'augmenter la liste des caractéristiques techniques en y ajoutant les programmes de description du type chimique du verre, des colorants, des décolorants, des produits opacifiants, des méthodes d'analyse, et d'autres caractéristiques. Il a été également décidé de mettre au point un atlas des couleurs pour déterminer les teintes des verres et de baser la construction des programmes sur la présentation hiérarchisée des caractéristiques dans le système décimal (pour plus d'informations sur ce sujet, voir plus loin au chapitre I 4). Il a été établi qu'on mettrait au point un modèle de fiches à remplir par les utilisateurs textuellement et/ou à l'aide d'un code numérique ainsi qu'un programme de „traitement mécanique de fiches" (des cartes perforées et un programme informatique spécialement préparé). Il a été décidé de réaliser l'ensemble du projet dans le cadre d'un accord international. Celui–ci a été signé en 1975 entre *Instytut Historii Kultury Materialnej* (Institut d'Histoire de la Culture Matérielle) appelé ci–dessous IHKM; actuellement *Instytut Archeologii i Etnologii* (Institut d'Archéologie et d'Ethnologie) de l'Académie Polonaise des Sciences à Varsovie et la Faculté d'Histoire de l'Université d'État de Moscou. Les travaux compris par l'accord ont duré jusqu'à la fin de 1980 et, après l'expiration de l'accord, ont été continués, mais dans une moindre mesure, jusqu'en 1990. En 1977, l'Institut d'Histoire, d'Archéologie et d'Ethnographie de l'Académie des Sciences de l'ex–République Soviétique Socialiste de Géorgie d'alors (appelé ci–dessous IHAiE) s'est joint à cet accord, sur la base d'une convention particulière.

À l'époque où elle était la plus nombreuse, l'équipe comptait 11 membres. En faisaient partie : Artemij V. Arcichovskij, membre correspondant de l'Académie des Sciences de l'ex–URSS et, après sa mort, à partir de la fin du mois de juin 1978, Valentin L. Janin, membre de l'Académie des Sciences de l'ex–URSS, dirigeant les travaux du côté soviétique; Witold Hensel, membre de l'Académie Polonaise des Sciences, dirigeant les travaux du côté polonais, ainsi que le candidat des sciences Rusudana Bachtadze (Musée de Géorgie, Tbilisi); le professeur docteur habilité Maria Dekówna (IHKM — coauteur et secrétaire de l'équipe polonaise), Mme Anna Girdwoyń (IHKM), le candidat des sciences Zlata A. L'vova (Ermitage), Darvin V. Naumov (Saint–Pétersburg), le professeur docteur habilité Jerzy Olczak (Institut d'Archéologie et d'Ethnologie de l'Université N. Copernic de Toruń), le candidat des sciences Nina P. Sorokina (Musée National d'Histoire de Moscou), le professeur docteur Julia L. Ščapova (Chaire d'Archéologie de l'Université d'État de Moscou, appelée plus loin : KA MGU; coauteur et secrétaire de l'ensemble soviétique), le candidat des sciences Nino Ugrelidze (IHAiE) ainsi que le candidat des sciences Sergej V. Žak (Université d'État de Rostov–sur–Don).

Le travail portait comme titre provisoire *Catalogue des analyses des verres anciens d'Europe orientale et de Transcaucasie depuis les temps les plus reculés jusqu'au XIIIe siècle de n.è*. Selon l'accord, il devait être édité en français et en deux volumes: le premier devait comprendre la partie textuelle (entre autres les schémas de description) et devait être publié par l'IHKM et le second devait comporter une série de dossiers comprenant les fiches de catalogue des verres découverts sur les territoires circonscrits par l'accord, étudiés par des méthodes de laboratoire. La préparation des fiches et l'édition successive des fascicules devaient être assurées par la Faculté d'Histoire de l'Université d'État de Moscou.

Les deux signataires principaux de l'accord (IHKM et la Faculté d'Histoire MGU) ont financé la majorité des travaux liés à la préparation du *Catalogue*...: la réalisation des illustrations, les frais de traduction en français ainsi que ceux entraînés par les rencontres plénières et les rencontres organisées auxquelles ne participaient que certains auteurs (p.ex. les archéologues).

Six rencontres plénières se sont tenues en tout (du 24 au 28 I 1975 à Moscou, organisée par KA MGU; du 1 au 8 IV 1976 à Tbilisi, organisée par IHAiE; du 5 au 13 V 1977 à Nieborów, organisée par IHKM; du 5 au 15 XII 1977 à Moscou et à Tbilisi, organisée par KA MGU; du 31 X au 12 XI 1978 à Nieborów, organisée par IHKM; du 14 au 23 I 1980 à Moscou, organisée par KA MGU). Il y a eu également six rencontres partielles du groupe d'auteurs (du 21 II au 3 III 1975 à Varsovie, organisée par IHKM; du 18 au 30 V 1975 à Moscou, organisée par KA MGU; du 21 au 23 VIII 1975 à Varsovie; du 30 IX au 13 X 1975 à Varsovie; du 21 IX au 1 X 1976, à Varsovie, ces trois dernières organisées par IHKM; du 13 au 26 V 1985 à Moscou, organisée par KA MGU). À l'invitation de IHKM est venue à deux reprises à Varsovie Nina P. Sorokina (du 3 II au 1 III 1981 et du 9 VIII au 5 IX 1983) pour consulter l'exécution des illustrations pour le programme de description des appellations et des formes de récipients ainsi que des formes de certaines autres catégories d'objets en verre.

Au cours des longues discussions et des mises au point de la conception du *Catalogue...*, on est parvenu à surmonter les différences liées à la spécificité des spécialités scientifiques représentées par les auteurs (archéologues, chimistes, mathématicien) ainsi qu'aux traditions et „écoles" scientifiques dont ils provenaient et également les différences des méthodes de travail pour ce genre de publication. Compte tenu que le groupe se composait de spécialistes de différents domaines disposant de grandes connaissances sur des matériaux extrêmement diversifiés de différentes régions de ce territoire important qui faisait l'objet de l'étude, que les chercheurs étaient désireux de dépasser le domaine de leur propre expérience et leurs habitudes de recherche pour s'adapter aux solutions proposées par la majorité du groupe, il a été possible de mettre au point des principes généraux de description des verres anciens.

Un des buts recherchés était de préparer, selon les mêmes règles, des descriptions de toutes les caractéristiques (formelles et techniques) pour chaque catégorie d'objets. Pour y arriver, il a fallu, entre autres, éviter systématiquement de tenir compte des petits détails non typiques ainsi que de ceux pouvant apparaître sporadiquement pour arrêter la description à un degré de généralité identique pour toutes les caractéristiques, degré qui permette toutefois de fournir les informations importantes pour caractériser l'objet décrit sans omettre des informations sur les caractéristiques spécifiques pour chaque catégorie de trouvailles. Quand on est parvenu à établir de tels programmes, il s'est avéré que, si on ne tient pas compte de certaines caractéristiques, la plupart des caractéristiques externes (p.ex. couleur, transparence du verre), ainsi que les caractéristiques mises en évidence par des méthodes de laboratoire (p.ex. composition chimique du verre) sont identiques pour chaque catégorie. Les programmes ont donc été refaits de telle façon que pour chacune des catégories d'objets, ont été laissés des schémas individuels de description des caractéristiques : „Genre d'objet", „Forme — Objet brut", „Dimensions", et pour d'autres p.ex., „Forme — Ornement", „Trace d'opérations techniques", „Technique d'exécution", „Type chimique du verre" — communes pour toutes les catégories.

Un autre but recherché par les auteurs était l'unification de la terminologie utilisée pour la description des verres. On sait que dans la littérature du sujet il existe dans ce domaine une grande diversité et beaucoup d'arbitraire. Très souvent des définitions subjectives et diverses sont utilisées par différents chercheurs pour décrire les mêmes caractéristiques. Jusqu'à présent, personne n'a tenté d'unifier cette terminologie. Les auteurs du *Catalogue...*, après une longue période d'études et de discussions et à la suite de nombreux essais, ont mis au point une terminologie uniforme des différentes caractéristiques pour toutes les catégories d'objets. Il faut souligner que le membre du groupe, le mathématicien — informaticien Sergej V. Žak a joué un grand rôle lors de la précision des divers termes et notions en les faisant reposer sur des critères précis de leur domaine et de leur classification conformément aux principes de la logique formelle.

Cette terminologie uniformisée a été préparée en trois langues : en russe et en polonais — puisque c'est dans ces langues que se sont tenus les débats et que les matériaux devant servir de base à la discussion ont été préparés — ainsi qu'en français, langue dans laquelle est publié le travail. Bien que cette dernière version soit la seule à être entièrement imprimée, les auteurs, utilisant l'expérience acquise lors de l'élaboration du *Catalogue...* pour leurs recherches personnelles, tiennent compte dans une certaine mesure et dans certains domaines dans les études qu'ils ont publiées dans leur langue nationale de fragments de cette terminologie (p. ex. Olczak 1978; L'vova 1979; Dekówna 1980).

Lors de la séance plénière de 1978, le champ objectif du *Catalogue...* a été modifié; il a été décidé de n'y publier que les objets achevés (les déchets de fabrication du verre en ont été exclus). Il a été admis que les programmes préparés de description de ces objets pouvaient être entièrement utilisés pour la description, non seulement des découvertes faites lors de recherches archéologiques, mais également pour les verres provenant d'autres sources (p.ex. dépôts dans les églises, collections des musées), et conservés le plus souvent intacts ou presque. Il a été constaté en effet que ces programmes répondent à l'impératif d'universalité et peuvent être utilisés pour la description de divers objets en verre, indépendamment de leur provenance.

Certaines modifications ont été également apportées à une partie du volume I (Introduction). On a renoncé à certains paragraphes introductifs prévus antérieurement (p.ex. *Courte histoire des techniques du verre*) estimant qu'ils ne correspondaient plus à la conception de l'œuvre déjà réalisée. La disposition des fiches a également été adaptée, apportant des changements à la disposition des rubriques (voir ci–dessous, chap. I 4), et par là même, à la structure du premier volume (la succession et le contenu des chapitres et des paragraphes de la partie textuelle correspondant à la disposition des rubriques dans les fiches).

La succession des catégories des verres dans laquelle ils sont cités dans le chapitre *Genre d'objet* et décrits dans le chapitre *Forme* a été modifiée. Il a été décidé qu'au début se trouveront les programmes de description des deux caractéristiques des objets qui étaient utilisés dans la vie quotidienne (p.ex. récipients, parures), et à la fin — ceux trouvant leur utilisation dans l'architecture (vitrages, cubes de mosaïque). Un regroupement a été fait également dans le cadre de ces catégories et leur liste a été complétée; elle comprenait maintenant 19 catégories (récipients, couvercles, bracelets, bagues, ronds, intailles, pendentifs, perles, appliques, boutons, fusaïoles, lissoirs, baguettes, aiguilles, poids, pions de jeu, vitrages, cubes de mosaïque et autres).

On a décidé de donner un nouveau titre à l'ouvrage: *Les verres anciens de l'Europe centrale, de l'Est, du Sud–Est et de la région du Caucase (Catalogue des analyses technologiques)*.

Une autre partie importante du travail: l'illustration des schémas de description a fait l'objet d'une attention soutenue. Les matériaux d'illustration devaient à la fois refléter exactement et expliquer les schémas de description. La convention graphique que nous avons adoptée était en partie inspirée des gravures illustrant le code pour l'analyse des formes de céramiques de Jean–Claude Gardin (1976). Selon le projet choisi par les auteurs du *Catalogue*... les matériaux d'illustration doivent comprendre en grande partie des représentations typiques, aux formes idéales, géométriques et il a été décidé de faire de même pour certains segments de la description textuelle (voir plus loin, chap. I 4). Les éléments des tableaux illustrant les schémas de description doivent également refléter la hiérarchisation des diverses caractéristiques des objets décrits. Ainsi, les matériaux d'illustration sont devenus une partie intégrale des schémas de description, complétant de manière importante leur partie textuelle. En conséquence du choix de telles solutions, il a été indispensable d'exécuter des gravures sous forme de dessins „techniques", en veillant à ce que leur exécution reste précise. Les exécutants techniques des illustrations du *Catalogue*..., les architectes Jan Nowakowski et Piotr Nowakowski, les dessinateurs — Beata Kamińska, Bogdan Kowalczyk, Maria Krakowiak et E. A. Kručina, ainsi que les artistes graphistes qui ont peint l'atlas des couleurs — M. G. Fedorov et Bogdan Sozański se sont admirablement acquittés de leur tâche. Nous les remercions pour le professionnalisme avec lequel ils ont réalisé la conception de la partie graphique du *Catalogue*....

Tous les travaux cités ci–dessus ont été menés jusqu'à la fin des années 1980: on a préparé la partie textuelle (volume 1) dans la version polono–russe ainsi que les matériaux d'illustration, on a traduit en français une partie des textes et on a entrepris les travaux sur le volume II, commençant à remplir les fiches de catalogue et à exécuter les dessins des objets qui devaient être décrits.

À la suite des changements politiques et institutionnels ayant eu lieu à cette époque en Europe centrale et orientale, les contacts avec les auteurs de l'ex–URSS ont été interrompus. Et ces contacts étaient indispensables en raison de la nécessité de consulter constamment diverses questions, car dans le *Catalogue*... il y avait très peu de textes préparés par un auteur; la plupart d'entre eux sont des programmes de description faits par plusieurs auteurs, coresponsables du contenu de ces programmes. À cela sont venues s'ajouter des difficultés d'édition: à l'époque, le *Catalogue...* constituait une tâche d'édition trop difficile (p. ex. il était impossible pour des raisons techniques d'imprimer l'atlas des couleurs). Pour cela, il a fallu remettre à plus tard l'impression de l'ouvrage.

En 1997, M. Dekówna et J. Olczak sont revenus sur cette publication. Comme, entre temps, seuls, quelques–uns des auteurs restaient actifs professionnellement (certains avaient pris leur retraite, d'autres étaient décédés), et que, d'autre part, les conditions de fonctionnement des institutions qui finançaient ces travaux au cours des années 1970 avaient changé, il a fallu à nouveau quelque peu revoir la conception.

Compte tenu de ce qu'il n'est pas possible de compléter le volume II (je rappelle qu'il devait se composer d'une série de dossiers comprenant les fiches de catalogue avec la description de plusieurs centaines de verres découverts sur les territoires de l'Europe centrale, orientale, sud–orientale et de la Transcaucasie, analysés en laboratoire; ces fiches devaient être préparées par des auteurs du *Catalogue...* travaillant dans divers centres scientifiques de Pologne, de Russie et de Géorgie et publiées par la Faculté d'Histoire de MGU), nous avons décidé de préparer pour la publication le volume I en tant que livre autonome sous le titre *Principes de description des verres anciens depuis les temps les plus reculés jusqu'au XIIIe s. de n.è. (d'après l'analyse du matériel archéologique du Centre, de l'Est et du Sud–Est de l'Europe et de la Transcaucasie)*. Dans sa majorité, la partie textuelle de l'ancien *Catalogue...* n'a rien perdu de sa valeur et peut continuer à servir d'instrument précieux aux chercheurs qui s'occupent professionnellement ou occasionnellement de l'histoire du verre et des objets en verre. En effet, il manque toujours un travail où serait présentées des méthodes homogènes de documentation de la plupart des objets en verre ainsi qu'une terminologie homogène concernant la description des caractéristiques extérieures et celles découvertes par des méthodes de laboratoire des objets en verre. Les programmes de description contenus dans les *Principes...* peuvent être utilisés de diverses manières : ils peuvent servir pour la description d'objets en verre dans des fiches de catalogues de manière „traditionnelle" ou de manière informatisée, peuvent montrer quelles sont les caractéristiques des objets étudiés qui ont le plus ou le moins d'importance pour la caractérisation de ces objets et la reconstitution de l'histoire du verre, ils peuvent être utilisés en entier ou partiellement. Ils ont donc une grande importance cognitive et didactique. Ils ont aussi un domaine plus large d'utilisation que les programmes de description de l'ancien *Catalogue...* : ils s'appliquent en effet à tous les objets en verre — tant à ceux qui ont été analysés en laboratoire qu'à ceux dont la composition chimique du verre n'a pas été analysée.

Nous décidant à faire ce choix, il nous a fallu faire certains changements. Tout en conservant l'essentiel de l'ancien volume I, nous avons supprimé seulement deux chapitres comprenant les programmes du „traitement informatique des fiches", car à l'heure actuelle les cartes perforées ne sont plus utilisées, leurs programmes seraient donc sans valeur; en ce qui concerne le programme informatique élaboré par S.V. Žak et L.I. Bezrukova il y a plus de 25 ans, programme alors novateur, il est actuellement dépassé. Avec le niveau actuel de développement de l'informatique, les utilisateurs des *Principes...* peuvent eux–mêmes entrer dans un ordinateur les programmes de description et effectuer les opérations qui leur conviennent, utilisant également le code numérique dont sont équipés tous ces programmes.

Nous avons également supprimé certains fragments des parties textuelles contenant des informations et des remarques concernant les fiches de catalogue qui, primitivement devaient être publiées dans le volume II (p.ex. cartes et listes des unités administratives des pays d'où proviennent les verres devant être décrits dans les fiches citées sont devenues obsolètes).

Toutefois, comme nous l'avons dit plus haut, les *Principes...* peuvent entre autres être utilisées pour la description des verres sur des fiches de catalogue de divers types („traditionnelles" et informatisées) nous avons conservé la construction de l'ouvrage basée sur le modèle de fiche proposé par les auteurs de l'ancien *Catalogue*....

Nous présentons à la publication — comme il avait été convenu précédemment — une version française de l'ouvrage, ajoutant uniquement une table des matières et des légendes sous les figures en polonais.

Sous sa forme actuelle, le livre paraîtra grâce aux soins de l'Institut d'Archéologie et d'Ethnologie de l'Académie Polonaise des Sciences et de l'Institut d'Archéologie et d'Ethnologie de l'Université N. Copernic de Toruń ainsi que des Éditions DiG de Varsovie. La publication de l'ouvrage a aussi bénéficié du soutien financier du Comité de la Recherche Scientifique. Les auteurs remercient infiniment ces institutions, et également celles qui, entre 1975 et 1990, se sont engagées dans l'organisation et le financement des travaux, pour l'aide dans la réalisation de cette entreprise sans précédent.

Pour conclure nous pouvons citer ce fragment — reflétant en grande partie la situation dans laquelle se trouvait notre œuvre, fragment emprunté à la préface de l'ouvrage dont nous avons parlé plus haut de J.-C. Gardin (1976, p. 7), consacrée à la céramique et qui a été publiée vingt ans après sa préparation : « Si nous nous sommes décidés à le publier, après tant d'années, ce n'est cependant pas en raison d'une quelconque valeur historique du document, mais pour répondre aux demandes d'un nombre croissant d'archéologues plus avertis aujourd'hui qu'ils ne l'étaient jadis de l'utilité possible d'un outil de ce genre pour l'étude de milliers de poteries (dans notre cas — de verres, M.D.) auxquelles ils sont couramment confrontés, dans la plupart des secteurs de la préhistoire ou de l'archéologie ». Nous espérons que le cercle des utilisateurs de nos *Principes*... comprendra également les représentants d'autres disciplines étudiant les verres anciens.

(M.D.)

PRZEDMOWA

Niniejsza praca sięga korzeniami końca lat 1960–ych, gdy Jerzy Olczak rzucił myśl opublikowania rezultatów analiz szkieł zabytkowych odkrytych na szeroko pojętym terenie Europy wschodniej. Pomysł ten został zainspirowany pracą E.R. Caleya (1962), w której zostały zamieszczone wyniki wykonywanych w latach 1790–1957 analiz składu chemicznego szkieł starożytnych i wczesnośredniowiecznych znalezionych na obszarze Europy zachodniej i południowej oraz Azji i Afryki. Autor pominął natomiast dorobek w tej dziedzinie krajów Europy środkowej, wschodniej i południowo–wschodniej oraz niektórych krajów pozaeuropejskich. A dorobek ten, zwłaszcza kilku z tych krajów, był już od połowy lat 1950–ych znaczny i ma stare tradycje. I tak np. pierwsze analizy fizykochemiczne szkieł z terenu obecnego państwa polskiego wykonywano już w latach 1870–ych (Tischler 1879), z obszaru dawnej Rosji — na początku XX w. (szerzej na ten temat: Ščapova 1972, s. 11 i n.). Szybki rozwój tych badań na wyżej wspomnianym terenie datuje się od lat 50–ych XX w. Szczególnie intensywnie były one prowadzone w byłym ZSRR i w Polsce (np. Bezborodov 1956; 1959; 1969; Bachtadze 1954; 1960; 1964; Ščapova 1960; 1961; 1963; 1973; 1975a; 1975b; 1977 i późniejsze; L'vova, Naumov 1970; Dąbrowski, Karwowska 1954 s. 179–185; Dąbrowski 1961; Olczak 1960; 1968 i późniejsze; Olczak, Jasiewiczowa 1963; Chmielowska 1960, s. 105–157; Dekówna 1962, s. 228 i n.; 1978 i późniejsze). Poddawane nim były znaleziska pochodzące nie tylko z tych dwóch rejonów, ale także z innych obszarów omawianego terytorium, np. z Bułgarii i ówczesnej Czechosłowacji (np. Bezborodov, Marinov 1958; 1961a; 1961b; Bezborodov 1969; Olczak 1978, s. 131–133; Dekówna 1978). Badania takie były prowadzone także, jakkolwiek w o wiele mniejszym zakresie, w innych krajach środkowo– i południowo–wschodnioeuropejskich, a więc: w Bułgarii (Džingov 1960; 1963; 1975; Dončeva–Petkova, Zlatinova 1978, s. 39, 42), na Węgrzech (Zimmer, Flórián 1979) oraz w Rumunii (Baluta 1978).

Oprócz analiz składu chemicznego wykonywane były, co prawda bardzo rzadko, analizy surowców i materiałów ogniotrwałych stosowanych w szklarstwie (Bezborodov 1956; Bezborodov, Olczak 1964, s. 365 i n.).

Do realizacji projektu J. Olczaka zostały zaproszone Maria Dekówna i Julia L. Szczapowa. Według opracowanego w 1970 r. przez ten trzyosobowy zespół konspektu, projekt zakładał przygotowanie publikacji wyników analiz szkieł pochodzących z badań archeologicznych prowadzonych na terenie Europy środkowej i wschodniej oraz na Zakaukaziu, datowanych na okresy od epoki brązu do XIII w. n.e. Oprócz wyników analiz miał być w pracy zamieszczony opis kontekstu archeologicznego oraz opis cech formy i innych cech zewnętrznych (barwa, przezroczystość szkła, wymiary) oraz technologii produkcji (pozostałości zabiegów technicznych, technika wykonania) analizowanych okazów. Projekt obejmował 14 kategorii znalezisk (naczynia, kostki mozaiki, witraże, szyby okienne, bransolety, pierścionki, paciorki, szklane gemmy i pieczęcie, zawieszki, guzy, główki szpil, wstawki do przedmiotów metalowych, odpady produkcji, inne znaleziska).

W miarę zaawansowania prac zdecydowano rozszerzyć ich zakres oraz powiększyć grono wykonawców, zapraszając jako współautorów archeologów i chemików specjalizujących się w badaniach nad szkłem różnych okresów oraz matematyka. W wyniku dyskusji przeprowadzonych w tym powiększonym zespole postanowiono przygotować specjalne programy opisu różnych cech omawianych szkieł, rozbudować listę cech technologicznych dodając programy opisu typu chemicznego szkła, barwników, odbarwiaczy, środków mącących, metod analitycznych i innych cech oraz opracować specjalny wzornik barw do określania barw szkła, a konstrukcję programów oprzeć na zhierarchizowanym zestawieniu cech przedstawionym w systemie dziesiętnym (szerzej na ten temat w rozdz. I 4). Uzgodniono, że zostanie opracowany wzór karty, która miałaby być przez użytkowników wypełniana słownie lub/i przy wykorzystaniu kodu cyfrowego, oraz program „maszynowej obróbki kart" (karty perforowane i specjalnie przygotowany program komputerowy). Całość przedsięwzięcia postanowiono realizować w ramach umowy międzynarodowej. Została ona zawarta w 1975 r. między Instytutem Historii Kultury Materialnej (dalej: IHKM; obecnie Instytut Archeologii i Etnologii) Polskiej Akademii Nauk w Warszawie a Wydziałem Historycznym Państwowego Uniwersytetu Moskiewskiego. Prace objęte umową trwały do końca 1980 r., a po jej wygaśnięciu były nadal kontynuowane, lecz o wiele mniej intensywnie, do 1990 r. W 1977 r. włączył się do niej, na podstawie odrębnego porozumienia, Instytut Historii, Archeologii i Etnografii Akademii Nauk ówczesnej Gruzińskiej SSR (dalej: IHAiE).

Zespół w okresie największej jego liczebności tworzyło 11 osób. W jego skład wchodzili: Artemij W. Arcichowskij, członek–korespondent Akademii Nauk b. ZSRR, a po jego śmierci, od końca czerwca 1978 r., Walentin Ł. Janin, członek rzeczywisty Akademii Nauk b. ZSRR, kierujący zespołem ze strony rosyjsko–gruzińskiej; Witold Hensel, członek rzeczywisty Polskiej Akademii Nauk, kierujący zespołem ze strony polskiej, oraz — kand. nauk Rusudana Bachtadze (Muzeum Gruzji, Tbilisi), prof. dr hab. Maria Dekówna (IHKM; współautorka i sekretarz zespołu polskiego), mgr Anna Girdwoyń (IHKM), kand. nauk Złata A. Lwowa (Ermitaż), Darwin W. Naumow (St. Petersburg), prof. dr hab. Jerzy Olczak (Instytut Archeologii i Etnologii, Uniwersytet M. Kopernika w Toruniu), kand. nauk Nina P. Sorokina (Państwowe Muzeum Historyczne, Moskwa), prof. dr Julia L. Szczapowa (Katedra Archeologii Państwowego Uniwersytetu Moskiewskiego, dalej: KA MGU; współautorka i sekretarz zespołu radzieckiego), kand. nauk Nino Ugrelidze (IHAiE) oraz kand. nauk Sergej W. Żak (Państwowy Uniwersytet Rostowski, Rostow n/Donem).

Pracy nadano roboczy tytuł w brzmieniu: *Katalog analiz szkieł zabytkowych Europy wschodniej i Zakaukazia od czasów najdawniejszych do XIII wieku*. Zgodnie z wytycznymi umowy miała ona być wydana w języku francuskim, w dwóch tomach: pierwszy miał zawierać część tekstową (m.in. programy opisu) i miał być opublikowany przez IHKM, a drugi składałby się z serii teczek zawierających karty katalogowe szkieł odkrytych na terytorium wchodzącym w zakres pracy, zbadanych metodami laboratoryjnymi; przygotowanie kart i sukcesywne wydawanie zeszytów drukiem zapewniał Wydział Historyczny Państwowego Uniwersytetu Moskiewskiego.

Obaj główni sygnatariusze umowy (IHKM i Wydział Historyczny MGU) finansowali większość prac związanych z przygotowaniem *Katalogu...*: wykonanie materiału ilustracyjnego, koszty tłumaczeń na język francuski oraz koszty spotkań plenarnych i organizowanych w węższym gronie autorów (np. tylko archeologów).

Ogółem odbyło się 6 spotkań plenarnych (24–28 I 1975 r. Moskwa, organizator KA MGU; 1–8 IV 1976 r. Tbilisi, organizator IHAiE; 5–13 V 1977 r. Nieborów, organizator IHKM; 5–15 XII 1977 r. Moskwa — Tbilisi, organizator KA MGU; 31 X–12 XI 1978 r. Nieborów, organizator IHKM; 14–23 I 1980 r. Moskwa, organizator KA MGU) oraz 6 spotkań części zespołu autorskiego (21 II–3 III 1975 r. Warszawa, organizator IHKM; 18–30 V 1975 r. Moskwa, organizator KA MGU; 21–23 VIII 1975 r. Warszawa; 30 IX–13 X 1975 r. Warszawa; 21 IX–1 X 1976 r. Warszawa, organizatorem tych trzech spotkań był IHKM; 13–26 V 1985 r. Moskwa, organizator KA MGU). Na zaproszenie IHKM gościła też dwukrotnie w Warszawie (3 II–1 III 1981 r. i 9 VIII–5 IX 1983 r.) Nina P. Sorokina, która konsultowała wykonanie rysunków do programu opisu nazw i formy naczyń oraz formy niektórych innych kategorii wyrobów szklanych.

W trakcie długich dyskusji i wypracowywania koncepcji *Katalogu...* udało się przezwyciężyć różnice wynikające ze specyfiki specjalności naukowych, które reprezentowali autorzy (archeolodzy, chemicy, matematyk) oraz tradycji i „szkół" naukowych, z których się wywodzili, jak też różnice w metodach pracy nad tego rodzaju publikacjami. Fakt, iż zespół składał się ze specjalistów z różnych dziedzin, dysponujących dużą wiedzą o ogromnym, bardzo zróżnicowanym materiale z różnych rejonów tego znacznego terytorium, jaki wchodził w zakres opracowania, a przy tym chcących wyjść poza krąg własnych doświadczeń i nawyków badawczych i dostosować się do rozwiązań proponowanych przez większość zespołu, pozwolił na wypracowanie uniwersalnych zasad opisu dawnych szkieł.

Jednym z założonych celów było przygotowanie, według tych samych reguł, opisów wszystkich cech (formalnych i technologicznych) znalezisk każdej kategorii. Aby to osiągnąć, trzeba było m.in. konsekwentnie unikać uwzględniania drobnych niecharakterystycznych szczegółów i/lub występujących sporadycznie, i zatrzymać opisy na jednakowym dla wszystkich cech stopniu ogólności, który jednak pozwalałby na dostarczenie danych ważnych dla charakterystyki opisywanego okazu i nie doprowadzałby do pomijania informacji o cechach specyficznych dla każdej kategorii znalezisk. Gdy wreszcie udało się opracować takie programy, okazało się, że z wyjątkiem niektórych cech, większość — zarówno cech zewnętrznych (np. barwa, przezroczystość szkła), jak i cechy wykrywane metodami laboratoryjnymi (np. skład chemiczny szkła) — jest jednakowych dla okazów wszystkich kategorii. Przepracowano więc programy w ten sposób, że dla każdej z kategorii znalezisk pozostawiono indywidualne programy opisu cech: „Rodzaj znaleziska", „Forma — Osnowa", „Wymiary", a dla innych, np. „Forma — Ornament", „Ślady zabiegów technicznych", „Technika wykonania", „Typ chemiczny szkła" — wspólne dla wszystkich kategorii.

Kolejnym celem, jaki postawili sobie autorzy było ujednolicenie terminologii stosowanej w opisach przedmiotów szklanych. Jak wiadomo, w literaturze przedmiotu istnieje w tym zakresie duża różnorodność i dowolność, nierzadko wykorzystywane są określenia subiektywne i różne do opisywania tych samych cech przez różnych badaczy; nikt przedtem nie podejmował prób jej zunifikowania. Autorzy *Katalogu...* po długim okresie studiów i dyskusji, i w wyniku wielu prób, opracowali jednolite dla wszystkich kategorii znalezisk nazewnictwo różnych ich cech. Należy wspomnieć, że duży wkład w uściślenie pojęć i terminów, oparcia tych ostatnich na ostrych kryteriach określania ich zakresu i ich klasyfikację zgodnie z zasadami logiki formalnej wniósł członek zespołu, matematyk–informatyk Sergej W. Żak.

Tę ujednoliconą terminologię przygotowano w trzech wersjach językowych: w językach rosyjskim i polskim — gdyż w tych językach toczyły się obrady i były przygotowywane materiały stanowiące podstawę dyskusji — oraz w języku francuskim, w którym jest publikowana praca. I chociaż tylko ta ostatnia wersja znajduje w pełni odzwierciedlenie w druku, to autorzy przenosząc doświadczenia z prac nad *Katalogiem...* do swojej własnej praktyki badawczej, w studiach publikowanych przez nich w ich językach narodowych uwzględniają w różnym wymiarze i zakresie fragmenty tej terminologii (np. Olczak 1978; L'vova 1979; Dekówna 1980).

Na posiedzeniu plenarnym w 1978 r. zmieniono zakres rzeczowy *Katalogu...*; postanowiono, że będą w nim publikowane tylko przedmioty gotowe (wyłączono z niego pozostałości produkcji szklarskiej). Uznano przy tym, że przygotowane programy opisu tych przedmiotów mogą być w pełni wykorzystane do opisu nie tylko znalezisk ujawnionych w trakcie badań archeologicznych, ale także do szkieł pochodzących z innych źródeł (np. depozyty kościelne, kolekcje muzealne), zachowanych najczęściej w całości lub prawie w całości. Stwierdzono bowiem, że programy te spełniają wymóg uniwersalności i mogą być stosowane do opisu różnych przedmiotów szklanych, niezależnie od źródła ich pochodzenia.

Pewnym modyfikacjom uległa także część I tomu pierwszego (*Introduction*). Zrezygnowano z niektórych planowanych wcześniej podrozdziałów wstępnych (np. *Zarys historii technologii szkła*) uznając, że nie odpowiadają one już zrealizowanej koncepcji dzieła. Dostosowano do niej również układ karty, zmieniając rozmieszczenie rubryk (por. niżej, rozdz. I 4), a tym samym i strukturę tomu pierwszego (kolejność i treść rozdziałów i podrozdziałów części tekstowej odpowiadają układowi rubryk w karcie).

Zmieniono kolejność kategorii przedmiotów szklanych, według której są one wymieniane w rozdziale *Rodzaj znaleziska* i opisywane w rozdziale *Forma*. Ustalono, że na początku znajdą się programy opisu wymienionych dwóch cech wyrobów, które wykorzystywane były w życiu codziennym (np. naczynia, ozdoby), a na końcu — tych, które mają zastosowanie w architekturze (oszklenia, kostki mozaiki). Jednocześnie dokonano przegrupowania w ramach tych kategorii i uzupełniono ich listę; zawierała ona teraz 19 kategorii (naczynia, pokrywki, bransolety, pierścionki, kółka, wstawki, zawieszki, paciorki, nakładki, guzy, przęśliki, gładziki, pałeczki toaletowe, igły, odważniki, kostki do gry, oszklenia, kostki mozaiki, inne).

Zatwierdzono nowy tytuł pracy w brzmieniu: *Szkła zabytkowe Europy środkowej, wschodniej, południowo–wschodniej i Zakaukazia (katalog analiz technologicznych) — Les verres anciens de l'Europe centrale, de l'Est, du Sud–Est et de la région du Caucase (Catalogue des analyses technologiques).*

Kolejnym obszernym działem, na którym skoncentrowano uwagę, było zilustrowanie niektórych schematów opisu. Materiał ilustracyjny miał ściśle odzwierciedlać i jednocześnie objaśniać schematy opisu. Zastosowana przez nas konwencja graficzna była częściowo zainspirowana rycinami ilustrującymi kod do analizy form ceramiki Jean–Claude Gardina (1976). Według projektu przyjętego przez autorów *Katalogu...* materiał ilustracyjny ma zawierać w znacznej części przedstawienia modelowe, o formach — podobnie, jak to przyjęto dla niektórych segmentów opisu słownego (por. rozdz. I 4) — idealnych, geometrycznych. Elementy tablic ilustrujących schematy opisu, muszą też odzwierciedlać hierarchiczność różnych cech opisywanych przedmiotów. W ten sposób materiał ilustracyjny stał się integralną częścią programów opisu, w sposób istotny uzupełniając ich części tekstowe. Konsekwencją takich rozwiązań była konieczność sporządzenia rycin w postaci rysunków „technicznych", przy zachowaniu dużej precyzji ich wykonania. Z zadania tego znakomicie wywiązali się techniczni wykonawcy materiału ilustracyjnego do *Katalogu...*: architekci Jan Nowakowski i Piotr Nowakowski, rysownicy — Beata Kamińska, Bogdan Kowalczyk, Maria Krakowiak i E.A. Kruczina, oraz artyści–plastycy, którzy namalowali wzornik barw — M.G. Fiedorow i Bogdan Sozański. Składamy im serdeczne podziękowania za wysoko profesjonalną realizację koncepcji części graficznej *Katalogu...*

Wszystkie wymienione wyżej prace prowadzono do końca lat 1980–ych: przygotowano część tekstową (tom I) w wersji rosyjsko–polskiej oraz materiał ilustracyjny, część tekstów przetłumaczono na język francuski, podjęto prace nad tomem II, rozpoczynając wypełnianie kart katalogowych i sporządzanie rysunków zabytków, które miały być na nich opisywane.

Wskutek zachodzących w tym czasie w Europie środkowej i wschodniej zmian politycznych i instytucjonalnych zostały przerwane kontakty z autorami z byłego ZSRR. A rodzaj pracy, konieczność bieżącego uzgadniania z kolegami różnych kwestii, wymagały tych kontaktów (w *Katalogu...* znalazło się niewiele opracowań przygotowanych przez jednego autora; większość z nich stanowią programy opisu autorstwa kilku osób, które są współodpowiedzialne za treść tych programów). Do tego doszły trudności wydawnicze: w ówczesnych warunkach *Katalog...* stanowił zbyt trudne pod względem edytorskim wyzwanie (np. z powodów technicznych nie można byłoby wydrukować wzornika barw). Z tych względów druk pracy trzeba było odłożyć na później.

Do sprawy jej publikacji powrócili w 1997 r. M. Dekówna i J. Olczak. Ponieważ w tym czasie już tylko niektórzy członkowie zespołu autorskiego pozostali czynni zawodowo (niektórzy przeszli na emeryturę, niektórzy zmarli), a również zmieniły się warunki działalności instytucji, które w latach 1970–ych firmowały to przedsięwzięcie, trzeba było po raz kolejny nieco zmienić koncepcję.

Ze względu na fakt, że nie ma możliwości skompletowania tomu II (przypomnę, że miał on składać się z serii teczek zawierających karty katalogowe z opisem kilkuset wyrobów szklanych ujawnionych na obszarze Europy środkowej, wschodniej, południowo–wschodniej i na Zakaukaziu, poddanych badaniom laboratoryjnym; karty te miały być opracowane przez autorów *Katalogu...* pochodzących z różnych ośrodków naukowych Polski, Rosji i Gruzji, i wydane przez Wydział Historyczny MGU), postanowiliśmy przygotować do publikacji tom I jako oddzielną książkę pt. *Zasady opisu szkieł zabytkowych od czasów najdawniejszych do XIII wieku (na podstawie materiałów z Europy środkowej, wschodniej, południowo–wschodniej i Zakaukazia) — Principes de description des verres anciens depuis les temps les plus reculés jusqu'au XIII*^{e} *siècle de n.è. (d'après l'analyse du matériel archéologique du Centre, de l'Est et du Sud–Est de l'Europe et de la Transcaucasie).*

Część tekstowa dawnego *Katalogu...* w większości nie utraciła swojej wartości i nadal może stanowić cenny instrument, którym mogą posługiwać się badacze zajmujący się profesjonalnie lub okazjonalnie historią szklarstwa i wyrobami szklanymi. W dalszym ciągu brak bowiem pracy, w której przedstawiono by jednolite metody dokumentacji większości kategorii przedmiotów szklanych oraz ujednoliconą terminologię dotyczącą opisu cech zewnętrznych i odkrywanych metodami laboratoryjnymi wyrobów ze szkła. Zawarte w *Principes...* programy opisu mogą być wykorzystane różnorodnie: służyć do opisu przedmiotów szklanych na kartach katalogowych sposobem „tradycyjnym" lub przy użyciu komputera, wskazać jakie cechy badanych przedmiotów mają większe lub mniejsze znaczenie dla charakterystyki tych przedmiotów i odtworzenia dziejów szklarstwa, mogą być wykorzystywane w całości lub we fragmentach. Mają więc duże znaczenie poznawcze i dydaktyczne. Mają też szerszy — niż programy opisu dawnego *Katalogu...* — zakres zastosowania: odnoszą się bowiem do wszystkich przedmiotów szklanych — zarówno do tych, które były badane laboratoryjnie, jak i do tych, których skład chemiczny szkła nie był analizowany.

Decydując się na to rozwiązanie musieliśmy dokonać pewnych zmian. Zostawiając główny trzon dawnego tomu I, usunęliśmy tylko dwa rozdziały zawierające programy „maszynowej obróbki kart" z tego względu, że w chwili obecnej karty perforowane nie są stosowane i dotyczący ich program byłby bezużyteczny; jeśli chodzi natomiast o opracowany przed ponad ćwierćwieczem przez S.W. Żaka i L.I. Bezrukową program komputerowy, wówczas nowatorski, to jest on już nieaktualny. Na obecnym poziomie rozwoju technik komputerowych użytkownicy *Principes...* mogą sami wpisać do komputera programy opisu i dokonać interesujących ich odpowiednich operacji, wykorzystując także kod cyfrowy, w który zaopatrzone są wszystkie te schematy.

Usunęliśmy również niektóre fragmenty części tekstowych zawierające informacje i uwagi o kartach katalogowych, które pierwotnie miały być publikowane w tomie II (np. bezużyteczne stały się mapy i wykazy jednostek administracyjnych państw, z których pochodzą szkła mające być opisywane na wspomnianych kartach).

Ponieważ jednak, jak wyżej odnotowano, *Principes...* mogą, między innymi, być wykorzystywane do opisywania przedmiotów szklanych na kartach katalogowych różnego rodzaju („tradycyjnych" i przygotowanych komputerowo), zachowaliśmy konstrukcję pracy opartą na zaproponowanym przez autorów dawnego *Katalogu...* wzorze karty.

Przekazujemy do publikacji — jak dawniej ustalono — francuskojęzyczną wersję pracy, wprowadzając jedynie dodatkowo spis treści i podpisy pod ryciny w języku polskim.

Książka w obecnej postaci ukazuje się dzięki staraniom Instytutu Archeologii i Etnologii Polskiej Akademii Nauk, Instytutu Archeologii i Etnologii Uniwersytetu M. Kopernika w Toruniu, Wydawnictwa DiG w Warszawie oraz dzięki dofinansowaniu jej publikacji przez Komitet Badań Naukowych. Instytucjom tym, jak również instytucjom, które w latach 1975–1990 podjęły trud organizacji i finansowania prac, autorzy składają wyrazy wielkiej wdzięczności za pomoc w realizacji tego bezprecedensowego przedsięwzięcia.

Na zakończenie można posłużyć się cytatem — w znacznej części odzwierciedlającym sytuację, w jakiej znalazła się nasza praca — z przedmowy do wspomnianego dzieła J.–C. Gardina (1976, s. 7), poświęconego ceramice, które zostało opublikowane po dwudziestu latach od jego przygotowania: „Si nous nous sommes décidés à le publier, après tant d'années, ce n'est cependant pas en raison d'une quelconque valeur historique du document, mais pour répondre aux demandes d'un nombre croissant d'archéologues plus avertis aujourd'hui qu'ils ne l'étaient jadis de l'utilité possible d'un outil de ce genre pour l'étude des milliers de poteries (w naszym przypadku — de verres, M.D.) auxquelles ils sont couramment confrontés, dans la plupart des secteurs de la prehistoire ou de l'archéologie". Możemy dodać, że mamy nadzieję, iż krąg użytkowników naszych *Principes...* będzie obejmować także przedstawicieli innych dyscyplin naukowych, badających dawne szkła.

(M.D.)

Ière PARTIE: INTRODUCTION

1. LIMITES DU PROBLÈME. OBJECTIFS DU PROJET

Depuis les cinq dernières décennies, on observe en Europe, aux États–Unis et dans certains pays de l'Extrême–Orient une augmentation notable du nombre de recherches sur la verrerie ancienne. Chaque décennie élargit la base disponible de sources et accroît le nombre des objets en verre datés de différentes périodes mis au jour pendant des campagnes systématiques de fouilles. D'importants progrès sont notés dans l'élaboration des méthodes physico–chimiques et leur adaptation à l'étude des verres anciens. De plus en plus nombreuses, les publications consacrées à la verrerie ancienne proposent aussi bien des travaux de présentation du matériel archéologique que des études plus poussées, dans lesquelles les auteurs entreprennent des analyses approfondies de différents aspects de cette vaste problématique. On note également des tentatives d'élaboration synthétique des résultats de diverses études et de présentation monographique de l'histoire de la verrerie ou de certaines de ses branches dans différentes régions à différentes époques.

Dans cette situation, il s'avère absolument nécessaire d'élaborer des méthodes unifiées d'étude des sources concernant la verrerie. En effet, seul le recours à un ensemble de méthodes homogènes peut permettre aux spécialistes travaillant dans différents centres d'adopter une même démarche, ce grâce à quoi il sera possible de confronter plus rapidement les résultats des analyses et d'accélerer les recherches, tout en les rendant plus faciles. Par ailleurs, l'adoption des procédures uniformisées va certainement contribuer à l'effacement des disparités du niveau des connaissances — qui varie aujourd'hui d'un centre à l'autre — dans ce domaine de l'activité humaine dans le passé.

D'ailleurs, la nécessité de créer un tel ensemble de procédures se faisait sentir depuis longtemps. Et, bien que différents projets partiels aient été publiés (p.ex. L'vova 1958; 1979; Alekseeva 1970; Callmer 1977, p. 33–93; Stawiarska 1985, p. 14–58; Tempelmann–Mączyńska 1985; Szilágyi 1994; Sasse, Theune 1995; Kovalevskaja 2000), personne n'a entrepris la tâche visant une solution plus complète du problème.

Dans l'espoir de combler au moins en partie cette lacune, les auteurs du présent travail soumettent le projet du système unifié des procédures utilisées à une des premières étapes de toute recherche, notamment à l'étape de la description de sources.

L'objectif du présent ouvrage est donc la présentation du programme uniformisé de description des verres anciens, de toutes leurs caractéristiques principales: aussi bien externes (forme, couleur du verre, transparence du verre, etc.) que celles qui sont décelables par des méthodes physico–chimiques (composition chimique du verre, éléments de la technique d'exécution, etc.). Les auteurs ont conçu cet ensemble d'outillage en se basant sur les résultats des analyses de riches et variées collections d'objets en verre abritées dans différents établissements scientifiques de l'Europe centrale, orientale, sud–orientale et de Transcaucasie. Comme les collections en question renferment des verres datés de différentes époques et provenant des ateliers dont le fonctionnement était échelonné aussi bien dans le temps que dans l'espace (provenant entre autres des ateliers hautement qualifiés du bassin méditerranéen, y compris des ateliers du Proche–Orient), le programme de description qui en est issu répond à l'impératif d'universalité et peut être utilisé pour décrire différents objets en verre, indépendemment de leur origine.

Comme il a été signalé dans la *Préface* et le sera plus loin, au chapitre I 4, les auteurs suivent dans l'ouvrage l'ordre des rubriques de la fiche–modèle proposée et soumettent un projet de programme —

unifié quant au fond et à la terminologie — de description de toutes les catégories d'objets en verre représentées dans les collections par le plus grand nombre d'exemplaires.

La plupart des programmes se composent de remarques générales, qui concernent le problème abordé dans le chapitre, et de schémas de description. Les formes des objets en verre et celles de leurs principales parties constitutives sont dans leur majorité ramenées des formes géométriques bi– et tridimensionnelles et leur description base sur les désigantions empruntées à la géométrie, de manière à rendre celle–ci la plus objective possible. Tous les schémas de description, aussi bien ceux concernant les caractéristiques de la forme que ceux concernant les techniques, sont construits sur le même principe et identiques pour chacun des groupes de caractéristiques (p.ex. descriptions de la forme). Les schémas de description constituent en même temps le classement des caractéristiques, établi selon les règles de la logique formelle, c'est–à–dire les divisions sont disjonctives, dichotomiques, etc. (cf. infra, chapitre I 4).

Les analyses de la composition chimique du verre se font aujourd'hui, comme elles se faisaient autrefois, par différentes méthodes. Aussi les résultats de ces analyses ne sont–ils pas toujours comparables. Cette question continue à poser un problème dans les recherches sur la verrerie ancienne. Néanmoins, les auteurs des *Principes* ont présenté une tentative de ramener les résultats de tous ces examens à un dénominateur commun (cf. infra, chapitres II 23, 25, 26, 28).

Les principes et les programmes de description des objets en verre proposés dans le présent ouvrage sont considérés par les auteurs comme une contribution à la discussion sur le modèle du système uniformisé de description des verres anciens. Ils espèrent par ailleurs que les conclusions découlant de la mise en pratique de ce programme de description par d'éventuels utilisateurs contribueront à l'avenir à la création d'un programme uniformisé de description des objets en verre de toutes catégories, tant d'objets finis que de déchets de fabrication et de semi–produits. La nécessité de la mise au point d'un tel programme ne doit pas, semble–t–il, susciter de doutes. C'est en effet le seul moyen de créer une base uniforme de recherches à l'échelle mondiale et, par là de faciliter et d'accélérer ces recherches.

(M.D.)

2. LIMITES GÉOGRAPHIQUES

Les principes de description des verres anciens proposés dans le présent ouvrage ont été établis, comme on l'a déjà signalé, d'après les analyses d'une très grande quantité de trouvailles mises au jour sur des sites archéologiques et de nombreux objets conservés dans différentes collections de musée sur les territoires de l'Europe centrale et orientale, de l'Europe du Sud–Est et de la Transcaucasie. Cette aire est délimitée par les frontières des états suivants: au Nord — la Russie, l'Estonie, la Lettonie, la Lituanie, la Pologne et en partie l'Allemagne; à l'Ouest — les limites occidentales du Mecklembourg, du Brandenbourg et de la Saxe; la République Tchèque, la Slovaquie, la Hongrie, la Roumanie et la Bulgarie; au Sud — la Bulgarie, l'Ukraine, la Russie, la Géorgie, l'Arménie et l'Azerbaïdjan. A l'Est, ce territoire est fermée par la frontière conventionnelle séparant le continent européen du continent asiatique, délimité, comme l'indique *Geografia Powszechna* (*Géographie Universelle*) 1965, p. 9, par la crête de l'Oural, le fleuve Oural et la ligne reliant l'embouchure du Kouma à celle du Manitch; plus loin, la frontière du territoire concerné longe la frontière orientale de l'Azerbaïdjan (Fig. 1).

(M.D.)

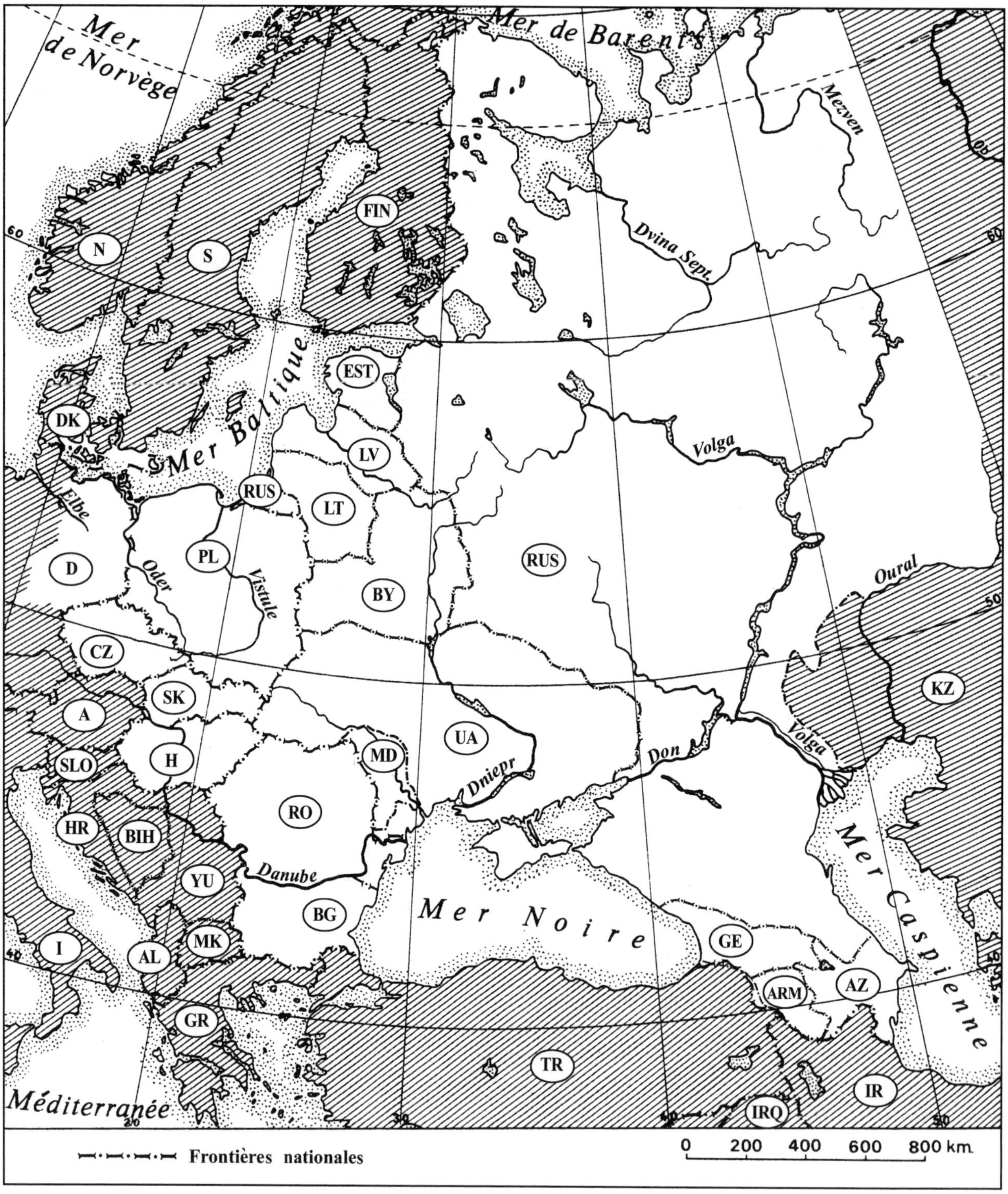

Fig. 1. Les limites du territoire d'où vient le matériel archéologique faisant l'objet du présent ouvrage.
Dessin J. Izdebski

3. LIMITES CHRONOLOGIQUES

On ne peut en revanche définir d'une manière aussi précise les deux limites temporelles du travail: en aval et en amont. La première ne peut être dessinée que d'une manière vaste: c'est la période d'apparition la plus précoce des produits en verre sur le territoire en question. L'état actuel des recherches indique qu'ils y ont fait leur apparition au début de l'Âge du Bronze. Vu les disparités dans le degré de développement économique et social des peuples habitant les diverses régions de ce territoire, cette période correspond dans la chronologie absolue à différentes sections temporelles. Ainsi, en Transcaucasie elle est située au début du IIIe millénaire av. n.è. En ce temps y apparaissent des perles en verre exécutées entre autres avec une masse très mal fondue constituant une sorte de fritte, composée d'un mélange contenant des scories de minerai de cuivre polymétallique. Tandis que des produits (perles) en masse de verre complète, quoique encore mal fondue, apparaissent dans cette région au XVe s. av. n.è. (Abdurazakov, Bezborodov, Zadneprovskij 1963, p. 61; Bachtadze 1964, p. 12–14).

Sur le territoire de la République Tchèque, de la Slovaquie et de la Pologne, les premiers objets en verre, y compris des perles, ont fait leur apparition à peu près aux XVe–XIIIe s. av. n.ẹ. (Olczak 1966, p. 232; Lehečková 1971, p. 99–101), sur le territoire de la partie européenne de la Russie et en Bulgarie — beaucoup plus tard, semble-t-il, car aux environs des VIIe–VIe av. n.è. (Abdurazakov, Bezborodov, Zadneprovskij 1963, p. 64; Džingov 1966, p. 106). Pour ce qui est des autres régions, notamment la partie orientale de l'Allemagne, la Hongrie et la Roumanie, nous ne disposons pas de données sur ce sujet.

On a adopté comme limite temporelle supérieure le XIIIe s. Pour le monde slave occidental et oriental, cette date détermine la fin du haut Moyen Âge, pour les autres régions du territoire concerné, elle constitue une coupure importante dans l'histoire médiévale des rapports économiques et sociaux. Elle ne constitue pas, il est vrai, une date particulièrement marquante dans l'histoire de la verrerie. La date limite largement entendue dans l'histoire de cette branche de la production correspond plutôt aux XIe–XIIe s., période d'importantes modifications quantitatives et qualitatives dans la production du verre, et de changements dans le caractère, les sources et les directions d'importation des objets en verre dans différents territoires européens.

Prenant cependant en considération des circonstances telles que: 1. Le fait que pour l'une des grandes aires culturelles couvertes par le présent travail, où se rencontraient dans le haut Moyen Âge de grands centres de production du verre, c'est-à-dire pour la Russie ancienne, le milieu du XIIIe s. marque la clôture d'une importante étape de son histoire, 2. De nombreux sites archéologiques du territoire dont les trouvailles ont constitué la base pour l'élaboration des programmes de description dans *Principes*... portent généralement une datation biséculaire: XIIe–XIIIe s., 3. Il est nécessaire d'adopter une date terminale pour tout le travail — les auteurs ont fixé que cette date serait le XIIIe s., avec la restriction toutefois que pour certaines régions se serait une date conventionnelle.

(M.D.)

1. Genre d'objet: . . . . 2. N° d'ordre: . . . . 3. Nom du pays: . . . .

4. Localité: . . . . 5. Site: . . . .

6. Nature du site: . . . .

7. Civilisation: . . . .

8. Datation de l'ensemble: . . . . 9. Datation de l'objet: . . . .

10. État de conservation de l'objet: . . . .

11. Forme: C. (objet brut) — . . . .

12. Figure:

D. (ornement) — . . . .

13. Dimensions (cm): . . . .

14. Traces d'opération techniques: . . . .

15. Technique de fabrication de l'objet: . . . .

16. Technique d'exécution de l'ornement: . . . .

a

Fig. 2. Modèle de fiche principale
a — recto; b — verso.

C	D

17. État de conservation du verre: . . . .

18. Défauts de la masse de verre: . . . .

19. Méthode d'analyse: . . . . 20. Auteur d'analyse: . . . .

21. Résultat d'analyse: 22. N° d'analyse: . . . .

SiO_2	Na_2O	K_2O	CaO	MgO	Al_2O_3	Fe_2O_3	MnO	Sb_2O_3	PbO	CoO	CuO	BaO	TiO_2	SnO_2	B_2O_3	SrO	V_2O_5	Cr_2O_3	NiO	ZnO	ZrO_2	Ag_2O	As_2O_3	P_2O_5	

23. Type chimique du verre: . . . .

24. Couleur du verre: . . . . 25. Colorants: . . . .

. . . . 26. Décolorants: . . . .

27. Transparence du verre: . . . . 28. Opacifiants: . . . .

. . . .

29. Température de fonte: . . . .

30. N° d'expertise: . . . . 31. Auteur d'expertise: . . . .

32. Autres analyses: . . . .

33. Provenance: . . . .

34. Collection: . . . .

35. Littérature: . . . .

. . . .

36. Notes: . . . .

. . . . 37. Auteur de fiche: . . . .

b

1. Genre d'objet: .... 2. N° d'ordre: ....

4. Localité: ....

17. État de conservation du verre: .... | C | D |

18. Défauts de la masse de verre: ....

19. Méthode d'analyse: .... 20. Auteur d'analyse: ....

21. Résultat d'analyse: 22. N° d'analyse: ....

SiO_2	Na_2O	K_2O	CaO	MgO	Al_2O_3	Fe_2O_3	MnO	Sb_2O_3	PbO	CoO	CuO	BaO	TiO_2	SnO_2	B_2O_3	SrO	V_2O_5	Cr_2O_3	NiO	ZnO	ZrO_2	Ag_2O	As_2O_3	P_2O_5	

23. Type chimique du verre: ....

24. Couleur du verre: .... 25. Colorants: ....

.... 26. Décolorants: ....

27. Transparence du verre: .... 28. Opacifiants: ....

....

29. Température de fonte: ....

30. N° d'expertise: .... 31. Auteur d'expertise: ....

32. Autres analyses: ....

....

....

....

36. Notes: ....

....

.... 37. Auteur de fiche: ....

a

Fig. 3. Modèle de fiche complémentaire
a — recto; b — verso.

1. Genre d'objet: . . . . 2. N° d'ordre: . . . .

4. Localité: . . . .

17. État de conservation du verre: . . . . C | D

18. Défauts de la masse de verre: . . . .

19. Méthode d'analyse: . . . . 20. Auteur d'analyse: . . . .

21. Résultat d'analyse: 22. N° d'analyse: . . . .

SiO_2	Na_2O	K_2O	CaO	MgO	Al_2O_3	Fe_2O_3	MnO	Sb_2O_3	PbO	CoO	CuO	BaO	TiO_2	SnO_2	B_2O_3	SrO	V_2O_5	Cr_2O_3	NiO	ZnO	ZrO_2	Ag_2O	As_2O_3	P_2O_5	

23. Type chimique du verre: . . . .

24. Couleur du verre: . . . . 25. Colorants: . . . .

. . . . 26. Décolorants: . . . .

27. Transparence du verre: . . . . 28. Opacifiants: . . . .

. . . .

29. Température de fonte: . . . .

30. N° d'expertise: . . . . 31. Auteur d'expertise: . . . .

32. Autres analyses: . . . .

. . . .

. . . .

. . . .

36. Notes: . . . .

. . . .

. . . . 37. Auteur de fiche: . . . .

b

4. PRINCIPES DE DESCRIPTION DU CONTEXTE ET DES OBJETS

Comme il a été dit au chapitre 1, la construction du présent ouvrage repose sur le modèle de fiche proposé par les auteurs de l'ancien *Catalogue*.

La fiche comporte quatre segments principaux qui contiennent toutes les informations accessibles sur l'objet étudié (Fig. 2). L'ordre des rubriques de la fiche a été établi selon une règle en vigueur dans la taxinomie des sources matérielles, à savoir le principe de classement des propriétés des plus simples aux plus complexes. Ainsi, le premier segment (rubriques 1–13) contient les données relatives au contexte archéologique de l'objet et la description de ses traits extérieurs, observés directement, visibles à l'oeil nu. Le deuxième segment (rubriques 14–16) met en relief les caractéristiques plus complexes liées à la technique d'exécution de l'objet, laquelle peut être reconstituée à partir des traces de formation visibles en surface ou à l'intérieur du verre, observées à l'oeil nu ou au microscope ou examinées selon les méthodes de la pétrographie. Le troisième segment, le plus important (rubriques 17–32) contient en principe le descriptif complet des caractéristiques de la matière dont est exécuté l'objet: caractéristiques extérieures du verre (rubriques 17, 18, 24, 27) et, avant tout, les caractéristiques de sa structure interne exprimées en termes de composition chimique établie grâce à des méthodes physico–chimiques. Le quatrième segment comporte des informations formelles et bibliographiques (rubriques 33–37).

Nous proposons de faire figurer sur la fiche principale le résultat d'une analyse de la composition chimique du verre. Les résultats des autres analyses de la matière de l'objet (objet brut ou ornement) doivent figurer sur la fiche complémentaire (Fig. 3) qui contient les rubriques se rapportant principalement à la caractérisation du verre (17–32) et les rubriques destinées à recevoir les principales informations formelles (1, 2, 4, 36, 37).

Au revers de la fiche principale et des deux côtés de la fiche complémentaire sont visibles dans un petit cadre les symboles C et D que l'on coche pour signaler que sur la carte figure le résultat d'analyse du verre de l'objet brut (C) ou du verre de l'ornement (D). La fiche complémentaire est double (recto–verso), elle peut donc recevoir deux résultats d'analyse supplémentaires.

La fiche peut avoir différentes formes. Sa version simplifiée, pratique dans le travail sur ordinateur, peut revêtir la forme d'une simple liste de caractéristiques dont la description figure dans les rubriques respectives. Si toutefois nous voulons nous en tenir à la démarche proposée dans le présent ouvrage, idépendemment de la forme que va prendre la carte, nous devons respecter l'ordre de description des différentes caractéristiques de l'objet (l'ordre des rubriques).

Les programmes détaillés de description de tous les éléménts de chaque groupe d'informations se trouvent dans la deuxième partie du présent volume. Leur ordre de présentation est conforme à l'ordre dans lequel ces éléments figurent sur la fiche.

Là en revanche nous exposons les principes qui nous ont guidés dans la formulation de ces programmes.

En introduction à ces remarques il faut rappeler qu'un des objectifs de ce travail est de préparer un programme uniforme de description des caractéristiques diversifiées des objets en verre de différentes catégories. Ce programme doit être sufisamment général pour qu'il soit possible de décrire d'après lui les objets de toutes les catégories, ceux donc qui se distinguent par un nombre peu important de caractéristiques et ceux qui comportent un grand nombre de traits différents. Il doit par ailleurs être sufissamment détaillé pour pouvoir accentuer les traits spécifiques des objets de diverses catégories.

Dans l'élaboration d'un tel programme, nous nous sommes efforcés de répondre à cet impératif. Toutefois, tout en suivant la conception générale, nous n'avons pas réussi à éviter dans le programme proposé des écarts par rapport à cette conception relativement à certaines solution de détail.

Cependant, comme on l'a indiqué plus haut (chap. 1), c'est une sorte de contribution à une discussion, le sens dans lequel iront les éventuelles corrections qui lui seront apportées à l'avenir découleront tant de la pratique des recherches des auteurs des *Principes...*, certainement enrichie de nouvelles expériences après sa publication, que des remarques des autres usagers de ce travail.

Dans l'élaboration du programme de la description, nous avons été guidés par l'impératif fondamental de la description scientifique, celui notamment de procéder au préalable à la répartition logique des champs notionnels des noms de chacune des caractéristiques*. Rappelons que la répartition logique de la sphère notionnelle de quelque apellation N (définie dans notre travail p.ex. par le chiffre 1) en champs notionnels des appellations a, b, c, d... (1.1.; 1.2.; 1.3.; 1.4.) équivaut à la constatation que chaque signifié de l'appellation N (1.) est le signifié d'un et seulement d'un des noms a, b, c, d (1.1.; 1.2.; 1.3.; 1.4.). Ainsi donc, en procédant à la répartition logique du champ notionnel d'une certaine appellation (entité divisée), il faut désigner deux ou davantage de noms (membres de la répartition) dont les champs notionnels sont inférieurs au champ réparti, autrement dit indiquer des classes inférieures dans le champ notionnel de l'appellation soumis à la répartition. La somme des champs notionnels des appellations membres de la répartition doit composer le champ notionnel de l'appellation répartie (l'entité divisé).

Pour que la répartition logique soit correcte, elle doit remplir les conditions suivantes: elle doit être complète (chacun des signifiés du nom dont nous divisons le champ notionnel peut être rangé dans l'un des membres distigués de la répartition) et disjonctive (chacun des signifiés du nom dont nous divisons le champ ne peut appartenir à deux mambres à la fois de la répartition). On doit strictement déterminer les principes de formation des membres de la répartition (autrement dit, on doit choisir des critères suffisamment équivoques); dans les répartitions numériques les grandeurs limites ne peuvent se répéter (p.ex. en répartissant les compositions chimiques des verres d'après les quantités différentes de CaO qu'ils contiennent, on ne peut adopter comme critère de la répartition p.ex. les grandeurs suivantes: 7–15% et 15–20%; dans ce cas en effet, 15% de teneur en CaO serait deux fois pris en considération). „Si la répartition logique ne remplit pas ces conditions, elle n'est pas une répartition correcte, et, strictement parlant, elle n'est pas du tout une répartition logique" (Ziembiński 1965, p. 149). Seule une répartition logique correcte peut être utile dans la pratique en tant que projet selon lequel on procède à la ségrégation des objets (ou des caractéristiques de ces objets), quand on les décrit.

Pour répondre aux objectifs ci–dessus énoncés, c'est–à–dire pour procéder à une répartition exhaustive et disjonctive, il faut adopter un seul principe de division (*fundamentum divisionis*). La division la plus simple est la division dichotomique, une division au moyen de laquelle on distingue dans le champ divisé une classe d'objets possédant un certain trait et une classe d'objets ne possédant pas ce trait. Des fois cependant — et nous avons le plus affaire à de tels cas dans la description des trouvailles en verre — au lieu de distinguer dans le champ divisé les objets ayant ou n'ayant pas un trait déterminé, il faut procéder à la division en fonction de différentes variantes d'un certain trait. Dans ce cas, la fondement de la division est quelque trait général (ce qu'on appelle le déterminant), p.ex. la couleur, la forme, dont les variétés (appelées déterminatifs), p.ex. la verdure, le bleu..., ou respectivement: la sphéricité, la cylindricité..., servent à distinguer les termes de la division. „... La division logique du champ d'un nom d'après le principe des diverses variantes d'un certain trait plus général sera complète, si chaque objet appartenant au champ divisé possède quelques variantes de ce trait, et disjonctive, si aucun objet appartenant au champ divisé ne possède ce trait simultanément sous deux de ses variantes" (Ziembiński 1965, p. 151). C'est pourquoi après avoir énuméré toutes les variantes qui nous sont connues du trait considéré, on devrait encore distinguer, à tout hasard, le membre de la division: „autres" qui complètera les membres précédemment distingués, assurant ainsi l'obtention d'une division exhaustive.

---

* Sur les principes de la répartition logique, voir Ziembiński 1965, p. 148–155.

Dans la ségrégation des traits des objets, il est souvent nécessaire de procéder à un classement de ces traits, autrement dit à une division logique à plusieurs degrés, donc de faire une nouvelle division des champs des membres de la première division. Dans notre travail, nous avons affaire à une telle situation entre autres dans la description des traits suivants: 1. Genre d'objet, 11. Forme, 13. Dimensions, 14. Traces d'opérations techniques, 15. Technique de fabrication de l'objet, 18. Défauts de la masse de verre.

Dans le programme élaboré par nous, les règles ci–dessus invoquées sont appliquées relativement à certains de ces cas sous une forme quelque peu modifiée. Il s'agit des cas où le nom dont le champ est divisé possède le trait appartenant à l'un des membres obtenus par la division du champ. Nous avons donc adopté le principe qu'en effectuant la division du champ d'un tel nom, on ne cite que les membres de la division qui possèdent la variante du trait appartenant au nom d'échelon supérieur.

P.ex. dans le programme de la description de la forme intervient le nom „biconique" dont le champ, conformément aux impératifs de la division logique, devrait être réparti comme suit: 1. à deux sommets pointus; 2. à un sommet tronqué; 3. à deux sommets tronqués. Comme cependant le trait de „biconicité" consiste en la présence des deux sommets pointus (ce nom possède déjà l'information que l'objet de cette forme possède les deux sommets pointus); dans la division de son champ en membres on omet le premier membre, adoptant que les objets à forme biconique „classique" (donc possédant les deux sommets pointus) sont définis uniquement par le nom d'échelon supérieur „biconique", alors que ceux qui sont caractérisés par une des variantes ci–dessus indiquées — par les noms d'échélon inférieur: „à sommet tronqué" ou „à sommets tronqués", qui constituent les membres de la division (classe) du nom „biconique".

Il y a de nombreux cas analogues dans différents segments du programme de la description de la forme: ce sont notamment toutes les appellations des formes angulaires, polygonales (les champs de certains de ces noms ne peuvent être divisés, conformément aux fondements de la division logique, qu'en deux membres, mais pour les raisons indiquées ci–dessus, nous n'en dégageons que le terme d'échelon inférieur; cf. p.ex. le nom „conique"), sporadiquement ils interviennent aussi dans les programmes de description des autres caractéristiques.

Pour ce qui est de la recommandation de dégager le terme „autres", nous ne le faisions qu'au cas où nous n'étions pas sûrs si la division effectuée par nous du nom donné était complète, ou quand nous savions qu'elle n'était pas exhaustive. Parfois en revanche, en dégageant ce terme de la division, nous avons changé pour des raisons stylistiques son appellation. P.ex. dans le programme de description des traces d'opérations techniques (14.), en divisant le champ de l'appellation „emplacement", nous avons fait figurer en position 27. la classe (membre de la division) „sur d'autres élements", ce qui, par son contenu, correspond à l'appellation „autres".

Là où, parmi les membres de la division manque la classe „autres", ceci veut dire que les classes dégagées épuisent le champ de l'appellation d'échelon supérieur.

Les auteurs ont introduit dans la programme de la description des termes supplémentaires: „impossible à déterminer" et „absence de données". Le premier englobe les traits que, pour diverses raisons, l'auteur ne peut déterminer d'une manière univoque. Le second est utilisé dans la description des objets sur lesquels les auteurs ont puisé l'information dans la littérature, et concerne les traits sur lesquels manquent les informations dans la littérature.

Ces deux termes figurent dans le programme de description des traits de tous les degrés du classement, souvent à l'exception du dernier. Quand nous ne pouvons pas déterminer le trait de ce degré ou quand les données manquent sur lui, il n'est pas tenu compte de ce degré dans la description.

Nous parlerons ci–après des détails relatifs à la manière de se servir du programme (p. 35, 38).

Notre travail porte sur différentes catégories des trouvailles en verre. Dans le classement de leur traits, on a procédé de manière à classer les mêmes traits des objets de chaque catégorie d'après le même principe, et pour désigner aussi bien ces traits que les termes de leur division, on a utilisé les mêmes appellations.

Nous abandonnons en quelque sorte les règles ci–dessus énoncées là où les termes de la division de chacun de ces traits ont été distingués à partir d'autres critères que les traits principaux. Ainsi, le critère de classement de ces derniers est la manière dont les informations sur eux ont été obtenues: en toute première position du schéma de classement se trouvent les traits de l'objet observables et étudiés à l'oeil nu, partiellement au moyen d'instruments (loupe, microscope): traces d'opérations techniques, technique de fabrication de l'objet et de l'ornement, état de conservation du verre, défauts de la masse de verre, et enfin les traits analysés par des méthodes physico–chimiques: type chimique du verre, colorants, décolorants, opacifiants, température de fonte. Dans ce dernier groupe se trouvent aussi les traits déterminés à l'oeil nu, visuellement, mais qui sont le résultat de la composition chimique analysée par des méthodes physico–chimiques: la couleur et la transparence du verre.

Les variantes de chacun des traits indiqués (les termes de division), ont en revanche été dégagées à partir du degré de leur apparition. Cette division doit en même temps constituer une typologie des variantes de chacun des traits.

Au début du schéma de classement de ce degré du classement se trouvent les variantes plus générales du trait donné, après quoi viennent les variantes de plus en plus particulières. P.ex. dans la programme de la description de la forme de l'objet (11.) sont énumérés tout d'abord, entre autres, les éléménts de la construction, puis la forme générale, la forme des sections de ces éléments (p.ex. conique, triangulaire, etc.), et enfin les variantes de cette forme (respectivement: tronconique, triangulaire à angles tronqués, triangulaire à angles arrondis), etc.

Devant certains groupes de caractéristiques est indiqué le résultat de l'examen qui a fourni l'information sur ces traits (p.ex. résultat de l'analyse qui a permis de déterminer le type chimique du verre, colorants, décolorants, opacifiants).

Le programme a été transcrit d'après le système décimal, quelque peu toutefois modifié pour nos besoins. Les changements ont été introduits là où, dans la sphère des différents traits se retrouvent les mêmes traits des degrés inférieurs par rapport à eux. Dans ce cas, ces derniers ne figurent pas dans la même colonne que les traits du degré supérieur, comme l'exige la règle du système décimal, mais dans une colonne latérale, avec indication au moyen d'accolades des termes de la division du degré supérieur dont le champ était divisé. Nous nous servirons de l'exemple de la description de la forme des bagues (11.4.): dans un de ses segments se trouve la descriptions de la forme de la section longitudinale de l'anneau (4.1.2., cf. ci–desssous, p. 112) l'un des premiers segments de cette description, conformément aux principes du système décimal, devrait se présenter comme suit:

4.1.2.1. circulaire
    4.1.2.1.1. unie
    4.1.2.1.2. figurative
4.1.2.2. elliptique
    4.1.2.2.1. unie
    4.1.2.2.2. figurative, etc.

d'après le principe que nous appliquons, en revanche:

4.1.2.1. circulaire }	{ 1. unie
4.1.2.2. elliptique }	{ 2. figurative

Ce n'est donc qu'un changement formel visant à réduire la masse de la publication.

Le programme de description de la plupart des groupes de caractéristiques d'un même objet se compose de deux parties: a. — Remarques générales, où sont contenues les remarques relatives au programme de description du groupe de traits donné, et b. — Schéma de description qui est le schéma

1. Genre d'objet: *perle. [8.]* . . . . 2. N° d'ordre: . . . . 3. Nom du pays: *Pl* . . . . .

4. Localité: *Chodlik, voïev. Lubelskie* . . . . 5. Site: *1.* . . . .

6. Nature du site: *enceinte fortifiée ; couche archéologique. 5.2.0.2.* . . . .

7. Civilisation: . . . .

8. Datation de l'ensemble: *601–799.* . . . . 9. Datation de l'objet: . . . .

10. État de conservation de l'objet: *de l'objet brut — entier ; de l'ornement — conservé intact. 1.1. ; 2.1.* . . . .

11. Forme: C. (objet brut) — *nombre de corps et mode de jonction — un sans col ; forme générale du corps — corps unique géométrique ellipsoidal ; canal – nombre de canaux et leur position — canal unique décentré ; bord du canal — canal unique, premier arrondi d'un côté, inégal ; second partiellement arrondi, partiellement plat d'un côté, inégal ; forme générale du canal — canal unique cylindrique.*
8.1.1.1.3. ; 8.1.2.1.1.2. ; 8.3.1.1.2. ; 8.3.2.1.1.4.1.2. ; 8.3.2.1.2.5.1.2. ; 8.3.3.1.5.

D. (ornement) — *emplacement — en surface, toute la surface extérieure ; éléments d'ornement — géométriques, ligne droite simple continue oblique sur tout pourtour ; représentant un sujet, » plume d'oiseau « multiple continu, transversal sur tout le partour ; caractéristique de l'ornement — plat ; matériau — verre.*
1.1.1.1. ; 2.1.2.0.1.3.1. ; 2.2.9.2.0.1.2.1. ; 3.1.2. ; 3.2.1.

12. Figure:

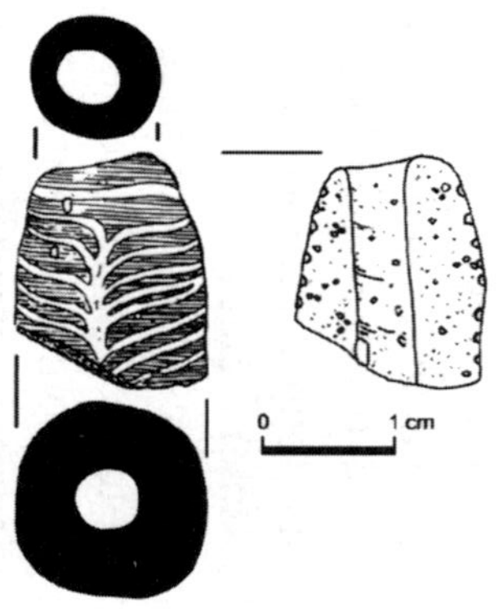

13. Dimensions (cm): *objet brut. 1.1. ; forme générale du corps — 8.1.2. D1 : 1,5 x 1,5 cm ; H1 : 2,0 cm ; bord du canal — 8.3.2.1.1. D4.1. : 0,5 x 0,5 cm ; 8.3.2.1.2. D4.1. : 0,5 x 0,5 cm.*

14. Traces d'opération techniques: *emplacement — sur l'objet brut, sur tout l'objet ; répartition de la masse de verre — impossible à déterminer ; surface — aspect général — surface extérieure et intérieure mate lisse et poreuse ; traces à l'intérieur du verre — inclusions gazeuses, bulles dans tout le volume rondes ; inclusions solides non vitreuses. 1.1.1. ; 2.3. ; 3.3.1.5. ; 5.1.1.1.1. ; 5.2.2.*

15. Technique de fabrication de l'objet: *objet complexe, partie principale de l'objet ; mode de fabrication — étirage de la baguette, enroulement autour de l'instrument. 1.2.1. ; 2.4.1.3.2.*
. . . .

16. Technique d'exécution de l'ornement: *mode d'exécution de l'ornement — séparément, étirage de la baguette, enroulement. 1.2.2.2.1.3.*
. . . .

a

Fig. 4. Modèle de fiche principale remplie
a — recto; b — verso.

C̸ | D

17. État de conservation du verre: *de l'objet brut — bon dans tout le volume ; de l'ornement — bon dans tout le volume. 1.1.1.2.; 1.2.1.2.*

18. Défauts de la masse de verre: *emplacement — dans l'objet brut inclusions gazeuses, bulles dans tout le volume nombreuses grandes et petites fermées et ouvertes. 1.1.1.1.1.2.3.3.*

19. Méthode d'analyse: *spectrale quantitative. 1.2.* 20. Auteur d'analyse: *Anna Girdwoyń*

21. Résultat d'analyse: 22. N° d'analyse: *CL 415:38*

SiO_2	Na_2O	K_2O	CaO	MgO	Al_2O_3	Fe_2O_3	MnO	Sb_2O_3	PbO	CoO	CuO	BaO	TiO_2	SnO_2	B_2O_3	SrO	V_2O_5	Cr_2O_3	NiO	ZnO	ZrO_2	Ag_2O	As_2O_3	P_2O_5	*perle par calcination*
non calculé	*17,8*	*0,6*	*5,7*	*0,95*	*2,0*	*> 3*	*0,16*	*1,2*	*0,040*	*non constaté*	*0,012*	*~0,005*	*~0,055*	*non constaté*	*0,19*	*traces*	*non constaté*	*non constaté*	*non constaté*	*>0,1*	*traces*	*~0,0005*	*non constaté*	*non determiné*	

23. Type chimique du verre: $Na_2O - CaO - Al_2O_3 - SiO_2$

24. Couleur du verre: *objet brut — vert fort foncé. 1.1.12.1.* 25. Colorants: *objet brut* Fe_2O_3 *(FeO ?)*

ornement — gris fort clair. 1.2.21.4. 26. Décolorants:

27. Transparence du verre: *objet brut — non transparent;* 28. Opacifiants: *ornement* Sb_2O_3

ornement — opaque. 1.3. ; 2.4.

29. Température de fonte:

30. N° d'expertise: 31. Auteur d'expertise:

32. Autres analyses: *plaquettes minces*

33. Provenance: *fouilles archéologiques 1962*

34. Collection: *Chaire d'Archéologie de l'Université Marie Curie-Skłodowska de Lublin*

35. Littérature: *M. Dekówna, A. Szymański, Badanie technik produkcji wczesnośredniowiecznych paciorków szklanych metodami petrograficznymi, „Slavia Antiqua" vol. 18:1971, Fig. 4:5 ; 9, p. 295.*

36. Notes:

37. Auteur de fiche: *Maria Dekówna*

b

de classement des caractéristiques des objets en verre, élaboré d'après le système décimal modifié, comme on l'a dit plus haut.

Quelque peu autre est la disposition des programmes de description de l'état de conservation de l'objet (10.), des colorants (25.), des décolorants (26.) et des opacifiants (28.) ainsi que du contexte dans lequel l'objet décrit a été trouvé (4.–9.), de l'auteur d'analyse, de la provenance, de la collection et de la littérature (20., 31., 33.–35.).

Il faut donc décrire l'objet sur la fiche au moyen d'un schéma de description. Pour la description de chacune de ses caractéristiques on utilise les termes contenus dans le schéma, ceux–ci étant donnés dans l'ordre et sous la forme identiques à ceux sous lesquelles ils se présentent dans ce schéma. La fiche comporte une description verbale et numérique. En première position se trouve la description verbale. Si pour la description du trait donné la fiche prévoit une ligne, directement après la description verbale vient la transcription numérique (p.ex. description de l'état de conservation du verre: objet brut bon dans tout le volume. 1.1.1.2.), quand en revanche plusieurs lignes sont destinées à cette fin, la notation numérique est donnée en bloc dans la dernière ligne, le commencement du bloc correspondant à la lettre initiale de la ligne précédente.

Après le titre de chaque sous–segment intervient une pause. Les informations relatives à chacun des sous–segments de la description de chacun des groupes de caractéristiques données verbalement et dans le code numérique sont séparées par un point virgule. Le point indique la fin de l'information (cf. p.ex. la description de la forme de l'aiguille: le chas — forme de la section verticale du chas circulaire; tige — forme de la section horizontale de la tige elliptique. 14.3.2.1.1.; 3.2.2.). Dans la description verbale sont enfermées uniquement les informations sur les cinq premiers degrés de la division indiquée dans le programme (y compris donc l'information du degré désigné par le cinquième chiffre du code du système décimal). Quand la description du trait donné est plus longue, les informations du sixième degré et des degrés suivants du classement sont transcrits uniquement dans le code numérique. Citons en exemple la description de la forme du col d'un récipient dont seul cet élément est conservé: nombre de récipients et mode de jonction — impossible à déterminer; segmentation du récipient — col — forme générale — unique géométrique. 1.1.6.; 1.2.3.1.1.3.1. Dans cette notation, les informations désignées par les deux derniers chiffres (semi–sphéroïdal orienté vers le haut) ne sont fournies qu'au moyen du code.

Quand les degrés suivants de la description d'un trait donné contenus dans le programme ne se rapportent pas à l'objet décrit, que celui–ci ne possède pas cette variante du trait considéré ou qu'on ne peut le décrire du fait du mauvais état de conservation ou du manque d'informations, il n'en est pas tenu compte sur la fiche, la description s'arrêtant au degré de classement auquel se termine l'information concerant l'objet donné. Quand en revanche nous ne possédons pas d'information sur la variante du trait classé aux degrés précédents du schéma, on porte sur la fiche soit la formule (figurant aux endroits correspondants du schéma de description): „impossible à déterminer", ou: „absence de données" dans le cas où l'état de conservation ou d'autres raisons ne permettent pas de déterminer ce trait, ou quand manquent sur lui les données dans la position de la littérature où les auteurs puisent leurs informations ou on l'omet dans la description verbale et, dans la description numérique, on place le symbole „0" — dans les cas où la variante donnée de ce trait n'intervient pas dans les objets décrits. Pour illustrer l'application pratique des programmes de description, nous donnons la description d'une perle de verre mise au jour sur le chantier de fouilles de l'enceinte fortifiée de Chodlik dans la voïevodie de Lublin en Pologne (Fig. 4).

Les programmes de description ont été élaborés pour les dix–huit catégories d'objets en verre les plus fréquentes, voir la *Liste générale des noms des objets*. Cette liste n'embrasse bien évidemment pas la totalité des catégories de ce type d'objets utilisés par l'homme depuis l'Âge du Bronze jusqu'au Moyen Âge. Puisque l'idée qui a guidé les auteurs des *Principes*... était de fournir un „outil" méthodologique destiné à un groupe relativement vaste de chercheurs qui étudient et publient des objets en verre apparaissant massivement ou en grande quantité, il a été décidé de ne pas élaborer de programmes pour des exemplaires isolés, uniques. Ceci aurait été en effet disproportionné par rapport aux programmes de description des dix–huit catégories d'objets. Conformément au principe du classement, afin que la division soit correcte, nous introduisons la catégorie 19. „Autres objets" dans laquelle se situeront toutes sortes d'objets en verre qui ne correspondent à aucune des dix–huit catégories proposées. Comme tous les programmes contiennent la plupart des solides et des figures géométriques ainsi que les sections verticales et horizontales de différents objets, il sera sans doute possible de décrire au moyen de ces programmes des objets appartenant à des catégories qui n'ont pas été envisagées dans notre ouvrage. Pour le faire, il faut placer dans la rubrique 11. *Forme* le numéro 19. désignant „Autres objets" et décrire l'objet selon un des schémas de description choisi (1.–18.), en signalant cependant dans une note (rubrique 36.) lequel des programmes figurant dans les *Principes...* a été appliqué.

(M.D., J.O.)

IIe PARTIE: PROGRAMMES DE DESCRIPTION

1. GENRE D'OBJET

Remarques générales

Dans la présente rubrique, comme dans les autres, la notation est double: verbale et chiffrée. Cependant, à la différence des autres caractéristiques de l'objet, lorsqu'on donne sur la fiche une information codée concernant l'appartenance de l'objet à une catégorie donnée, ce code est signalé entre parenthèses.

Parfois, parmi les trouvailles archéologiques de verre qui sont à décrire, certaines ne se laissent pas attribuer sans équivoque à une catégorie bien précise d'objets. De tels doutes surgissent p.ex. dans le cas d'objets que certains chercheurs identifient comme fusaïoles, d'autres comme boutons et d'autres encore comme perles. Les incertitudes peuvent résulter non seulement de la subjectivité d'appréciation de différents chercheurs confrontés à ce type d'objets ou de l'absence de critères de distinction suffisamment clairs pour certaines catégories d'objets mais aussi du fait que les mêmes objets peuvent quelquefois remplir différentes fonctions. Parfois, les difficultés à classer l'objet dans une catégorie précise d'objets de verre sont dûes à son très mauvais état de conservation.

Dans de tels cas, la rubrique *Genre d'objet* contient les noms des catégories auxquelles l'objet en question peut appartenir suivis de points d'interrogation, pendant que la forme et les dimensions de l'objet sont données selon le schéma de description de la catégorie signalée en première position. Ainsi, pour revenir à l'exemple cité au début du présent chapitre, la notation dans la rubrique *Genre d'objet* se présentera comme suit: fusaïole ? [11. ?]; bouton ? [10. ?]; perle ? [8. ?]. La forme et les dimensions de l'objet seront données selon le schéma de description des fusaïoles.

En revanche, quand il est impossible, même en termes d'alternative, d'attribuer l'objet ou le fragment d'objet à telle ou telle catégorie précise d'objets de verre, la rubrique en question, comme dans les cas analogues concernant d'autres groupes de caractéristiques (d'autres rubriques sur la fiche), contient l'information: „impossible à déterminer" ou „absence de données", lorsque la seule source de données concernant l'objet en question est la littérature où l'on ne mentionne d'aucune manière son appartenance à une catégorie précise.

Il arrive souvent que l'on ne puisse pas attribuer tel fragment de récipient analysé à un groupe précis d'objets de la catégorie respective (autrement dit que l'on ne puisse pas le dénommer). Dans le cas d'une impossiblilité absolue, la rubrique *Genre d'objet* portera uniquement la dénomination générale de la catégorie respective (récipients), tandis que le nom du groupe (dénomination précise) sera remplacé par l'information codée: „impossible à déterminer" ou „absence de données". La notation se présentera donc comme suit: Récipients [1.8.] ou Récipients [1.9.]. En revanche, lorsqu'il est possible d'attribuer alternativement l'objet à deux ou plus de groupes de récipients, on dénomme tous ces groupes mais avec un point d'interrogation, p.ex. Récipients [1.]: Bols ? [1.3. ?], Coupes ? [1.4. ?], cf. *Liste générale des noms d'objets*.

(M.D., J.O.)

Schéma de description

1. Récipients; 2. Couvercles

Remarques générales

Dans le présent chapitre N. P. Sorokina (dénomination des récipents antiques) et N. N. Ugrelidze (dénomination des récipients médiévaux) tentent d'unifier la nomenclature et de classer les noms des récipients en verre antiques et médiévaux.

Comme il a été déjà signalé dans la première partie du présent ouvrage (p. 27), pour un territoire aussi vaste que celui d'où vient le matériel archéologique ayant servi de base à l'élaboration des *Principes de description des verres anciens,* il est impossible de déterminer un cadre temporel unique pour chacune des époques. C'est pour la même raison qu'il est difficile d'établir pour cette grande étendue une coupure chronologique unique entre l'Antiquité et le haut Moyen Âge. Aussi avons–nous proposé une date conventionnelle, assez large car correspondant à un centenaire, à savoir le IVe siècle de notre ère.

Le fait que, pour ce qui est des questions étudiées, seules puissent être adoptées de si vastes limites temporelles s'explique aussi par d'autres circonstances, parmi lesquelles la lenteur des changements dans la dénomination des récipients de verre. En effet, en pleine époque médiévale, certains noms antiques sont encore en usage, de nouvelles appellations n'étant sans doute créées dans le premier temps que pour désigner certains types de récipients. Ce qui est plus, dans différentes régions du territoire en question, ces changements ont dû s'opérer en d'autres moments et de diverses manières. Il faut donc admettre comme probable l'hypothèse d'une assez longue période de coexistence de noms anciens et de nouvelles appellations, la durée de cette période étant différente suivant les régions. C'est bien la raison pour laquelle les cadres chronologiques proposés dans ces deux études se croisent et forment une période de transition que l'on a située, toujours par convention, au IVe siècle de notre ère. Cependant, les auteurs n'excluent pas l'hypothèse d'une durée beaucoup plus longue de cette période.

La question d'unification et de classement de la nomenclature des récipients de verre nécessite de vastes recherches approfondies comprenant entre autres des études de sources écrites et de sources iconographiques provenant de nombreuses aires culturelles. Elaboré pour les besoins des *Principes de description des verres anciens*, le schéma de dénomination des récipients de verre présenté dans ce chapitre ne prétend pas résoudre le problème. Il se donne plutôt pour objectif de signaler la question en indiquant que la nécessité de recherches se fait de plus en plus urgente.

(M.D.)

Récipients, leur dénomination

La dénomination des récipients antiques
(VIe siècle av.n.è.–IVe siècle de n.è.)

Le problème auquel se voit souvent confrontée l'étude de cette branche de la verrerie antique que se spécialisait dans la fabrication de la vaisselle est celui de l'unification des noms des formes de récipients. Compte tenu du grand intérêt pour le verre et du nombre croissant de publications scientifiques dans ce domaine, le manque de terminologie unifié se fait sentir avec d'autant plus de force.

Dans la verrerie de l'époque antique on distingue deux périodes: VIe–Ier siècles avant notre ère et Ier–IVe siècles de n.è. (Harden 1969; 1970), ce qui correspond à deux périodes historiques: grecque et romaine.

La vaisselle de ces deux périodes diffère très sensiblement aussi bien par la quantité que par la diversité des formes. Ainsi, à partir du VIe siècle et jusqu'à la fin du Ier siècle av.n.è., l'assortiment de récipents est assez modeste: une dizaine de formes tout au plus. La vaisselle en verre imite alors les formes de récipients métalliques et, surtout, de récipients en argile dont les noms sont d'usage commun (Blavatskij 1953). C'est pourquoi on n'observe guère de variations des noms des formes principales de récipients en verre des VIe–Ier siècles av.n.è.

La dénomination de récipients en verre suit donc celle de formes analogues en poterie: amphore ou amphorisque, alabastre, aryballe, oenochoe, hydrisque, pyxide. Cependant, l'uniformité dans l'appellation des récipients en verre de la période grecque n'est pas toujours de rigueur. Ainsi p.ex., les récipients en forme de coupe des VIIIe–VIIe et VIe–IIIe siècles av.n.è. (von Saldern 1959; Galanina 1970) sont appelés tantôt *coupes* tantôt *phiales*. Les récipients datant de l'hellénisme tardif, qui réunissent dans leur forme des éléments de scyphes et de canthares grecs, sont appelés soit *coupes* soit *scyphes, canthares, bols, craters* ou *bols scyphoïdes* (Smirnov 1953; Neuburg 1962; Eisen 1927; Guščina 1962).

Les formes de récipients en verre commencent à se diversifier sensiblement avec l'invention de la technique du soufflage à la fin du Ier siècle av.n.è. (Sorokina 1969). Modes de vie, nouvelle tendances dans la composition et la préparation de plats, développement de la médecine et beaucoup d'autres circonstances ont contribué à cette grande diversification des formes de la vaisselle de verre. Au point qu'il est aujourd'hui légitime de dire que c'est seulement à partir du Ier siècle de n.è. que la vaisselle de verre a pris autant d'importance dans la vie quotidienne du monde antique qu'elle ne l'a dans les sociétés contemporaines. Rappelons à ce propos que le tableau des formes de récipients établi par A. Kisa (1908, 3e partie) contient 307 positions et que les types principaux des récipients des Ier–IVe s. de n.è. étudiés par C. Isings (1957) sont au nombre de 134. Les récipients des Ier–IIe siècles, époque qui correspond à l'épanouissement de l'Empire romain, se distinguent par une très grande diversité de formes. Dès la seconde moitié du IIIe siècle, l'assortiment de vaisselle s'appauvrit, phénomène particulièrement sensible au Haut Moyen Âge, mais, même à cette époque–là, il reste toujours beaucoup plus riche que celui de la période grecque.

Dans la terminologie des formes de récipients anciens dominent les noms empruntés aux langues modernes. En effet, dans la littérature scientifique anglaise, on recense jusqu'à 22 noms de ce type alors que les littératures allemande et française en fournissent au moins 12–13. Les formes de récipients ainsi que leurs caractéristiques particulières sont décrites au moyen d'adjectifs. Ainsi, C. Isings (1957) utilise à cet effet plus de 10 adjectifs: deep, shallow, narrow, carinated, bulbous, tubular, globular, squar, cilindrical, pillar–moulded, one–handeld, handeld, etc. D'autres auteurs ont également recours à des adjectifs.

Dans la dénomination de formes on utilise aussi des noms anciens:

1. *Amphora, amphoriskos*
2. *Diota*
3. *Oenochoe*
4. *Stamnos*
5. *Lagoena*
6. *Olpe*
7. *Patera*
8. *Phiala*
9. *Modiolus*
10. *Scyphus*
11. *Cantharus*
12. *Carchesium*
13. *Rython*
14. *Trulla*
15. *Pyxide*
16. *Aryballos*
17. *Hydriscos*
18. *Alabastrum*
19. *Unguentarium*
20. *Balsamarium*
21. *Lacrimarium*
22. *Fiola*
23. *Guttus*
24. *Infundibulum*
25. *Olla*

Cependant, l'emploi de ces termes n'est pas propre à tous les auteurs.

Certains noms qui renferment un élément sémantique se rapportant à un trait caractéristique restent fixés dans la littérature de la question, tels que:

Rippenschale; pillar–moulded	Puteolflasche
Zarte Rippenschale	Delfiniumflasche; Badenflasche
Rüsselbecher	Dattelflasche
Diatreta	Lotusblütenflasche
Merkurflasche	

En règle générale, la dénomination de récipients est la plus conséquente et la plus systématique dans des ouvrages monographiques et dans de grands catalogues. Dans des travaux de moindre ampleur (petits catalogues ou articles) la forme d'objets est parfois définie d'une façon subjective sans que l'auteur se réfère à la terminologie existante. C'est pourquoi, il arrive que les mêmes récipients ont de 2 à 6 désignations différentes (Fig. 5, 6), tandis que les récipients qui présentent des caractéristiques toutes différentes portent le même nom (Fig. 7). Ainsi, en matière de dénomination de récipients, depuis plus de 90 ans (soit depuis la publication de l'ouvrage de A. Kisa en 1908) on n'a point réussi à unifier la nomenclature, même pour les formes les plus répandues.

Il serait toutefois faux de croire que pendant toute cette période il n'y a pas eu d'efforts visant à élaborer la terminologie. Bien au contraire. L'ouvrage de D. B. Harden *Karanis* (1936) en témoigne le mieux, ainsi que quelques publications qui l'ont suivi et qui ont été marquées par son influence, à commencer par l'ouvrage de O. Vessberg sur les verres de Chypre (Vessberg 1952). Le travail sur la terminologie des récipients en verre de la période romaine présenté par C. Isings (1957) marque, lui aussi, une étape. Il est analogue à l'étude des formes de céramiques faite par Dragendorf. À ces trois titres, il convient d'ajouter le livre de J. W. Hayes qui a systématisé la grande collection de verres du musée de Toronto (Hayes 1975). Dès la fin des années 1960, on observe un intérêt grandissant pour les noms anciens de récipients en verre, lesquels semblaient peu préoccuper les chercheurs dans les années 30–50 du XXe siècle. Les publications de M. C. Calvi (1969) et de P. La Baume (1973) en sont une preuve irréfutable. Cependant, il serait abusif de croire que la question de la terminologie des verres anciens est définitivement résolue, ce que semblent illustrer entre autres les figures 5–7. L'objectif du présent ouvrage est d'éliminer ces lacunes et imperfections. C'est pourquoi, après avoir opéré un classement systématique des genres de vaisselle, nous avons introduit la dénomination grecque et romaine de ces formes, ce qui permettra à l'avenir de les désigner du terme identique, indépendamment de la langue de la publication.

Dans notre travail, en plus de quelques dictionnaires de renom (Daremberg et Saglio 1877–1919; *Paulys Realencyclopädie der classischen Altertumswissenschaft* 1893–1972; Ebert ed. 1924–1932; Dvoreckij 1958; 1976; Ljubker 1884), nous avons exploité deux ouvrages consacrés à la terminologie des récipients, basés sur des sources écrites grecques et latines. Le premier d'entre eux porte sur les noms de récipients en verre (Trowbridge 1928), le second est consacré aux récipients des premiers siècles de n.è. fabriqués en différentes matières (Hilgers 1969). La liste établie par M. L. Trowbridge comporte 80 noms, celle proposée par W. Hilgers en compte 382. L'ouvrage de M. L. Trowbridge a un caractère purement philologique. Ce ne sont en effet que des traductions en anglais de termes anciens (par exemple: *EKPOMA–GOBLET; POCULUM, CALIX–CUP; SCYPHOS–GOBLET; DOLIUM–JAR; LAGYNOS–-FLASK*), accompagnées de courts commentaires pris dans des textes anciens. La monographie de W. Hilgers est plus approfondie et contient beaucoup de matériel utile pour le travail que nous avons conçu. Cependant, compte tenu de la complexité des rapports qui existent entre la dénomination et les formes réelles, W. Hilgers (1969) pense qu'un tel travail ne peut pas être concluant, car les sources mentionnent des noms de récipients sans donner d'indication précise sur leur forme et il doit y avoir

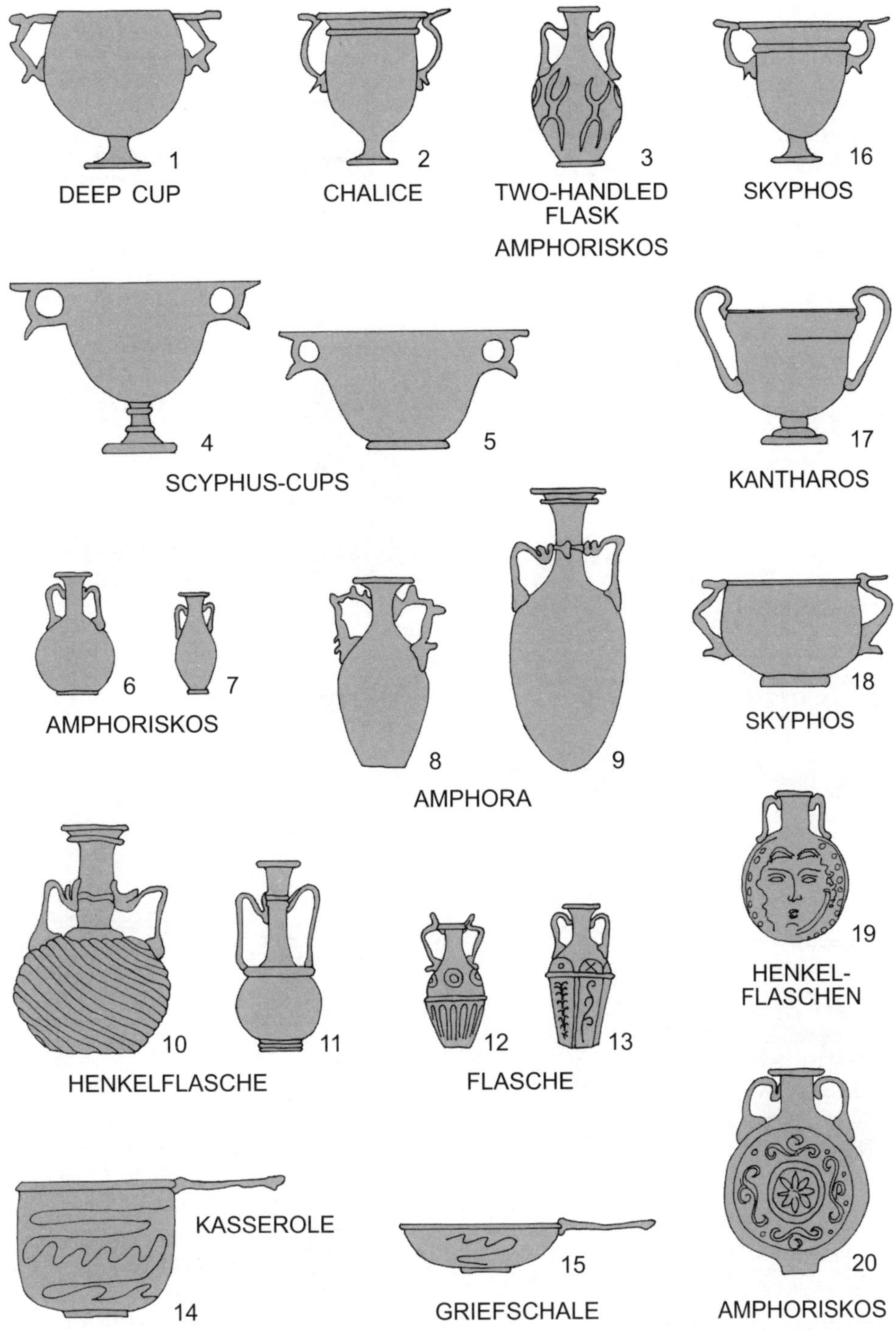

1–2 — Smith 1957, Fig. 66, 218; **3** — Vessberg 1952, Pl. VI 28, XVII 3; **4–5** — Eisen 1927, Pl. 15; **6, 7, 12, 13** — von Saldern, Nolte, La Baume, Haevernick 1974, Fig. 438, 439, 542, 548; **8–11** — von Saldern 1974, Fig. 59, 205–207; **14–15** — Doppelfeld 1966, Fig. 120, 126; **16–20** — La Baume 1973, Fig. 5, 10; La Baume, Salomonson 1977, Pl. 15.

Fig. 5. Exemples de noms de récipients antiques employés dans la littérature.
Élaboration N. Sorokina; dessins N. Sorokina et P. Nowakowski

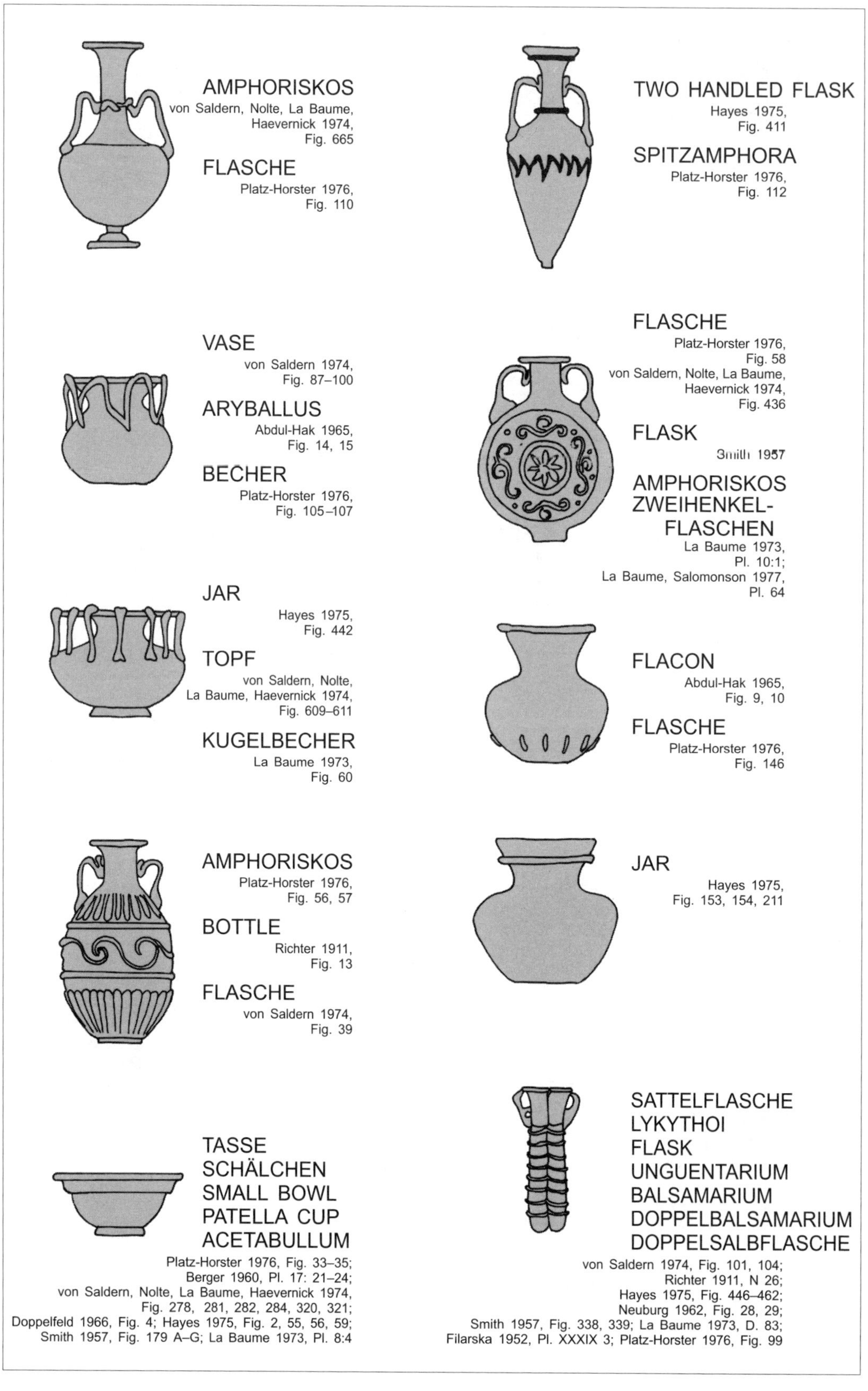

Fig. 6. Les mêmes formes de récipients antiques portent des noms différents selon les auteurs. Élaboration N. Sorokina; dessins N. Sorokina et P. Nowakowski

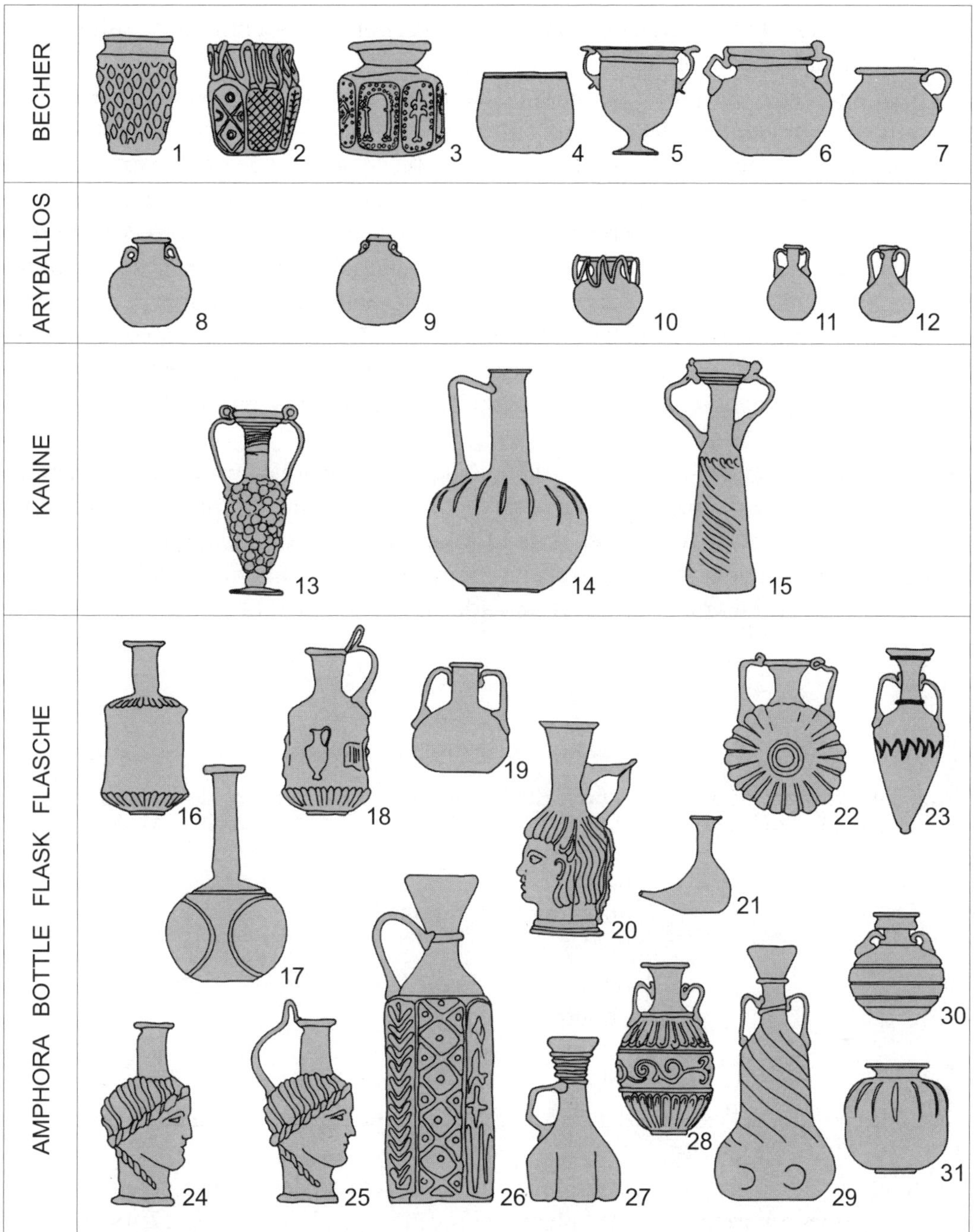

1–4, 13–15 — Kisa 1908, partie 3, Fig. 312, 325, 326, 329–331, 339; **5** — Neuburg 1962, Fig. 82, 84, 85; **6, 7, 23, 30** — Platz-Horster 1976, Fig. 112, 144, 145, 159; **8** — Calvi 1969, Pl. 2; **9** — Isings 1957, forme 61; **10** — Abdul-Hak 1965, Fig. 15; **11, 12** — Hayes 1975, Fig. 121, 122; **16, 18** — Richter 1911, Fig. 13; **17, 19, 22, 24–29** — Smith 1957, Fig. 75, 206, 253, 270, 281, 282, 379, 407, 409; **20** — Eisen 1927, vol. 1, Pl. 76; **31** — von Saldern 1974, Fig. 429; **21, 33–35** — von Saldern, Nolte, La Baume, Haevernick 1974, Fig. 107, 109, 232, 275; **32** — Berger 1960, Pl. 17:6; **36** — Sunkovsky 1956, Fig. 13.

Fig. 7. Noms désignant, selon les auteurs, différentes formes de récipients antiques.
Élaboration N. Sorokina; dessins N. Sorokina et P. Nowakowski

beaucoup de synonymes. On peut bien évidemment comprendre son scepticisme, mais il ne semblerait pas juste de le partager complètement.

Ainsi, il reste toujours d'une part des noms anciens et de l'autre des objets anciens en verre qui ne se laissent que difficilement identifier les uns aux autres. La question de terminologie est donc ouverte.

En effet, on utilise actuellement 25 termes anciens (cf. p. 43). Pour notre part, nous voulons en ajouter encore quelques–uns. Toutefois, la désignation de tel ou tel récipient du nom ancien que nous avons proposé (Fig. 8–10) est en grande partie une question de convention et nous croyons qu'à l'avenir cette désigantion aura besoin d'être précisée. Par ailleurs, certains termes proposés ne désignent pas forcément dans les sources les récipients en verre. Comme on le sait, les noms de récipients faits en différents métaux, en argile ou en d'autres matières peuvent être très bien employés pour désigner des récipients en verre. Les sources antiques ne fournissent pas d'informations sur les récipients en verre tels que *cantharus, cratère, modiolus, infundibule,* alors qu'ils sont très bien connus grâce à de très nombreux exemplaires préservés.

La présente étude base sur le matériel archéologique des régions de l'Europe orientale et de la Transcaucasie. Les formes de récipients de verre connues de ce territoire sont assez variées et, à beaucoup d'égards, analogues à celles issues de l'Empire romain. Cependant, leur assortiment se distingue par une certaine originalité. C'est pourquoi notre liste ne contient pas les noms de récipients répandus au–delà de la périphérie orientale du monde antique.

(N.S.)

Systématisation des genres de récipients

La forme du récipient dépend du choix des éléments composants et de la forme propre de ces derniers. On relève 11 éléments:

1. bord
2. lèvre
3. col
4. panse
5. fond
6. base
7. anse, manche, tenon
8. jambe
9. pied
10. bouton
11. bec

1. On appelle „bord" soit l'extrémité de la lèvre soit la coupe franche du col ou de la panse (Fig. 13: 1, 2, 4, 15, 19, 22, 23, 27, 29, 30).
2. On entend par „lèvre" la partie supérieure profilée du col ou de la panse, séparée de ces derniers par le changement d'orientation de la ligne du profil (Fig. 13: 3, 8, 9, 10, 17, 19, 29, 30).
3. Le „col" est la partie supérieure du récipient, séparée de la panse par le changement d'orientation de la ligne du profil (Fig. 13: 8, 9, 10, 12, 15, 23).
4. On appelle „panse" le volume principal du récipient, situé entre le fond et le col, s'il y a un col (Fig. 13: 1–4, 7–10, 13–16, 18, 22, 24, 27, 28, 30).
5. Le „fond" est partie inférieure du récipient. On le distingue même quand il n'y a pas de rupture de pente évidente entre le fond et la panse et dans les cas où le récipient possède une base ou une jambe (Fig. 13: 1–5, 7–10, 13–15, 18).
6. La „base" est située au–dessous du fond du récipient. Elle peut être formée à partir de la portion inférieure de la panse ou constituer un élément rajouté (Fig. 13: 1, 6, 7, 10, 12, 17, 18, 19).

7. „Anse”, „manche” et „tenon” sont des éléments de préhension. L'anse est fixée au récipient par ses deux extrémités; le manche est fixé par une seule extrémité; le tenon est un élément plein fixé à la paroi du récipient ou du couvercle par une face toute entière (Fig. 13: 10, 13, 16, 17, 21, 27, 28).
8. La „jambe” se trouve au–dessous du fond. Si unique, elle est située généralement dans la partie centrale (Fig. 13: 4, 5, 11, 22).
9. Le „pied” se trouve au–dessous de la jambe (Fig. 13: 4).
10. On appelle „bouton” un élément plein, situé à l'extrémité de la jambe, surtout dans les lampes (Fig. 13: 22, 31).
11. On appelle „bec” la partie spécialement façonnée du récipient destinée à verser. On distingue deux types de becs: fermé et ouvert, ce dernier, situé dans la partie supérieure du col et façonné avec la lèvre, s'appelle „versoir” (Fig. 13: 21, 23, 25, 26 et 13: 19, 24).

Les principaux éléments constitutifs du récipient qui déterminent sa forme et ses fonctions sont le bord, la panse et le fond.

Voici les indices qui permettront la distinction et la définition de la forme du récipient:

1. Position du diamètre extérieur maximum (D). Celui–ci peut être situé au bord du récipient (D=D1). Les récipients qui présentent cette caractéristique sont appelés „ouverts”. Les récipients dont le diamètre $D \neq D1$ ($1 > D1 : D \geq 0,5$) s'appellent „mi–ouverts”. Les récipients mi–ouverts se laissent en plus diviser en deux groupes selon le rapport entre le diamètre du bord (D1) et le diamètre maximum (D). Les récipients dont le diamètre $D : D1 < 0,5$ s'appellent „fermés”.
2. Rapport entre la hauteur maximum du récipient et son diamètre maximum. Deux cas sont à envisager, à savoir: $H \leq D$ et $H > D$.
3. Existence de col: on distingue des récipents avec col et des récipients sans col.
4. Hauteur relative du col. On va tenir compte, à titre conventionnel, du rapport entre la hauteur du col (H3) et celle de la panse (H4): $H3 : H4 \leq 0,3$ correspondra au col court, alors que $H3 : H4 > 0,3$ correspondra au col long*.
5. A la mensuration des *Cornu, Cornu–infundibulum, Rhytium* et des lampes, on mesure non pas H mais L (longueur). L'étude des proportions des éléments constitutifs dans le cas de ce type de récipients tient compte non pas de la hauteur générale du récipient (donc dans leur cas — de la longueur) mais de la hauteur de la panse (H4).

La combinaison de tous ces indices permet de distinguer les genres de récipients suivants: assiettes, plats, bols, coupes, verres, jarres et bouteilles (voir infra *Liste générale des noms d'objets*).

Les quatre premiers genres se distinguent par la profondeur (rapport H:D). Les récipients dans lesquels D<20 cm et $H:D \leq 0,25$ sont appelés „assiettes”. Les assiettes dont le diamètre maximum est supérieur à 20 cm sont appelées „plats”. Les récipients dans lesquels $0,25 < H : D = 0,5$ sont appelés „bols” et ceux où $0,5 < H : D \leq 1$ — „coupes” (voir Tableau 1).

De cette façon, notre classement des genres de récipients est basé sur la présence des différentes parties et leurs rapports. La forme et les dimensions de la panse ainsi que la présence et la quantité d'éléments constitutifs „additionnels” modifient la forme du récipient et sa dénomination. Les éléments additionnels, tels que base, préhension, pied et bec, attachés à des parties principales de récipients permettent d'obtenir des formes nouvelles: jarres ou grandes bouteilles munies d'une anse deviennent cruches; grande bouteille à deux anses devient amphore et jarre à plusieurs anses devient lampion.

Le répertoire des définitions des récipients antiques d'après leur genre avec l'indication des dénominations est donné ci–après. Quant aux récipients médiévaux, on ne signale que le nom général de

---

* Note de la Rédaction: Dans son classement des récipients, l'auteur (sans donner d'explication) ne tient pas compte des hauteurs H1 et H2.

la classe de récipients, à l'exception de quelques types d'exemplaires dont on a réussi à établir le nom (voir la liste dans le texte de N. N. Ugrelidze et Fig. 11, 12).

Tableau 1. Principaux genres de récipients (voir la *Liste générale des noms d'objets*, p. 65–66)

	Ouverts D=D1		Mi–ouverts 1>D : D1≥ 0,5		Fermés D : D1< 0,5
Sans col	H ≤ D	H > D	H ≤ D	H > D	H≤D H>D
	Assiettes Plats Bols Coupes	Verres	Coupes	Verres	Jarres
Avec col	Coupes	Jarres	Jarres	Jarres	Bouteilles

(J.Š)

La dénomination des récipients antiques

1. 1. Assiettes (D<20 cm)

(caractéristiques du genre, voir Tableau 1)

Les assiettes peuvent avoir une base ou elles peuvent en être dépourvues. Les petites différences de forme permettent néanmoins de les répartir en groupes qui ont leur propre dénomination.

1.1.1. *CATINUS* (Fig. 8)
1.1.2. *LANCULA*
1.1.3. *PINACION*
1.1.4. *DISCOS* est une assiette demi–sphérique; avec une large lèvre horizontale, H peut aller jusqu'à 3 cm.

Dans la littérature contemporaine, tous ces récipients ont des noms modernes qui figurent sur les tableaux annexes de ces publications. Nous nous arrêterons sur des noms anciens partout là où il va falloir présenter une justification.

CATINUS — terme utilisé dans les sources pour désigner des assiettes en verre ou de petits plats (voir Trowbridge 1928, N 28; Hilgers 1969, N 91).

DISCOS — terme emprunté à la dénomination de récipients faits en d'autres matières (Hilgers 1969, N 137). *LANCULA* voir *LANX*; *PINACION* voir *PINAX*.

1. 2. Plats (D>20 cm). Ils peuvent avoir une base ou non.

(caractéristiques du genre, voir Tableau 1)

1.2.1. *LANX* (Fig. 8)
1.2.2. *PINAX* (Fig. 8)
1.2.3. *MAZONOMUM* (Fig. 8)
1.2.4. *PATINA* (Fig. 8) est un *MAZONOMUM* à manche.

Dans la littérature, les récipients mentionnés portent des noms modernes (voir Fig. 8).

PATINA remplace le terme *PATERA* souvent rencontré dans la littérature contemporaine. La présence d'un manche distingue la *PATINA* de la *PATERA* qui en est dépourvue. Nous introduisons le terme *LANX* suite à la ressemblance de la forme de ce récipient à celle du plateau de balance (Dvoreckij 1976, p. 576).

PINAX, PATINA–PATERA sont les termes mentionnés dans les sources pour désigner la vaisselle en verre (Trowbridge 1928, NN 29, 34, 44; Hilgers 1969, NN 282, 292).

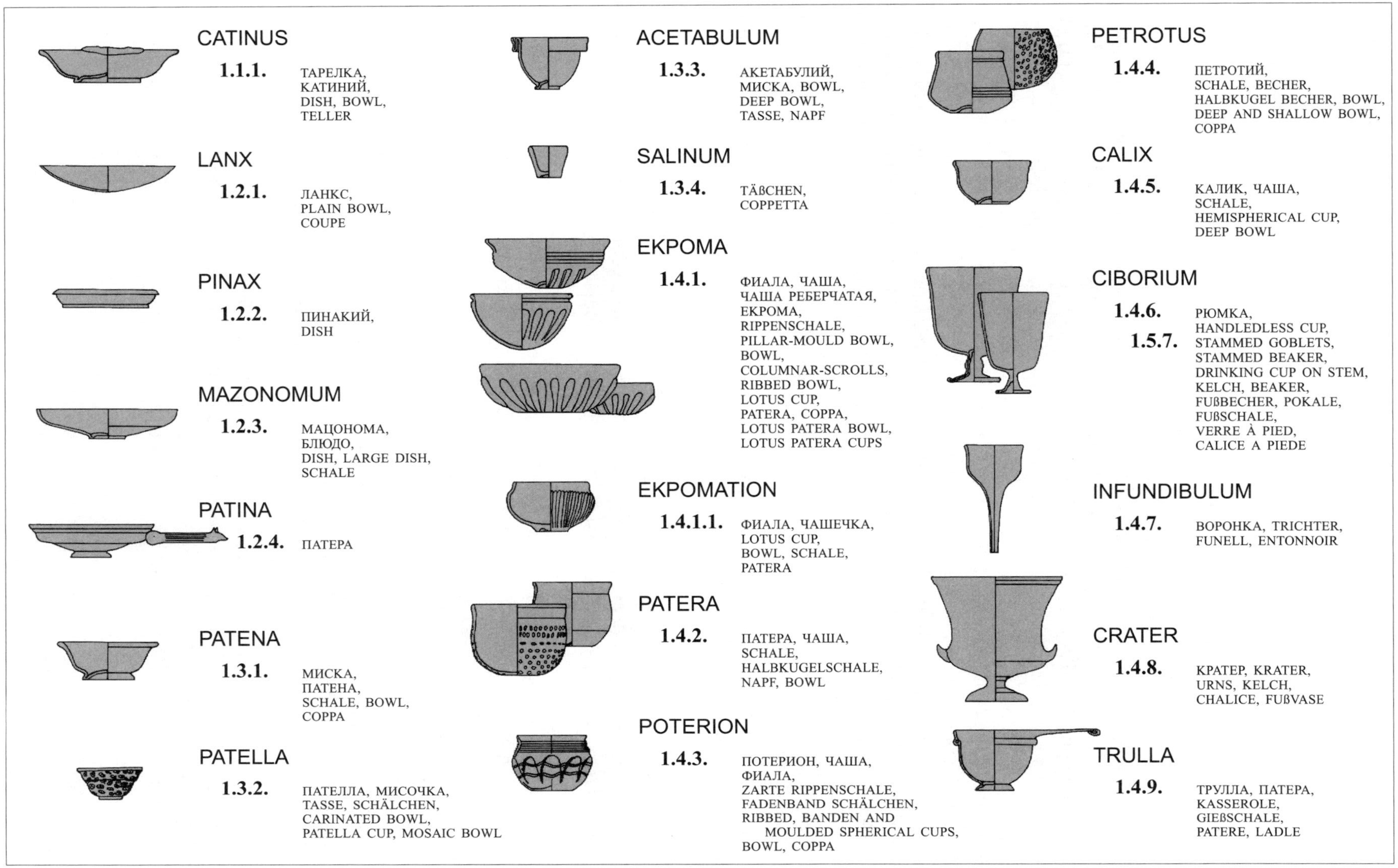

Fig. 8. Classement des noms de récipients antiques.
Élaboration N. Sorokina; dessins N. Sorokina, M. Krakowiak et P. Nowakowski

LANX, MAZONOMUM sont les termes empruntés aux dénominations de récipients faits en d'autres matières (Hilgers 1969, NN 209, 233).

1.3. Bols

(caractéristiques du genre, voir Tableau 1)

1.3.1. *PATENA* (Fig. 8) — bol à base.

1.3.2. *PATELLA* (Fig. 8) — petit bol à base, exécuté selon la technique „millefiori" ou en verre de couleur.

1.3.3. *ACETABULUM* (Fig. 8) — bol à base et à lèvre profilée.

1.3.4. *SALINUM* (Fig. 8) — bol–salière de petite dimension, à base ou sans base (H plus de 3 cm).

1.3.5.–1.3.9. — voir la liste des noms de récipients médiévaux établie par N.N. Ugrelidze et Fig. 11.

PATENA définie par W. Hilgers à partir de l'analyse des sources (Hilgers 1969, N 289) est un bol, plat. Conformément à notre définition du genre, ce terme ne sert à désigner que le bol.

PATELLA est la dénomination figurant dans le catalogue de R. W. Smith (1957, NN 179 a–g). C'est un synonyme de *PATENA* (Hilgers 1969, NN 279, 283). C'est pourquoi nous proposons de retenir pour ce récipient le terme donné par R. M. Smith.

La dénomination du bol I.3.3. *ACETABULUM* est plus conventionnelle; elle est employée par P. La Baume (1973, Fig. 1; Pl. 8: 4; 15: 4; 16: 1). S'appuyant sur des données assez confuses fournies par les sources, W. Hilgers ne fait que des suppositions sur la forme du récipient. Cependant, en conclusion, il est prêt à identifier ce récipient avec le bol (Hilgers 1969, p. 92).

PATENA et *PATELLA* sont les termes qui sont cités dans les sources pour désigner des récipients en verre (Trowbridge 1928, NN 44, 74; Hilgers 1969, N 283).

ACETABULUM et *SALINUM* sont les termes empruntés à la dénomination de récipients faits en d'autres matières (Hilgers 1969, NN I, 313).

1.4. Coupes

(caractéristiques du genre, voir Tableau 1)

1.4.1. *EKPOMA* (Fig. 8) — coupe, ouverte, à saillies, à lobules ou à autre décor de la surface extérieure.

1.4.1.1. *EKPOMATION* (Fig. 8) — coupe, mi–ouverte, à panse cannelée, à col court, présence ou absence de base.

1.4.2. *PATERA* (Fig. 8) — coupe, ouverte, sans base.

1.4.3. *POTERION* (Fig. 8) — coupe, ouverte, à col court. Les saillies dans la partie supérieure de la panse sont ceintes de fils de verre.

1.1.4.4. *PETROTUS* (Fig. 8) — coupe, mi–ouverte, sans base.

1.4.5. *CALIX* (Fig. 8) — coupe, ouverte, à base.

1.4.6. *CIBORIUM* (Fig. 8) — coupe, ouverte (plus rarement verre; voir 1.5.7.) à jambe (verre à pied).

1.4.7. *INFUNDIBULUM* (Fig. 8) — coupe–entonnoir, ouvert, ou *CORNU* (voir 1.5.5.).

1.4.8. *CRATER* (Fig. 8) — coupe, ouverte, à col long, à deux anses horizontales ou non, une jambe.

1.4.9. *TRULLA* — (Fig. 8) — coupe–puisoir, ouvert, avec base (plus rarement sans base), à manche unique.

1.4.10. *SCYPHUS* (Fig. 9) — coupe, ouverte, à deux anses verticales, avec base.

1.4.11. *CANTHARUS* (Fig. 9) — coupe, ouverte (plus rarement verre, voir 1.5.11) à fond aplati, à deux anses verticales, avec base ou jambe.

1.4.12.–1.4.14.; 1.4.19. — voir la liste des noms de récipients médiévaux établie par N.N. Ugrelidze, et Fig. 11.

Les termes *PATERA, INFUNDIBULUM, CRATER, SCYPHUS, CANTHARUS* et *CIBORIUM* ne sont pas toujours utilisés de façon conséquente dans la littérature contemporaine. *PATERA, TRULLA, INFUNDIBULUM* et *CRATER* se rapportent à un groupe peu nombreux de récipients dont la forme correspond assez bien à la description donnée par les auteurs anciens.

Nous introduisons le terme *EKPOMA* pour désigner des coupes à décor en relief. Les chercheurs anglais les distinguent d'après la technique de fabrication (pillar–mould, bowl), tandis que les chercheurs allemands d'après leur aspect extérieur (Rippenschale). Ce groupe de récipients de l'époque romaine continue la lignée des coupes en verre rares pendant la période grecque. C'est avec ces dernières que semble lié le terme proposé (Fossing 1940, p. 84; Trowbridge 1928, p. 22).

EKPOMATION, récipient appartenant à ce même groupe s'en distingue par les plus petites dimensions.

POTERION. W. von Pfeffer et Th.–E. Haevernick appellent ces coupes „Zarte Rippenschale", compte tenu de leur aspect extérieur. Les auteurs anglais, de leur côté, tiennent parfois compte des qualités de la technique d'exécution (Eisen 1927, Pl. 37).

Si nous proposons le terme *POTERION* pour les récipients en question, c'est pour les raisons suivantes. Premièrement, ces récipients sont exécutés conformément à la tradition de la verrerie du bassin méditerranéen de l'époque grecque avec, comme caractéristique, utilisation de fils opaques colorés qui font contraste avec le fond de couleur de la panse, ce qui semble proche des témoignages d'auteurs anciens (voir Trowbridge 1928, p. 168, N 27) relatifs à la fabrication de *POTERION* en Orient (Alexandrie, Sidone). Et deuxièmement, W. von Pfeffer et Th.E. Haevernick (1958) ont établi à l'aide de la cartographie que la fabrication des récipients qu'elles avaient étudiés était située quelque part sur le territoire d'Italie ou dans la région de l'Adriatique du Nord. Il est impossible de ne pas rappeler à cette occasion l'hypothèse présente dans la littérature (Fremersdorf 1938, p. 120) de l'installation en Europe et, plus particulièrement, dans les régions de Carinthie et d'Istrie de verriers orientaux dont certains étaient originaires de Syrie. Tout porte à croire qu'ils ont pu, en fabriquant des récipients, perpétrer les pratiques du métier qu'ils avaient dans leur patrie.

PETROTUS–PETROTOS (soit „pétrifié") est la désignation que les auteurs anciens ne donnent qu'à des récipients en verre (Trowbridge 1928, p. 116, N 19). Selon nous, le terme *PETROTUS*, est en rapport avec des récipients fabriqués selon la technique de surface bigarrée („Gläser mit buntgfleckter Oberflache" — terme introduit par F. Fremersdorf 1938) qui reproduit en verre l'une des espèces de pierres fines, à savoir la lazulite. Cette technique était utilisée pour obtenir des récipients de formes variées. Conformément aux critères de classement que nous avons établis, la plupart de ces récipients sont appelés *CANTHARUS, OLLA, MODEOLUM* et *AMPHORA*, etc. Compte tenu du passage de Pline (*N.H.*, 35, 26/66) dans lequel il est dit que le *CALIX* est un *PETROTUS,* nous proposons de réserver le terme „*PETROTUS*" à des coupes appartenant à ce groupe des récipients qui sont restés sans dénomination. C'est très certainement sur cette définition que s'appuyait M.L. Trowbridge (1928) en traduisant *PETROTUS* comme „cup" — coupe.

Certains auteurs proposaient d'interpréter comme *PETROTUS* les *SCYPHI* et les *CANTHARI* faits en verre incolore du IIe siècle av. n.è.–Ier siècle de n.è. (Isings 1957, forme 39). Il semble cependant qu'il est plus juste de réserver à ces formes le terme *CRYSTALLA* et *CRYSTALLINA* (Trowbridge 1928, N 10). En effet, par leur transparence, ces récipients imitaient des objets de cristal de roche plutôt que de pierre. Outre cela, après moulage, ils étaient travaillés selon les mêmes procédés techniques que les récipients en cristal.

CALIX — dénomination qui remonte au *kylix* grec. A l'époque romaine, ce n'est pas seulement la forme typique de ce récipients qui change mais sa fonction aussi. Il perd sa fonction principale de récipient qui sert à boire le vin coupé d'eau et commence à servir à différentes fins, voire à la préparation de plats (Hilgers 1969, N 72). La forme classique de *kylix* est très rare dans le verre (Eisen 1927, Fig. 62). Selon W. Hilgers (1969, p. 44 sq.), à juger d'après les contextes dans lesquels il apparaît chez les auteurs anciens, le *CALIX* pouvait être aussi bien largement ouvert qu'avoir un col étroit et une panse demi–sphérique ou ovoïde. Il pouvait être muni d'une jambe et d'anses. W. Hilgers propose de voir des *CALICES* dans les récipients proches du cratère ou de ceux que nous appelons *CIBORIUM* (Hilgers

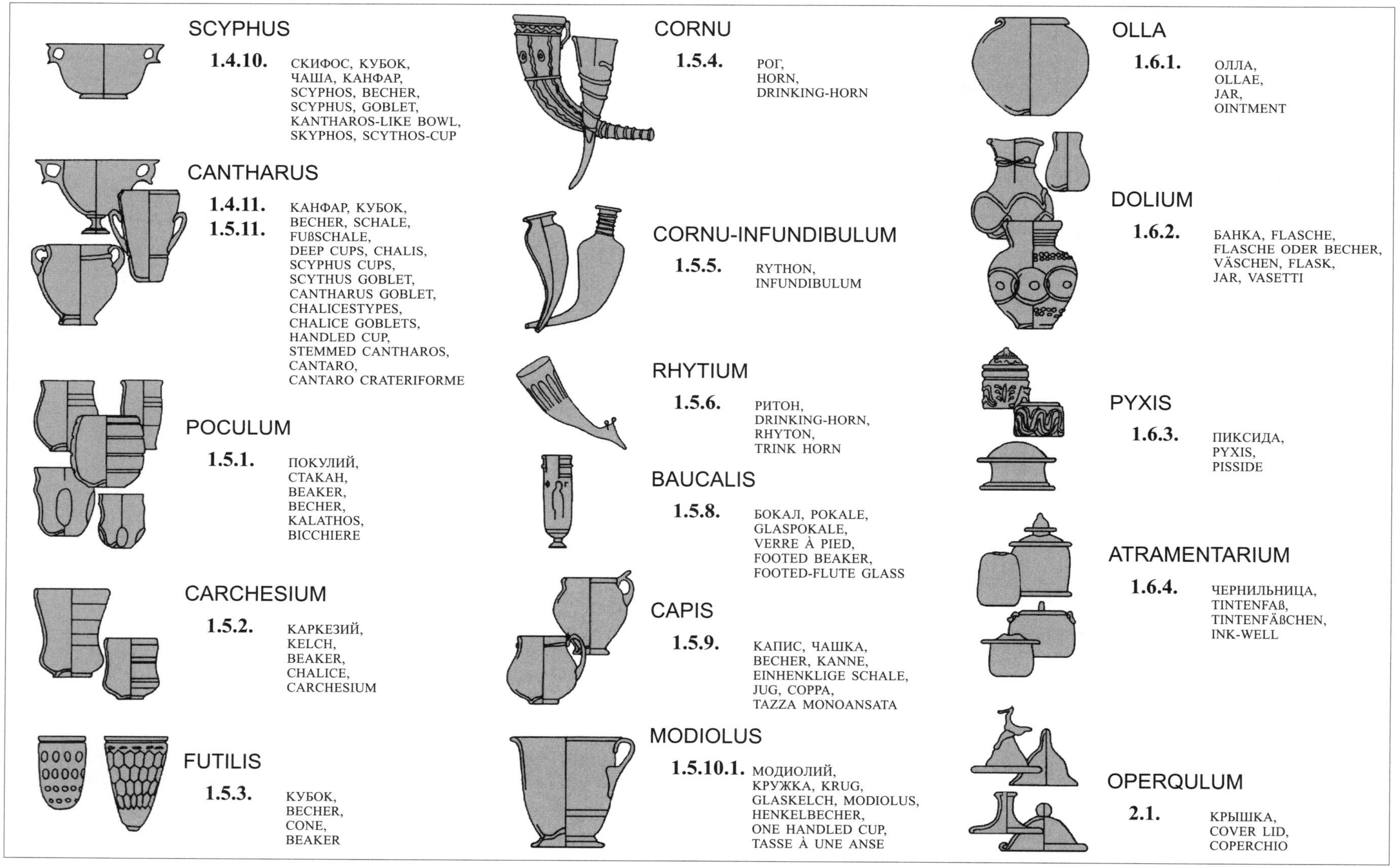

Fig. 9. Classement des noms de récipients antiques.
Élaboration N. Sorokina; dessins N. Sorokina, M. Krakowiak et P. Nowakowski

1969, Fig. 18, 19). À notre point de vue, sa définition est encore plus controversée que la nôtre. Or, d'après lui, les calices donnent l'impression d'une vaisselle de gala tandis que les *CALICES* en forme de simple coupe (ajoutons à ce propos que M.L. Trowbridge — 1928, p. 18 et 41 — définit *CALIX* comme coupe à vin) correspondent plus à la notion de vaisselle ordinaire que Ovide évoque en termes suivants: „Il y a [deux] *CALICES*. Le plus petit contient des fèves, le plus grand — des légumes" (*Stant calices — minor inde fabas olus alter habebant*).

Pour le récipient en forme de coupe à pied (type de verre à pied contemporain), nous proposons le terme de *CIBORIUM* qui est arbitraire. En effet, les sources anciennes n'indiquent pas clairement quelle forme revêtait le récipient à boire nommé *CIBORIUM*. D'ailleurs, ce terme est rare dans la littérature ancienne. Ce qui semble correspondre à certaines observations concernant l'extension du récipient du type de verre à pied — *CIBORIUM,* surtout à l'époque romaine tardive et au haut Moyen Âge. Morin–Jean (1913, forme 103) utilise ce terme pour désigner le récipient dont la forme est celle de *CANTHARUS*.

Une large existence de *SCYPHUS* et de *CANTHARUS* remonte à l'époque grecque lorsque les récipients désignés de ces noms se distinguent par la forme de la panse et par l'emplacement des anses sur ce dernier.

Les *CANTHARI* se caractérisent par la présence d'anses verticales de construction assez particulière, tandis que les *SCYPHI* ont des anses horizontales ordinaires. Dès l'époque hellénistique et jusqu'aux premiers siècles de n.è. on fabrique des *SCYPHI* à anses verticales, cette caractéristique n'étant auparavant propre qu'à des *CANTHARI*. Il en résulte une confusion dans l'emploi de leurs noms. Nous proposons de laisser le terme *SCYPHUS* pour désigner les récipients ayant hérité la forme des *SCYPHI* de l'époque grecque mais à anses verticales comme celles des *CANTHARI*. Pour ce qui est du *CANTHARUS*, nous proposons de réserver ce terme à des récipients dont les caractéristiques sont présentées au numéro 1.4.11. et de tenir plus particulièrement compte de la présence d'anses verticales.

EKPOMA, EKPOMATION, POTERION, PETROTUS, CALIX, TRULLA et *SCYPHUS* sont les termes mentionnés dans les sources pour désigner des récipients en verre (Trowbridge 1928, NN 1, 7, 18, 19, 21, 27, 41, 69; Hilgers 1969, NN 72, 300, 327, 364).

PATERA, CIBORIUM, INFUNDIBULUM, CRATER et *CANTHARUS* — ces termes sont empruntés aux noms désignant des récipients faits en d'autres matières (Hilgers 1969, NN 7, 98, 119, 198, 282).

1.5. Verres

(caractéristiques du genre, voir Tableau 1)

1.5.1. *POCULUM* (Fig. 9) — verre ouvert ou mi–ouvert, à base ou sans base. H — à partir de 5,5 cm.

1.5.2. *CARCHESIUM* (Fig. 9) — verre à panse rétrécie dans la partie médiane, à jambe ou à base. H — à partir de 7 cm.

1.5.3. *FUTILIS* (Fig. 9) — coupe–verre, ouvert, à fond arrondi ou pointu. H — à partir de 10 cm.

1.5.4. *CORNU* (Fig. 9) — *RYTHON* — verre, ouvert, à panse courbe, étroite, à fond aplati ou pointu, parfois avec deux anses verticales. D — à partir de 5 cm; L — à partir de 25 cm.

1.5.5. *CORNU–INFUNDIBULUM* (Fig. 9) — *CORNU* à col court ou long, à fond pointu muni d'un trou. L — à partir de de 20 cm.

1.5.6. *RHTYTIUM* (Fig. 9) *RYTHON*–verre, ouvert, à fond zoomorphe. L — à partir de 28 cm.

1.5.7. *CIBORIUM* — verre ou coupe (voir 1.4.6.), ouvert, à jambe. H — jusqu'à 7 cm (jambe exclue).

1.5.8. *BAUCALIS* (Fig. 9) — verre, ouvert, à jambe. H — plus de 10 cm, ce par quoi il diffère du *CIBORIUM*.

1.5.9. *CAPIS* (Fig. 9) — coupe–verre, ouvert ou mi–ouvert, à col court, avec ou sans base, à anse verticale unique. H — jusqu'à 8 cm.

1.5.10. 1.*MODIOLUS* (Fig. 9) — pinte–verre, ouvert, avec base, à anse verticale unique. H — à partir de 9 cm.
1.5.11. *CANTHARUS* (Fig. 9) — verre ou coupe (voir 1.4.11), ouvert, sans base, à deux anses verticales.
1.5.12. voir Fig. 12.

Tous les termes proposés pour les récipients nommés „verres", à de rares exceptions près, se rencontraient déjà auparavant dans la littérature. Cependant, certains sont moins d'autres plus fortement liés à telle ou telle forme. Parmi ces derniers, on compte le terme *MODEOLUS* dont la consécration s'est accomplie grâce à l'article de Th.E. Haevernick (1978).

Nous proposons de répartir les récipients similaires selon leur destination et d'appeler une de ces formes *RHYTIUM*, l'autre *CORNU* (voir les définitions 1.5.4. et 1.5.6.).

Nous proposons d'employer le terme *CAPIS* pour désigner des petites tasses à anse unique. En règle générale, ces tasses sont faites en verre transparent, mais parfois on rencontre des tasses polychromes (voir, p.ex., von Saldern, Nolte, La Baume, Haevernick 1974, N 383a, p. 124) qui imitent bien évidemment des récipients en pierre. Nous retrouvons chez Pline un passage dans lequel l'auteur signale des tasses à anse, en disant que Pompée a consacré *MURRINAE CAPIDES* à Jupiter Capitolin pour exprimer sa reconnaissance pour la victoire en Orient. En effet, les récipients de ce type étaient très précieux. Néron, par exemple, a payé un million de sesterces pour la *MURRINA CAPIS* et seulement six mille sesterces pour le *PETROTUS.*

Comme le font de nombreux auteurs (Kisa 1908, partie 2, p. 342; Isings 1957, forme 36; Doppelfeld 1966, N 118; von Saldern, Nolte, La Baume, Haevernick 1974, N 135; Barovier 1974, Fig. 132, p. 118 et d'autres), nous allons appeler 1.5.2. *CARCHESIUM* et ceci contrairement à l'opinion de W. Hilgers (1969, p. 48) qui considère que c'est un mauvais terme, compte tenu de la forme que revêtait ce récipient à l'époque romaine.

FUTILIS, d'après les textes d'auteurs anciens, était un récipient à ouverture large et à fond étroit. C'est pourquoi on ne pouvait pas le mettre debout (Hilgers 1969, N 169). Il correspond bien aux verres que l'on appelle dans la littérature contemporaine „Becher", „beaker". Nous sommes d'avis que le terme *FUTILIS* convient mieux au récipient à la forme définie ci–dessus qu'à celle proposée par A. Kisa (1908, partie 2, p. 340).

BAUCALIS, selon W. Hilgers, est un récipient à panse renflée et à col étroit (Hilgers 1969, N 54). En allemand, parmi les dérivés de ce mot, on retrouve les termes „BECHER" et „POKALE". Ce sont ces derniers termes qui servent souvent dans la littérature à appeler „les verres" 1.5.8. C'est la raison pour laquelle nous lions ce terme avec ces verres–là.

POCULUM est le terme commun qui désigne des récipients à boire de formes différentes (Hilgers 1969, p. 74). Pour nous, le terme *POCULUM* servira à appeler la forme la plus simple de récipient ouvert, correspondant à la notion contemporaine du „verre" (voir Tableau 1). Conformément à notre classement, les éléments additionnels du verre (p.ex. anse, anses ou jambe) ou une forme particulière de ces parties constitutives (p.ex. fond arrondi, parois concaves de la panse) entraînent un changement de dénomination: *CAPIS, MODIOLUS, CIBORIUM, CANTHARUS,* etc. Cela en parfait accord avec les données recueillies sur *POCULUM* dans les sources anciennes où l'on retrouve jusqu'à 20 synonymes de ce terme. Par ailleurs, grâce à des sources latines, on sait que les *POCULA* munis de différentes inscriptions servaient de récompenses, de cadeaux et de dédicaces. Dans le matériel archéologique, il subsiste un nombre considérable de récipients qui revêtent très justement la forme que nous désigons du terme „verre" (Kunina 1973, p. 133; Harden 1935, p. 163).

POCULUM, CAPIS sont les termes qui désignent dans les sources les récipients en verre (Trowbridge 1928, NN 13, 22; Hilgers 1969, NN 82, 298).

CARHESIUM, FUTILIS, CORNU, RHYTIUM, BAUCALIS, MODIOLUS sont les termes empruntés à des noms de récipiens faits en d'autres matières (Hilgers 1969, NN 54, 87, 114, 169, 244, 311).

1.6. Jarres

(caractéristiques du genre, voir Tableau 1)

1.6.1. *OLLA* (Fig. 9) — jarre, mi–ouverte, à panse sphérique, sans base, parfois avec couvercle (voir *OPERCULUM*). H — à partir de 5 cm.

1.6.2. *DOLIUM* (Fig. 9) — jarre, mi–ouverte, à col court ou long, avec ou sans base; H — de 5 à 15 cm.

1.6.3. *PYXIS* (Fig. 9) — jarre–*pyxis,* ouverte, avec ou sans base, avec couvercle (voir *OPERCULUM*). H — à partir de 5 cm.

1.6.4. *ATRAMENTARIUM* (Fig. 9) — jarre–encrier, fermé, sans col, avec ou sans base, avec anses verticales mais le plus souvent sans anses. H — à partir de 3 cm.

1.6.6.; 1.6.8. voir la liste des noms de récipients médiévaux établie par N.N. Ugrelidze et Fig. 12.

Les auteurs contemporains désignent d'une manière très conséquente la jarre de toilette du terme ancien *PYXIS*. Pour les autres formes de récipients, on emploie différents termes contemporains (voir Fig. 6 et 7). Il semblerait juste de les remplacer. M.C. Calvi a utilisé avec succès le terme *OLLA*, jarre de type 1.6.1. (Calvi 1969, Pl. 15: 2,3). *ATRAMENTARIUM*, jarre de type 1.6.4., correspond exactement à la fonction attribuée à l'encrier. Le terme *DOLIUM*, jarre de type 1.6.2., illustre bien la situation où la dénomination liée d'après les données de source surtout à la vaisselle simple, y compris à des récipients ménagers du type *PYPHOS*, peut être répandue sur les récipients en verre.

D'après la description du *DOLIUM* que W. Hilgers répète d'après les sources, il s'agit d'un récipient de grandes dimensions, à panse renflée (le plus grand diamètre se trouvant au–dessus du milieu de la panse), à ouverture large et quelquefois à couvercle. Selon W. Hilgers, le terme *DOLIUM* est utilisé comme synonyme de cruche à col étroit (Hilgers 1969, N 140). La mention dans les sources de récipients en verre désignés de ce nom, permet de retenir le terme *DOLIUM* pour notre type de récipient 1.6.2. A. Kisa (1908, partie 2, p. 340) désigne du terme *DOLIUM* les récipients de forme légèrement différente que l'on peut considérer comme variante du type principal.

OLLA, DOLIUM et *PYXIS* sont les termes mentionnés dans les sources pour désigner des récipients en verre (Trowbridge 1928, NN 12, 23, 31; Hilgers 1969, NN 43, 140, 308).

ATRAMENTARIUM est le terme emprunté à des dénominations de récipients fabriqués en d'autres matières (Hilgers 1969, N 41).

1.7. Bouteilles

(caractéristiques du genre, voir Tableau 1)

1.7.1. *FLASCA* (Fig. 10) — bouteille à col court ou long, avec ou sans base, sans anses. H — à partir de 10 cm.

1.7.1.1. *FLASCO* (Fig. 10) — petite bouteille, flacon, à col court ou long, avec ou sans base. Dans certains cas, le récipient reçoit le nom inspiré par la représentation figurative de la pense. H. jusqu'à 10 cm.

1.7.1.2.–1.7.1.4. — voir la liste des noms de récipients médiévaux établie par N. N. Ugrelidze et Fig. 12.

1.7.2. *GUTTURNIUM* (Fig. 10) — petite bouteille (*FLASCO*) à col long, sans base. Dans la partie inférieure du récipient la panse se transforme en bec. H — à partir de 6,5 cm.

1.7.3. *UNGUENTARIUM* (Fig. 10) — petite bouteille (*FLASCO*) à col long ou parfois court, sans base. Le rapport entre la hauteur de la panse et celle du col est $1 < H4 : H3 < 14$.

1.7.4. *TITINA* (Fig. 10) — petite bouteille (*FLASCO*) ou petite cruche (voir 1.7.6.6.) à col long, avec ou sans base, avec bec sur la panse. H — à partir de 8 cm.

1.7.5. voir la liste des noms de récipients médiévaux établie par N.N. Ugrelidze.

1.7.6. *URCEUS* (Fig. 10) — cruche à col long, différentes formes de panse (à l'exception de 1.7.6.4. et 1.7.6.5.), avec ou sans base. Une anse verticale obligatoire. H — à partir de 10 cm.

1.7.6.1. *URCEOLUS* (Fig. 10) — petite cruche avec ou sans base. H — jusqu'à 10 cm.

1.7.6.2. *STAMNOS* (Fig. 10) — cruche à panse cylindrique, sans base. H — à partir de 10 cm.

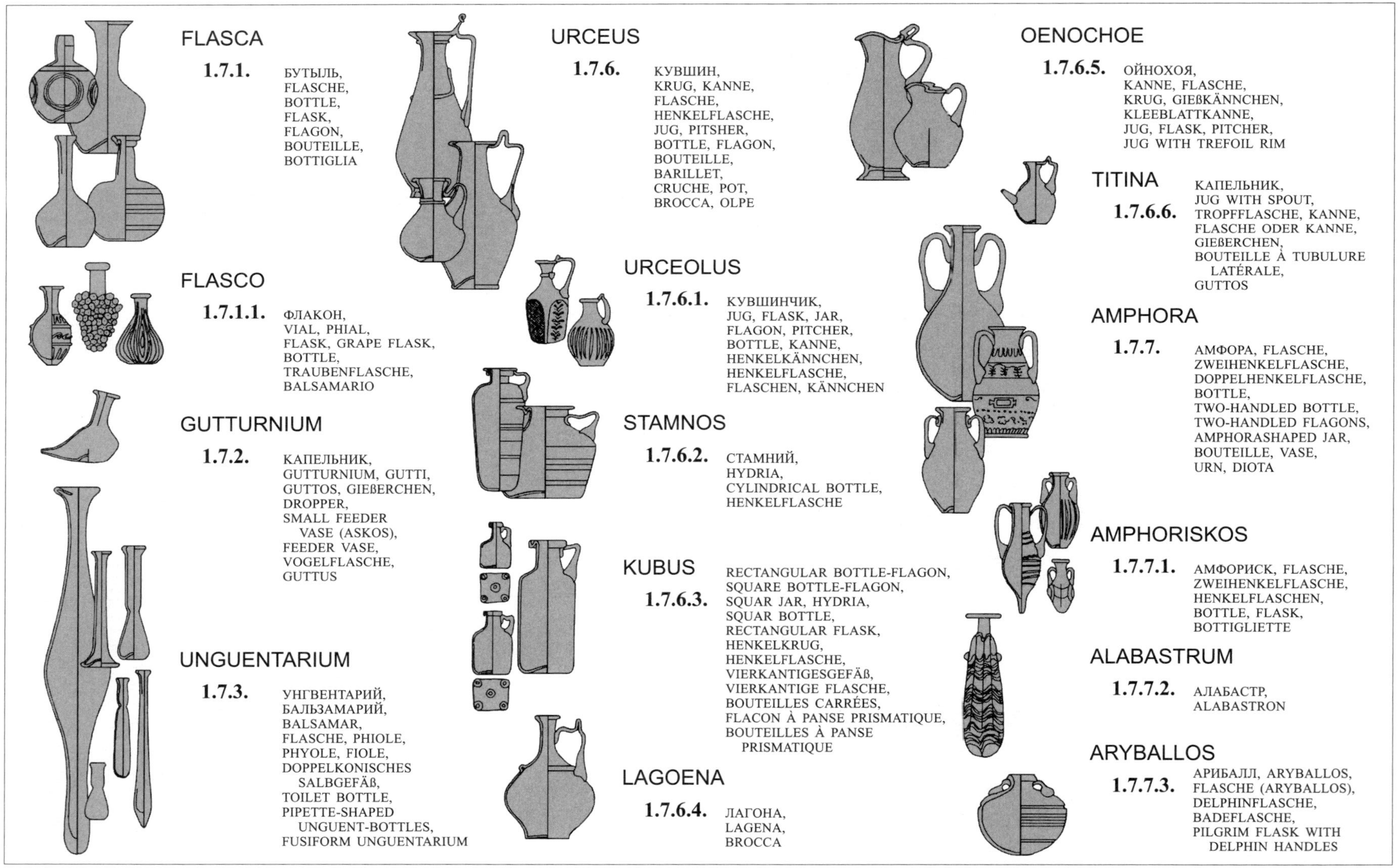

Fig. 10. Classement des noms de récipients antiques.
Élaboration N. Sorokina; dessins N. Sorokina, M. Krakowiak et P. Nowakowski

1.7.6.3. *KUBUS* (Fig. 10) — cruche à panse cubique, sans base. H — à partir de 10 cm.
1.7.6.4. *LAGOENA* (Fig. 10) — cruche à col tubuleux, à panse sphérique, avec ou sans base. H — à partir de 10 cm.
1.7.6.5. *OENOCHOE* (Fig. 10) — cruche, partie supérieur du col trilobe avec versoir, avec ou sans base. H — à partir de 10 cm.
1.7.6.6. *TITINA* (Fig. 10) — petite cruche (*URCEOLUS*) ou petite bouteille (*FLASCO* — voir 1.7.1.1.) avec ou sans base, avec bec sur la panse. H — jusqu'à 8 cm.
1.7.7. *AMPHORA* (Fig. 10) — bouteille (*FLASCA*), fermée, à col long, avec ou sans base, avec deux anses verticales obligatoires. H — à partir de 10 cm.
1.7.7.1. *AMPHORISKOS* (Fig. 10) — amphore (*FLASCA*). H — jusqu'à 10 cm, ce qui le distingue de l'*AMPHORA*.
1.7.7.2. *ALABASTRUM* (Fig. 10) — petite bouteille (*FLASCO*) à col court et à panse allongée, avec fond arrondi et deux petites anses verticales. H — à partir de 6 cm.
1.7.7.3. *ARYBALLOS* (Fig. 10) — petite bouteille (*FLASCO*) à col court, plus rarement long, à panse sphérique sans base, avec deux petites anses verticales. H — à partir de 4 cm.

Parmi les récipients fermés à col, on distingue les types suivants: bouteilles (absence d'anses); cruches (bouteilles à une anse) et amphores (bouteilles à deux anses). Pour ces derniers, on utilise la dénomination ancienne, car dans la terminologie contemporaine il n'existe point de terme correspondant à un récipient à deux anses. Le classement proposé a pour objectif de mettre de l'ordre dans la dénomination des formes de ces récipients, car les auteurs ne la suivent pas toujours d'une manière très stricte. Ainsi, p.ex. l'amphore est souvent nommée „cruche à deux anses", „bouteille à deux anses" ou, tout simplement, „bouteille"; les cruches sont parfois appelées „bouteilles", etc. (voir Fig. 10: 1.7.7.).

En règle générale, on désigne les bouteilles de termes contemporains, en fonction de la langue. Pour ces bouteilles, nous proposons d'introduire le terme *FLASCA* avec son dérivé *FLASCHE* en allemand. *FLASCO* — pour les petites bouteilles–flacons. Dans les termes dont l'usage est depuis longtemps établi tels que *POPULONIA FLASCHE, MERCUR(IUM) FLASCHE*, etc., nous proposons de remplacer le mot allemand *FLASCHE* par le terme latin *FLASCA*. Tandis que pour les petites bouteilles de toilette nous proposons le terme *UNGUENTARIUM*. Ce terme latin correspond beaucoup plus que le terme grec *BALSAMARIUM* à des récipients soufflés en verre transparent devenus caractéristiques de la culture matérielle de l'époque romaine. Les petites bouteilles–compte–gouttes se laissent diviser en deux groupes: les unes s'appellent *GUTTURNIUM*, les autres *TITINA*.

A. Kisa et G. Eisen désignent les cruches à panse cylindrique des termes *STAMNOS* et *STAMNIUM* (Kisa 1908, partie 2, p. 323; Eisen 1927, Fig. 62), alors que M.C. Calvi les appelle *HYDRIA* (Calvi 1969, Pl. 13, 14). Dans notre choix, nous suivons la proposition de A. Kisa et G. Eisen. Pour ce qui est des cruches à panse cubique très caractéristique, c'est le terme *KUBUS* de la liste de Trowbridge (1928, N 70) qui correspond le mieux. *STAMNOS* parfois et *KUBUS* rarement sont munis de deux anses. Dans de tels cas, nous proposons d'employer des termes composés p.ex. *STAMNOS* amphoroïde et *KUBUS* amphoroïde. *LAGOENA* est une cruche à panse sphéroïdale et à col tubuleux étroit (Calvi 1969, Pl. 84). En effet, dans la forme de ce récipient il est possible de voir une certaine ressemblance avec le *LAGYNOS* de l'époque hellénistique. Si l'on continue à désigner du terme *OENOCHOE* la cruche à bord trilobe caractéristique formant le versoir, on évitera de longues précisions descriptives concernant cette particularité des récipients. Les cruches revêtant d'autres formes sont conventionnellement appelées *URCEUS*, pour les récipients plus grands, et *URCEOLUS* pour les plus petits. Peut–être qu'à l'avenir il faudra varier ces dénominations en fonction des formes de cruches, car le terme *URCEUS* n'est pas l'unique désignation qui puisse être appliquée à cette forme de récipients.

AMPHORA, AMPHORISKOS sont les récipients dont la forme caractéristique s'est établie déjà à l'époque grecque. Leurs noms excluent en principe la nécessité de toute description supplémentaire de ces récipients. Si, toutefois, on en donne une, elle concerne la forme de la panse, les particularités de construction de sa partie inférieure. Il est exclu de désigner une amphore du terme „bouteille", „vase" ou „urne", même si, à l'époque romaine, ces termes ont servi à désigner tous les récipients en général.

LAGOENA, KUBUS, TITINA, AMPHORA, AMPHORISKOS, ALABASTRUM sont les dénominations de la vaisselle en verre mentionnées dans les sources (Trowbridge 1928, NN 15, 36, 47, 58, 60, 70; Hilgers 1969, NN 9, 15, 356, 372).

FLASCA, FLASCO, UNGUENTARIUM, GUTTURNIUM, URCEUS, URCEOLUS, STAMNOS sont les termes empruntés à des dénominations de récipients faits en d'autres matières (Hilgers 1969, NN 160, 161, 183, 184, 344, 377, 388).

2. Couvercle

2.1. *OPERCULUM* (Fig. 9) — couvercle de récipient, avec ou sans tenon.

OPERCULUM est le terme mentionné dans les sources pour la vaisselle en verre (Hilgers 1969, N 269).

(N.S.)

La dénomination des récipients médiévaux (IVe–XIIIe s.)*

Le développement de la culture matérielle du IVe centenaire et des siècles suivants subit une grande influence des évènements historiques aussi importants que la christianisation, la chute de l'Empire romain et la naissance de l'Empire de Byzance, les grandes invasions. Cette période voit apparaître de nouvelles voies commerciales et de nouveaux rapports culturels, elle observe le déclin des anciens centres de production et la naissance de nouveaux foyers particulièrement sensibles à ces tendances, aussi pour ce qui est de la production verrière. Les appellations de récipients en verre changent; de nouvelles formes apparaissent, les récipients trouvent de nouveaux usages. Ainsi, par exemple, avec l'introduction de rites chrétiens, on voit apparaître des objets de culte inconnus jusque lors, comme calices en verre, veilleuses, polycandylons — *velut stellae in coelo* — pour l'éclairage des basiliques chrétiennes, et beaucoup d'autres.

Malgré la chute de l'Empire romain, les peuples de ses anciennes provinces perpétuent les traditions accumulées au cours des siècles par les verriers romains. En témoigne le mieux la production des ateliers de l'Europe occidentale. Ainsi, les ateliers européens de verrerie des IVe–Ve s. gardent un caractère relativement conservateur, mais on y voit en même temps apparaître des récipients à destinations très diverses, même si la forme de la plupart d'entre eux a pour base des modèles antiques.

En 330, après l'établissement de la nouvelle capitale, Constantin le Grand fait venir de Rome différents artisans parmi lesquels des verriers**. L'art de la verrerie à Constantinople prend donc sa source à Rome. Cependant, les rapports étroits avec l'Orient, où cette branche d'industrie avait une tradition encore plus ancienne, marqueront la verrerie byzantine dans ses procédées et ses formes.

Parmi les centres orientaux de verrerie, signalons tout d'abord les ateliers de Syrie qui ont joué un rôle considérable dans l'histoire de la verrerie et ont enrichi pendant des siècles le marché mondial de la vaisselle en verre de formes originales. Au IVe s. et au cours des siècles suivants, ces ateliers gardent toute leur importance et importent des récipients de formes et destinations nouvelles.

* Le texte que nous publions est la première esquisse du chapitre. L'auteur n'a pas réussi à nous faire parvenir la version élargie du texte avant son décès.

** L'acte de Constantin le Grand daté de 337 libère artisans et artistes des impôts dûs à l'État. Parmi les 36 professions signalées, on note verriers et miroitiers.

Les récipients en verre deviennent particulièrement nombreux et variés au IIe s. de n.è. Cette période marque en quelque sorte l'apogée d'évolution de la verrerie dans le monde antique.

Les IVe–Ve s. se caractérisent par la coexistence des formes nouvelles et des formes anciennes de récipients en verre, déjà en voie de disparition, ayant des liens génétiques avec celles de la période précédente, telles que amphores, fioles, lankis et autres.

Aux VIe–VIIIe s., on observe dans toutes les régions une simplification de formes et leur stabilisation. La diversité de types de récipients diminue nettement.

Aux IXe–Xe s., époque marquée par une renaissance de la verrerie, la situation change, ce qui se manifeste par des formes et un décor plus variés. Ces particularités se révèlent le plus nettement dans la production des ateliers caucasiens d'Orbéti (Géorgie), les découvertes de la vaisselle en verre mise au jour dans la cité ancienne de Dvin (Arménie) et autres. Le matériel de Transcaucasie met clairement en évidence les liens de ces centres avec des centres de production verrière tels que Byzance, Syrie ou Iran.

Aux XIe–XIIe s., l'agrandissement des villes est suivi d'une évolution importante de l'artisanat, y compris de la verrerie qui connaît un grand épanouissement à cette époque–là. Chaque région se distingue par des types propres de récipients en verre*. La diffusion de récipients en verre s'élargit considérablement suite à l'apparition de relations commerciales. Le nombre de centres de verrerie augmente notablement. Ce phénomène est observé dans toutes les régions, mais il est particulièrement sensible en Transcaucasie où des verreries rurales apparaissent à côté des ateliers urbains (Natbéuri, Karsani, Nabagrébi, Khachmi).

La terminologie des formes de récipients en verre aux IVe–XIIIe s. en Transcaucasie et en Europe orientale est assez compliquée. Ce fait peut s'expliquer par une grande variété de termes, tant territoriale que temporelle. Sur le territoire en question, la verrerie se développe d'une manière très inégale, si bien que la production des différentes régions varie très considérablement (intensité de production, technologie, formes, décor).

La terminologie scientifique ne permet pas d'utiliser toutes les appellations locales et temporelles, car, d'une part, il est parfois impossible d'identifier les appellations mentionnées dans les sources écrites et, de l'autre, les mêmes récipients portent des noms différents selon les régions et les périodes. Ainsi, on ne sait ni quelle était la forme des verres désignés du terme „čika" dans le texte hagiographique géorgien du Ve s. „Le martyre de Ste Chouchanik", ni comment était le récipient mentionné comme „stekjanica" dans un ouvrage en vieux russe „Légende du riche et du pauvre" (XIIe s.). Pour ce qui est des récipients antiques en verre, les dénominations grecques et latines sont largement utilisées (voir plus haut le chapitre de N. Sorokina), ce qui est parfaitement justifié en ce cas–là. Quant aux récipients en verre de l'époque suivante, l'emploi de cette treminologie dans sa totalité est impossible, étant donné la disparition de la plupart des formes. Aussi dans notre ouvrage utilisons–nous essentiellement les appellations contemporaines (Fig. 11, 12), à l'exception des dénominations des récipients répandus au IVe s. et aux siècles suivants (*amphora, unguentarium, poterion, petrotus, patera, poculum, dolium, trulla*) et des formes locales n'ayant pas d'équivalents dans d'autres régions (souvac, cum–cum et autres). Cependant, la terminologie contemporaine concernant les récipients médiévaux en verre et en céramique n'est pas unifiée, et les chercheurs utilisent souvent des termes différents pour désigner des récipients de forme identique. Il arrive parfois qu'un auteur ne s'en tient pas à une terminologie bien précise. En voici quelques exemples:

1. Fiole (IVe–Ve s.) découverte en 1894 dans la sépulture anglo–saxonne à Highdown Hill. Ce récipient est appelé différemment par chaque auteur: fiole (Philippe 1970), flaska ou gobelet (Davidson–Weinberg 1963), gobelet (Harden 1959), etc.

---

* Selon J. Ščapova (1972, p. 30–32), I. A. Chojnovskij (1893) et B. N. et V. I. Chanenko (1902) attribuent incorrectement la vaisselle en verre des XIe–XIIIe s. au XIXe s. Dans de nombreuses publications, cette vaisselle figure comme caractéristique de la Russie ancienne (Lamm 1930, passim).

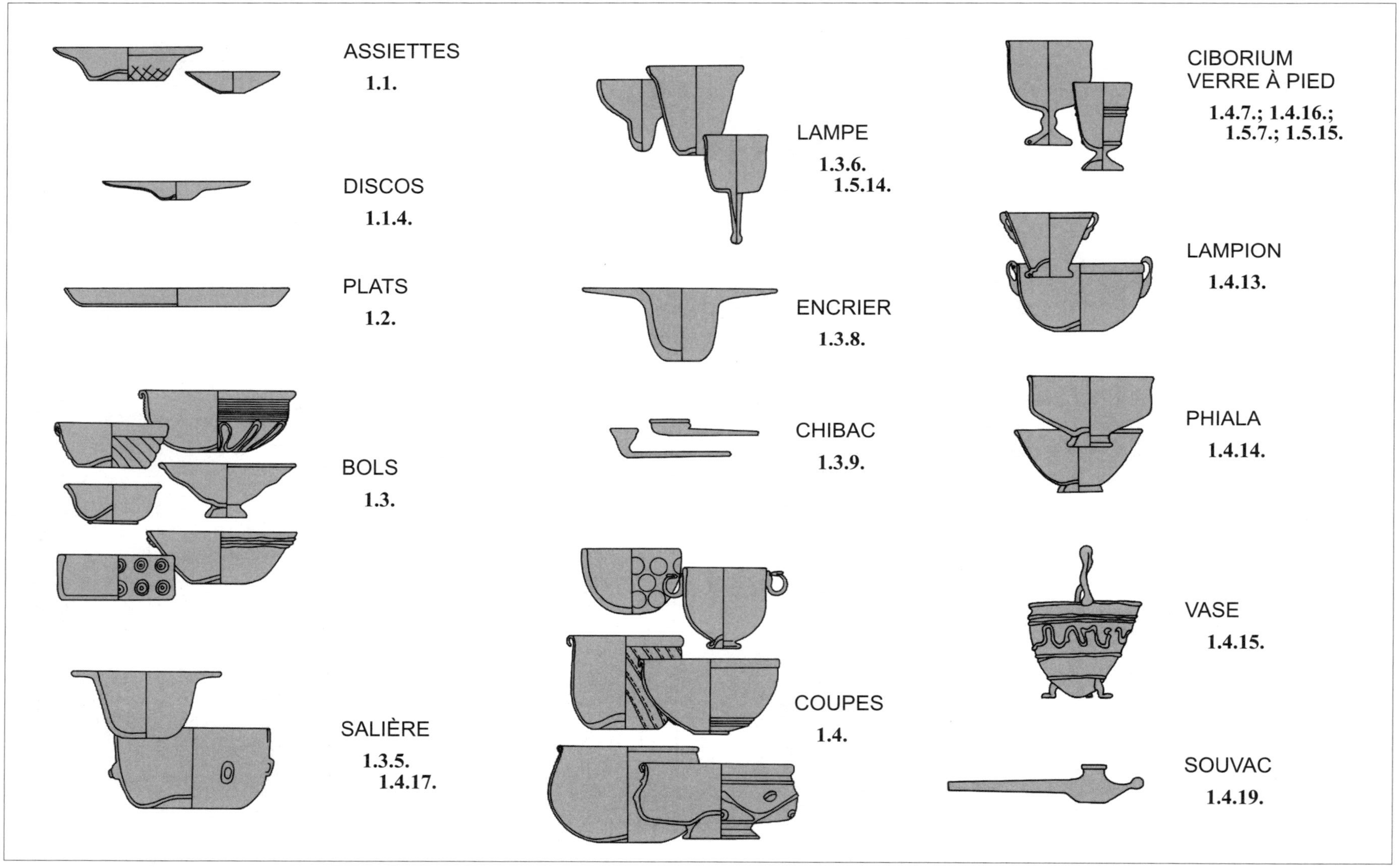

Fig. 11. Classement des noms de récipients médiévaux.
Élaboration M. Dekówna, N. Sorokina et N. Ugrelidze;
dessins E.A. Kručina, N. Sorokina et P. Nowakowski

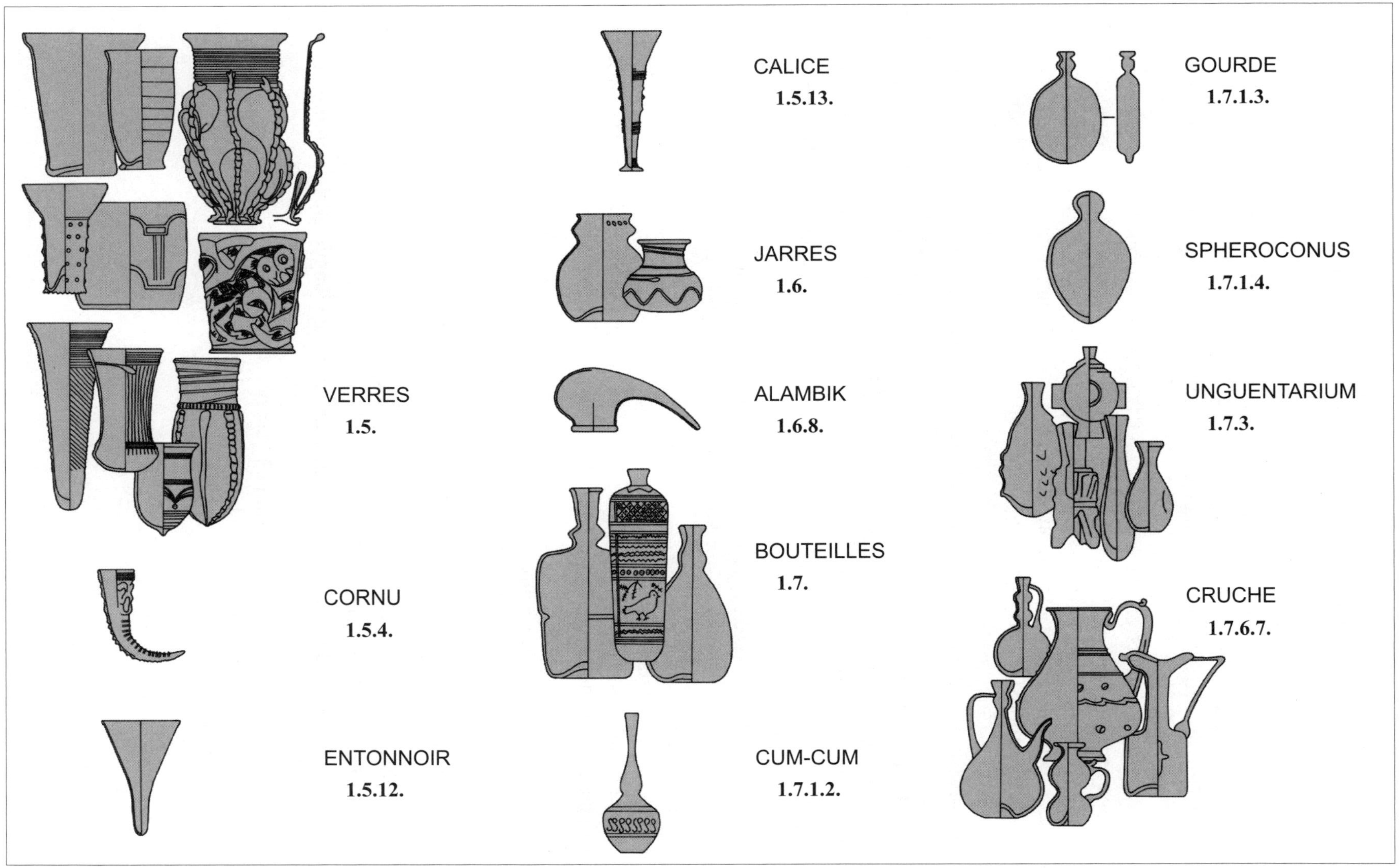

Fig. 12. Classement des noms de récipients médiévaux.
Élaboration M. Dekówna, N. Sorokina et N. Ugrelidze;
dessins E.A. Kručina, N. Sorokina et P. Nowakowski

2. Coupe à anses modelées et à ornement en émaux et en or importée de Constantinople par les Croisés en 1204 et conservée actuellement dans le trésor de la cathédrale St Marc à Venise (Pasini 1885). Cette coupe est appelée p.ex. coupe (Philippe 1970), coupe ou vase (Džanpoladjan 1955), vase (Šelkovnikov 1959), récipient (Kačalov 1959).
3. Verre de grandes dimensions décoré d'émaux, XIe s., découvert à Novogrudok est appelé coupe–beaker (Gurevič, Džanpoladjan, Malevskaja 1968), bottle (Smith 1957).

Dans d'autres cas, on retrouve sous la même appellation des récipients qui présentent des caractéristiques différentes.

Il est à noter que les récipients en verre des IVe–XIIIe s. découverts en Europe orientale et en Transcaucasie n'épuisent pas toutes les formes connues de récipients de cette époque. Ils sont cependant suffisemment variés pour permettre de distinguer les différents types de vaisselle en verre, compte tenu de leur forme et de leur formation. Nous proposons d'unifier dans le cadre des présents *„Principes...”* les appellations de ces récipients, tout en reconnaissant cette unification comme conventionnelle.

Nous répartissons les récipients en question en deux groupes: récipients ouverts et récipients fermés, conformément au classement proposé par J. Ščapova (voir l'article *La dénomination des récipients antiques*, Tableau 1), et nous les attribuons aux groupes ainsi constitués (voir Fig. 8–9, 11–12). Nous ne commentons pas certaines variantes de formes, p.ex. lampes qui se caractérisent par une très grande variété de formes, récipients d'alchimiste, récipients zoomorphes ou flacons. Le lecteur trouvera ci–dessous un bref commentaire des noms de certains récipients médiévaux spécifiques.

Liste des noms de certains types de récipients médiévaux
(voir aussi *Liste générale des noms d'objets*)

1.3.6. LAMPE — bol à pied creux.
1.3.7. LAMPION — bol à quelques anses.
1.3.9. CHIBAC — petit bol (D<5 cm) à bec horizontal, ressemblant par sa forme à une pipe. Attribut de berceau, probablement d'origine arabe.
1.4.12. LAMPE — coupe à pied creux.
1.4.13. LAMPION — coupe à quelques anses.
1.4.14. PHIALA — coupe. Le mot est d'origine perse. Ce terme peut être utilisé pour désigner les coupes médiévales.
1.14.19. SOUVAC — attribut de berceau, probablement originaire d'Asie Centrale.
1.6.6. LAMPION — jarre à quelques anses.
1.6.8. ALAMBIK — jarre à bec incliné orienté vers le bas en position de travail. Le mot est en usage dans la langue perse à partir du VIIe s. de n.è.
1.7.1.2. CUM–CUM — bouteille dont la hauteur est plus de 20 cm. La langue perse a empruné ce mot à l'arabe à partir du VIIe s. de n.è.
1.7.1.3. GOURDE — jarre à panse ovoïde ou aplatie. H est plus de 15 cm.
1.7.1.4. SPHERCONUS — bouteille de forme sphéroconique à fond pointu, le col est sans trou.
1.7.5. FIOLA — bouteille à pied.

(N.U.)

Liste générale des noms d'objets

Schéma de description

1. Récipients
    - 1.1. Assiettes
        - 1.1.1. *Catinus*
        - 1.1.2. *Lancula*
        - 1.1.3. *Pinacion*
        - 1.1.4. *Discos*
    - 1.2. Plats
        - 1.2.1. *Lanx*
        - 1.2.2. *Pinax*
        - 1.2.3. *Mazonomum*
        - 1.2.4. *Patina*
    - 1.3. Bols
        - 1.3.1. *Patena*
        - 1.3.2. *Patella*
        - 1.3.3. *Acetabulum*
        - 1.3.4. *Salinum*
        - 1.3.5. Salière
        - 1.3.6. Lampe
        - 1.3.7. Lampion
        - 1.3.8. Encrier
        - 1.3.9. Chibac
        - 1.3.10. Souvac
    - 1.4. Coupes
        - 1.4.1. *Ekpoma*
            - 1.4.1.1. *Ekpomation*
        - 1.4.2. *Patera*
        - 1.4.3. *Poterion*
        - 1.4.4. *Petrotus*
        - 1.4.5. *Calix*
        - 1.4.6. *Ciborium*
        - 1.4.7. *Infundibulum*
        - 1.4.8. *Crater*
        - 1.4.9. *Trulla*
        - 1.4.10. *Scyphus*
        - 1.4.11. *Cantharus*
        - 1.4.12. Lampe
        - 1.4.13. Lampion
        - 1.4.14. *Phiala*
        - 1.4.15. Vase
        - 1.4.16. Verre à pied
        - 1.4.17. Salière
        - 1.4.18. Encrier
        - 1.4.19. Souvac
    - 1.5. Verres
        - 1.5.1. *Poculum*
        - 1.5.2. *Carchesium*
        - 1.5.3. *Futilis*
        - 1.5.4. *Cornu*
        - 1.5.5. *Cornu–infundibulum*
        - 1.5.6. *Rhytium*
        - 1.5.7. *Ciborium*
        - 1.5.8. *Baucalis*
        - 1.5.9. *Capis*

1.5.10. Tasse
1.5.10.1. *Modiolus*
1.5.11. *Cantharus*
1.5.12. Entonnoir
1.5.13. Calice
1.5.14. Lampe
1.5.15. Verre à pied
1.6. Jarres
1.6.1. *Olla*
1.6.2. *Dolium*
1.6.3. *Pyxis*
1.6.4. *Atramentarium*
1.6.5. Encrier
1.6.6. Lampion
1.6.7. Lampe
1.6.8. Alambik
1.7. Bouteilles
1.7.1. *Flasca*
1.7.1.1. *Flasco*
1.7.1.2. Cum–cum
1.7.1.3. Gourde
1.7.1.4. Spheroconus
1.7.2. *Gutturnium*
1.7.3. *Unguentarium*
1.7.4. *Titina*
1.7.5. Fiola
1.7.6. *Urceus*
1.7.6.1. *Urceolus*
1.7.6.2. *Stamnos*
1.7.6.3. *Kubus*
1.7.6.4. *Lagoena*
1.7.6.5. *Oenochoe*
1.7.6.6. *Titina*
1.7.6.7. Cruche
1.7.7. *Amphora*
1.7.7.1. *Amphoriskos*
1.7.7.2. *Alabastrum*
1.7.7.3. *Aryballos*
1.7.8. Impossible à déterminer
1.7.9. Absence de données
1.8. Impossible à déterminer
1.9. Absence de données
2. Couvercles
2.1. *Operculum*
3. Bracelets
4. Bagues
5. Ronds
6. Intailles
7. Pendentifs
8. Perles
9. Pièces d'applique
10. Boutons
11. Fusaïoles
12. Lissoirs
13. Baguettes
14. Épingles, styles, aiguilles
15. Poids
16. Pions de jeu

17. Vitrages
    17.1. Vitres
    17.2. Fragments de vitraux
    17.3. Impossible à déterminer
    17.4. Absence de données
18. Cubes de mosaïque
19. Autres objets
20. Impossible à déterminer
21. Absence de données

(M.D., Z.L., N.S., J.Š., N.U.)

2. N° D'ORDRE

Remarques générales

Le numéro placé dans cette rubrique est le numéro d'ordre de la fiche. Le choix de la modalité de numérotage est laissé au chercheur qui va remplir la fiche. Les fiches complémentaires doivent porter le même numéro que la fiche principale, auquel on ajoute, après le point, le numéro successif de la fiche complémentaire. Ainsi, si la fiche principale porte le numéro 970, les fiches complémentaires porteront les numéros: 970.1, 970.2, 970.3, etc. Dans la note sur la fiche complémentaire (rubrique 36), il faut signaler que la description de l'ensemble de l'objet figure sur la fiche n° ..... (donner le numéro de la fiche principale), tandis que sur la fiche principale — qu'il y a eu les analyses supplémentaires de l'objet dont les résultats figurent sur les fiches ..... (donner les numéros des fiches complémentaires).

(M.D.)

3. NOM DU PAYS

Remarques générales

Les noms des pays sur le territoire desquels ont été découverts les objets en verre décrits sur les fiches sont donnés au moyen des sigles correspondant à la signalétique internationale des véhicules de transport routier (cf. Fig. 1).

Aucun système de codage n'a été établi pour présenter ces données.

Dans le cas où toutes les informations sur l'objet viennent de littérature et qu'il manque les données sur le pays où celui–ci a été découvert, la rubrique portera la mention: „absence de données".

(M.D.)

4. LOCALITÉ

Remarques générales

Cette rubrique comportera le nom de la localité où a été découvert l'objet décrit sur la fiche, suivi de l'abréviation de l'unité administrative sur le territoire de laquelle cette localité est située. Les noms de localités en alphabet cyrillique seront donnés dans leur transcription internationale standardisée.

Dans les cas où le nom antique de la localité est connu, on le donne entre parenthèses après le nom actuel et avant le nom de l'unité administrative, p.ex. Budapest (*Aquincum*). En revanche, dans la situation où le nom actuel de la localité est peu répandu et la localité est petite, peu connue et peu présente dans la vie économique et politique du pays donné, on peut se limiter au nom antique, surtout dans le cas des centres qui, dans le passé, jouaient un rôle politique et économique important (p.ex. *Intercisa*). Le nom antique ne sera pas rapporté à la division administrative actuelle du pays.

Dans les cas où le nom de la localité dont vient l'objet a été changé par la suite, il faut donner les deux noms: le nom actuel en première position et en deuxième position, entre parenthèses, le nom ancien que portait la localité au moment de la découverte de l'objet. De même, lorsque la localité d'où vient l'objet fait actuellement partie d'une autre localité, dans la rubrique 4 il faut donner les deux noms: le dernier nom de la localité en première position, puis, séparé d'un point virgule, le nom de la localité qui, au moment de la découverte de l'objet, constituait une unité administrative à part, p.ex. Bratislava–Rusovce (*Gerulata*).

Les informations placées dans la rubrique 4 ne sont pas codées. Aucun schéma de description n'a été prévu pour présenter cette caractéristique.

En cas de difficultés d'identification de la localité où l'objet a été découvert, il faut mentionner dans cette rubrique: „impossible à déterminer" ou „absence de données".

A titre d'exemple, nous donnons ci–après les abréviations des principales unités administratives de quelques pays de l'Europe centrale et orientale:

jud. — judet (Roumanie)
Kraj — Kraj (République Tchèque)
meg. — megye (Hongrie)
obl. — oblast' (Russie)
okr. — okràg (Bulgarie)
voïev. — voïevodie (Pologne).

(M.D.)

5. SITE

Remarques générales

Cette rubrique contiendra généralement soit le numéro du site archéologique qui a fourni l'objet étudié (p.ex. site 1, site 2) soit le nom du site, lorsque le nom n'est pas officiel mais seulement un nom d'usage (un toponyme local) p.ex. Zemljanoe gorodišče (p.ex. à Staraja Ladoga en Russie). En cas d'absence de désigantions de ce type, la rubrique reste vide. En cas d'absence d'informations à ce sujet, on emploie la formule : „absence de données".

La description est verbale, sans aucun élément de codage; elle n'est basée sur aucun programme spécial (schéma de description).

(M.D.)

6. NATURE DU SITE

Remarques générales

Cette rubrique contient l'information générale relative à la nature du site (hameau, enceinte fortifiée, ville, nécropole, etc.) où fut découvert l'objet examiné et à la localisation précise de cet objet (couche d'habitat, couche archéologique, fosse, foyer, bâtiment, sépulture).

Lorsqu'il est impossible d'obtenir ce type d'informations ou en cas de leur absence, nous proposons de le signaler au moyen des formules: „impossible à déterminer" et „absence de données" adoptées pour les autres caractéristiques de l'objet.

Schéma de description

1. Caverne
2. Campement
3. Camp de légionnaires
4. Canabe
5. Site d'habitat
   - 5.1. hameau
   - 5.2. enceinte fortifiée
   - 5.3. suburbium
   - 5.4. ville
   - 5.5. autre
   - 5.6. impossible à déterminer
   - 5.7. absence de données
6. Château
7. Tour

(items 2–7) →

1. cour
2. rempart
3. fossé
4. bastion
5. donjon
6. tour
7. porte
8. route
9. trouvaille isolée
10. autre
11. impossible à déterminer
12. absence de données

→

1. niveau d'habitat
2. couche archéologique
3. fosse
   - 3.1. cavité d'atelier de fabrication
   - 3.2. fosse à détritus
   - 3.3. trou de poteau
   - 3.4. autre
   - 3.5. impossible à déterminer
   - 3.6. absence de données
4. villa
5. bâtiment
6. cabane mi-enfoncée
7. cabane de terre
8. thermes
9. hypocauste
10. gymnase
11. puits
12. latrines
13. autre

→

1. foyer
2. four
3. cave
4. canal

8. Champ de bataille
9. Route
10. Digue
11. Atelier
    - 11.1. de tonnelier
    - 11.2. d'ambre
    - 11.3. de potier
    - 11.4. de bijoutier
    - 11.5. de taille de pierre
    - 11.6. de frappe de monnaie
    - 11.7. de forgeron
    - 11.8. de travail de corne
    - 11.9. de verrier
    - 11.10. d'orfèvre
    - 11.11. autre
    - 11.12. impossible à déterminer
    - 11.13. absence de données

(item 11) →

1 foyer
2. four
3. fosse
4. couche archéologique
5. contenant
   - 5.1. en argile
   - 5.2. en bois
   - 5.3. autre
6. autre

12. Lieu de culte 12.1. bosquet 12.2. source d'eau 12.3. temple païen 12.4. église 12.5. couvent 12.6. nécropole 12.7. ossuaire 12.8. autre 12.9. impossible à déterminer 12.10. absence de données	1. cour 2. bâtiment 3. crypte 4. puits 5. latrines 6. sépulture 6.1. à incinération 6.2. à squelette 7. kourgane 7.1. sépulture 7.1.1. à incinération 7.1.2. à squelette 7.2. remblai 8. bûcher 9. trouvaille isolée 10. autre

13. Trésor
14. Trouvaille sous-marine
15. Autre
16. Impossible à déterminer
17. Absence de données

(M.D., J.O.)

7. CIVILISATION

Remarques générales

Cette rubrique contient l'information sur l'appartenance culturelle de l'ensemble dont est issu l'objet en question. L'information a un caractère descriptif, sans codage. Aucun schéma de description n'a été élaboré pour présenter cette caractéristique. En cas de difficultés liées à l'identification de cette caractéristique, dans la rubrique 7 — *Civilisation* on inscrira l'information: „impossible à déterminer" ou „absence de données".

(M.D.)

8. DATATION DE L'ENSEMBLE

Remarques générales

Cette rubrique contiendra l'information sur la datation de l'ensemble dont est issu l'objet en question, soit p.ex. datation de la couche, du bâtiment, de la fosse, de la sépulture, etc., ou, en cas d'absence de ces données, une datation plus générale, p.ex. datation de l'ensemble du site. Au cas où ces informations–là manqueraient, on donnera la datation de la civilisation à laquelle appartient l'ensemble ayant fourni l'objet en question (cf. supra, chapitre 7.).

S'il est impossible de définir précisément les limites temporelles de l'ensemble ou que les informations correspondantes fassent défaut, on donne la formule „impossible à déterminer" ou „absence de données".

Nous proposons de signaler la datation au moyen de chiffres arabes selon la règle suivante:

0–25 : début du siècle;
0–49 : 1ère moitié du siècle;
50 : milieu du siècle;
51–99 : 2ème moitié du siècle;
75–99 : fin du siècle;
100 : époque charnière.

Dans les situations où l'ensemble est daté de deux siècles, sa datation est signalée au moyen de chiffres: 001–199; p.ex., lorsque la durée de l'ensemble couvre la période X^{e}–XIe s., la formule aura la forme suivante: 901–1099.

Cette rubrique ne contient aucun élément de codage. La description n'est basée sur aucun schéma.

(M.D., J.Š)

9. DATATION DE L'OBJET

Remarques générales

Cette rubrique ne peut être remplie que lorsqu'il est possible de dater l'objet même (p.ex. d'après les informations que contient l'inscription dont il est muni ou d'après d'autres caractéristiques). Dans le cas où la datation de l'objet est déterminée uniquement à partir de la datation de l'ensemble ou de la civilisation, cette rubrique ne contiendra aucune information.

La datation de l'objet ne doit pas être confondue avec la datation du type d'objets envisagés. On ne tiendra compte de cette dernière ni dans la présente rubrique ni dans la rubrique 8. Un éventuel commentaire relatif à cette question peut être donné dans une note, dans la rubrique 36 (Notes).

La datation de l'objet est donnée au moyen de chiffres arabes, selon la règle établie ci–dessus (chapitre 8). Tout comme la rubrique précédente, celle–ci ne contiendra aucun élément de codage. La description n'est basée sur aucun schéma.

(M.D., J.Š)

10. ÉTAT DE CONSERVATION DE L'OBJET

Remarques générales

Les objets conservés partiellement ainsi que leurs ornements sont décrits selon les principes suivants: lorsqu'il est possible de reconstituer entièrement l'objet brut et l'ornement au moyen d'un dessin, nous signalons respectivement: „1.2. fragment" et „2.2. en partie ébréché". Quand, au contraire, une telle reconstitution n'est pas possible et que nous sommes dans l'impossibilité de définir plus précisément la nature de l'objet ni de son ornement, nous marquons: „1.3. petit éclat" et „2.3. complètement ébréché". Il peut y avoir différents états de conservation de l'objet brut et de l'ornement, p.ex. respectivement: 1.2. et 2.2. ou 1.2. et 2.3.

En cas d'absence d'informations concernant l'état de conservation de l'objet que nous ne pouvons pas examiner directement, ni lui ni son ornement, nous le signalons au moyen d'une des formules suivantes: 1.4., 2.4., 3., 4.

Schéma de description

1. de l'objet brut
   1.1. conservé entier
   1.2. fragment
   1.3. petit éclat
   1.4. absence de données
2. de l'ornement
   2.1. conservé intact
   2.2. en partie ébréché
   2.3. complètement ébréché
   2.4. absence de données
3. impossible à déterminer
4. absence de données

(M.D., Z.L., J.O., N.S., J.Š, N.U.)

11. FORME

Schéma de description

C. Objet brut

1. Récipients

Fig. 13. 1.1. nombre de récipients et mode de jonction

- 1.1.1. un
- 1.1.2. deux
- 1.1.3. trois
- 1.1.4. quatre
- 1.1.5. plus de quatre
- 1.1.6. impossible à déterminer
- 1.1.7. absence de données

(1.1.2.–1.1.7.)

1. joints par les lèvres
2. joints par les cols
3. joints par les panses
4. joints par les fonds
5. joints par les bases
6. joints par d'autres éléments
7. joints par les lèvres et les cols
8. joints par les lèvres et les panses
9. joints par les lèvres et les fonds
10. joints par les lèvres et les bases
11. joints par les lèvres et par d'autres éléments
12. joints par les cols et les panses
13. joints par les cols et les fonds
14. joints par les cols et les bases
15. joints par les cols et par d'autres éléments
16. joints par les panses et les fonds
17. joints par les panses et les bases
18. joints par les panses et par d'autres éléments
19. joints par les fonds et les bases
20. joints par les fonds et par d'autres éléments
21. joints par les bases et par d'autres éléments
22. joints par les lèvres, les cols et les panses
23. joints par les lèvres, les cols et les fonds
24. joints par les lèvres, les cols et les bases
25. joints par les lèvres, les cols et par d'autres éléments
26. joints par les cols, les panses et les fonds
27. joints par les cols, les panses et les bases
28. joints par les cols, les panses et par d'autres éléments
29. joints par les panses, les fonds et les bases
30. joints par les panses, les fonds et par d'autres éléments
31. joints par les fonds, les bases et par d'autres éléments
32. joints par les lèvres, les cols, les panses et les fonds
33. joints par les lèvres, les cols, les panses et les bases
34. joints par les lèvres, les cols, les panses et par d'autres éléments
35. joints par les cols, les panses, les fonds et les bases
36. joints par les cols, les panses, les fonds et par d'autres éléments
37. joints par les panses, les fonds, les bases et par d'autres éléments
38. joints par les lèvres, les cols, les panses, les fonds et les bases
39. joints par les lèvres, les cols, les panses, les fonds et par d'autres éléments
40. joints par les cols, les panses, les fonds, les bases et par d'autres éléments
41. joints par tous les éléments
42. impossible à déterminer
43. absence de données

(1.–41.)

1. par les surfaces externes
2. par les surfaces externe et interne

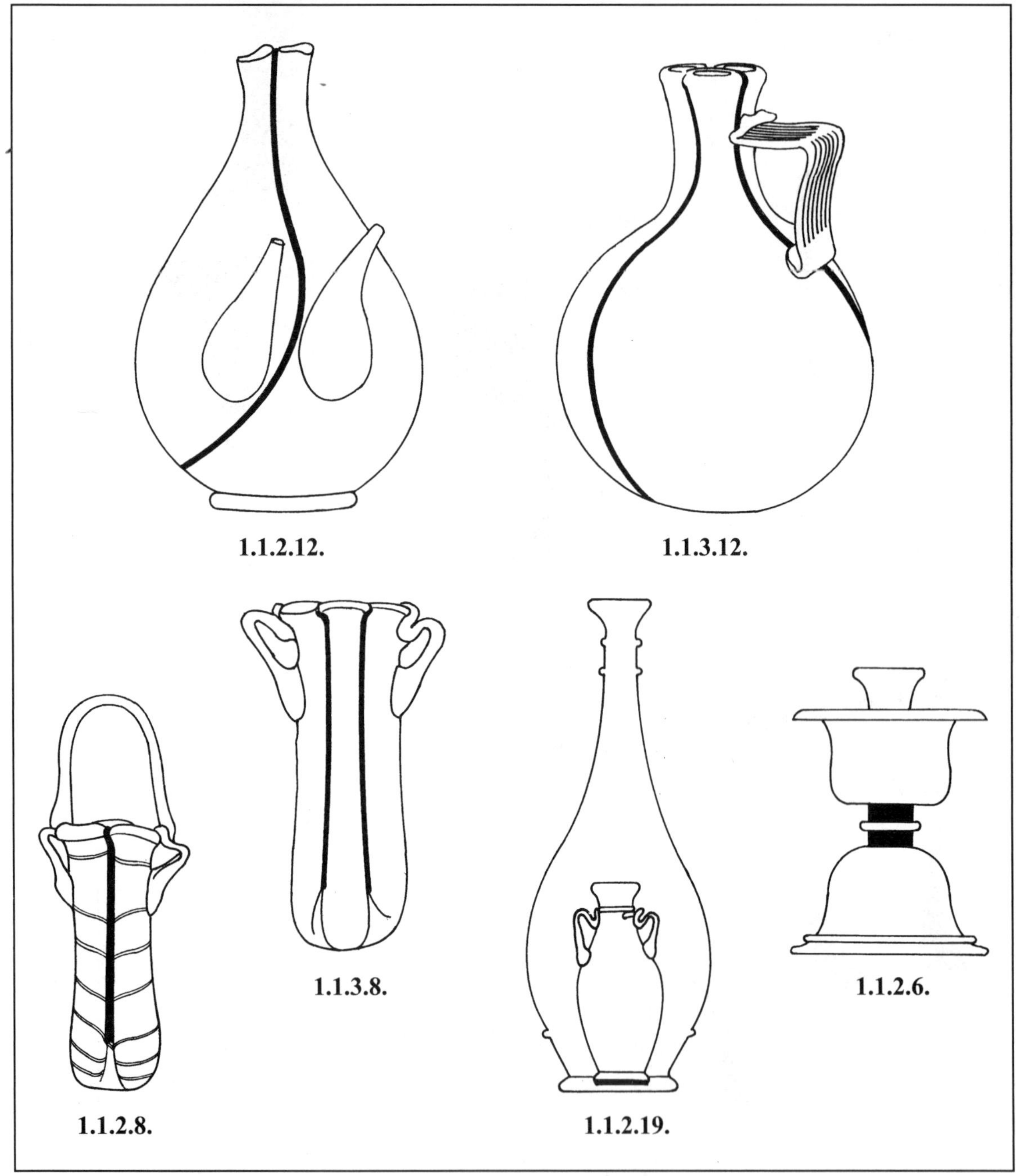

Fig. 13. Forme. 1. Récipients — nombre de récipients et mode de jonction.
Élaboration N. Sorokina et M. Dekówna; dessins N. Sorokina et P. Nowakowski

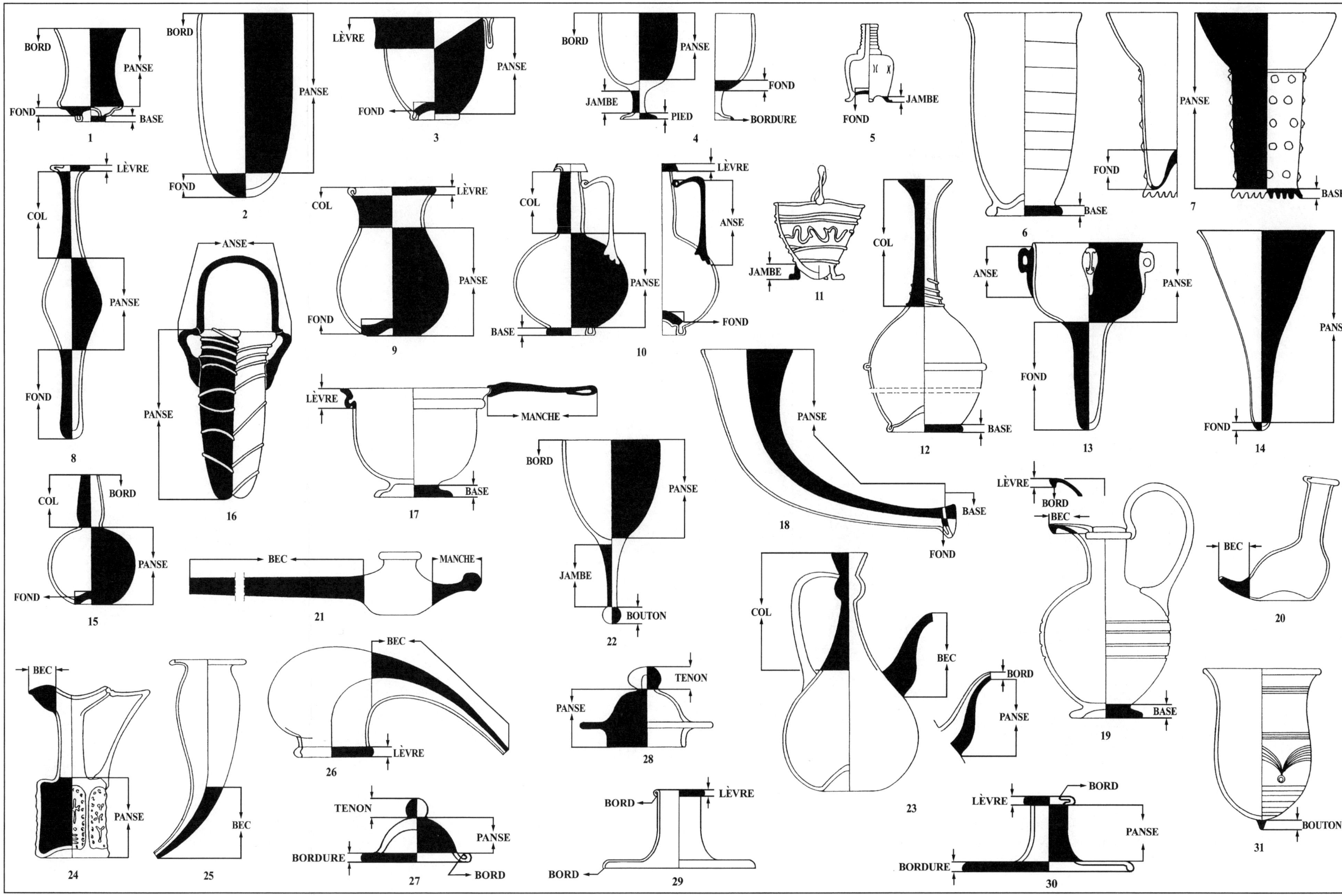

Fig. 14. Forme. 1. Récipients — morphologie.
Élaboration N. Sorokina et M. Dekówna; dessins N. Sorokina et M. Krakowiak

Fig. 14. 1.2. Ségmentation du récipient

Fig. 15. 1.2.1. bord

- 1.2.1.1. unique
- 1.2.1.2. bords multiples
  - 1.2.1.2.1. premier
  - 1.2.1.2.2. deuxième
  - 1.2.1.2.3. troisième
  - 1.2.1.2.4. quatrième
  - 1.2.1.2.5. au-delà du quatrième
  - 1.2.1.2.6. impossible à déterminer
  - 1.2.1.2.7. absence de données

  - 1. à arête vive
  - 2. polygonal
  - 3. convexe
  - 4. arrondi
  - 5. convexe-plat
  - 6. plat
  - 7. plat-concave
  - 8. concave
  - 9. figuratif
  - 10. impossible à déterminer
  - 11. absence de données

    - 1. d'un côté
    - 2. des deux côtés

- 1.2.1.3. impossible à déterminer
- 1.2.1.4. absence de données

Fig. 16. 1.2.2. lèvre – forme générale

- 1.2.2.1. lèvre unique
- 1.2.2.2. lèvres multiples
  - 1.2.2.2.1. première
  - 1.2.2.2.2. deuxième
  - 1.2.2.2.3. troisième
  - 1.2.2.2.4. quatrième
  - 1.2.2.2.5. au-delà de la quatrième
  - 1.2.2.2.6. impossible à déterminer
  - 1.2.2.2.7. absence de données
- 1.2.2.3. impossible à déterminer
- 1.2.2.4. absence de données

  - 1. géométrique
    - 1.1. portion médiane de sphéroide
    - 1.2. cylindrique
    - 1.3. tronconique
      - 1.3.1. convergente
      - 1.3.2. divergente
      - 1.3.3. impossible à déterminer
      - 1.3.4. absence de données
    - 1.4. autre
    - 1.5. impossible à déterminer
    - 1.6. absence de données

    - 1. simple
    - 2. figurative
    - 3. impossible à déterminer
    - 4. absence de données

      - 1. recourbée
        - 1.1. à l'extérieur
          - 1.1.1. à recourbure unique
          - 1.1.2. à recourbures multiples
        - 1.2. à l'intérieur
          - 1.2.1. à recourbure unique
          - 1.2.2. à recourbures multiples
        - 1.3. impossible à déterminer
        - 1.4. absence de données

Fig. 17. 1.2.3. col – forme générale

- 1.2.3.1. col unique
- 1.2.3.2. cols multiples
  - 1.2.3.2.1. premier
  - 1.2.3.2.2. deuxième
  - 1.2.3.2.3. troisième
  - 1.2.3.2.4. quatrième
  - 1.2.3.2.5. au-delà du quatrième
  - 1.2.3.2.6. impossible à déterminer
  - 1.2.3.2.7. absence de données
- 1.2.3.3. impossible à déterminer
- 1.2.3.4. absence de données

  - 1. géométrique
    - 1.1. sphéroïdal
    - 1.2. ellipsoïdal
    - 1.3. semi-sphéroïdal
      - 1.3.1. orienté vers le haut
      - 1.3.2. orienté vers le bas
      - 1.3.3. impossible à déterminer
      - 1.3.4. absence de données
    - 1.4. semi-ellipsoïdal
      - 1.4.1. orienté vers le haut
      - 1.4.2. orienté vers le bas
      - 1.4.3. impossible à déterminer
      - 1.4.4. absence de données
    - 1.5. portion médiane de sphéroide
    - 1.6. cylindrique

    - 1. non concave
    - 2. concave
    - 3. impossible à déterminer
    - 4. absence de données

      - 1. unique
      - 2. multiple
        - 2.1. double
        - 2.2. triple
        - 2.3. quadruple
        - 2.4. quintuple
        - 2.5. sextuple
        - 2.6. plus que sextuple
      - 3. impossible à déterminer
      - 4. absence dé données

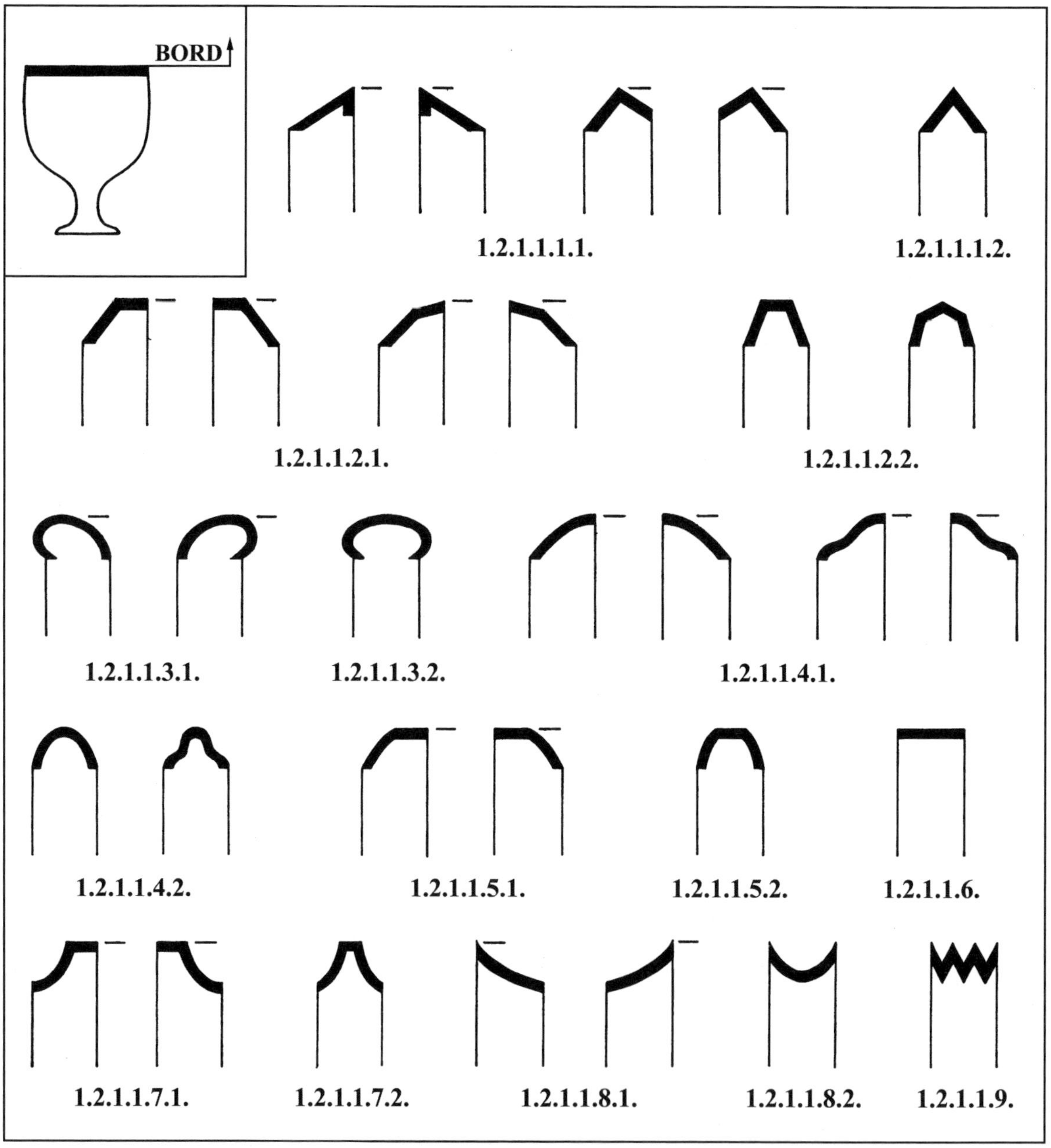

Fig. 15. Forme. 1. Récipients — bord.
Élaboration M. Dekówna; dessins M. Dekówna, N. Sorokina et B. Kowalczyk

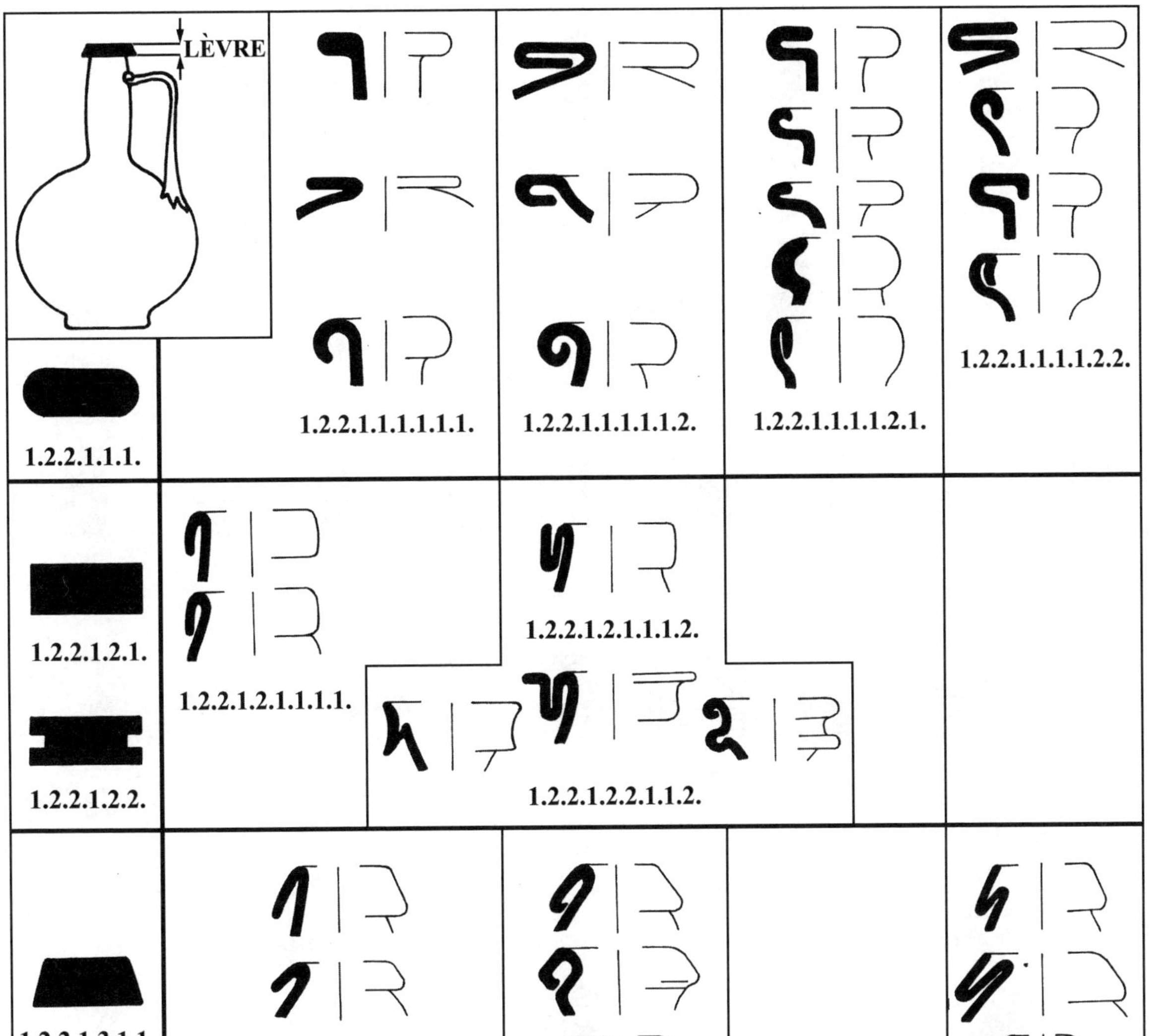

Fig. 16. Forme. 1. Récipients — lèvre.
Élaboration N. Sorokina; dessins N. Sorokina et B. Kowalczyk

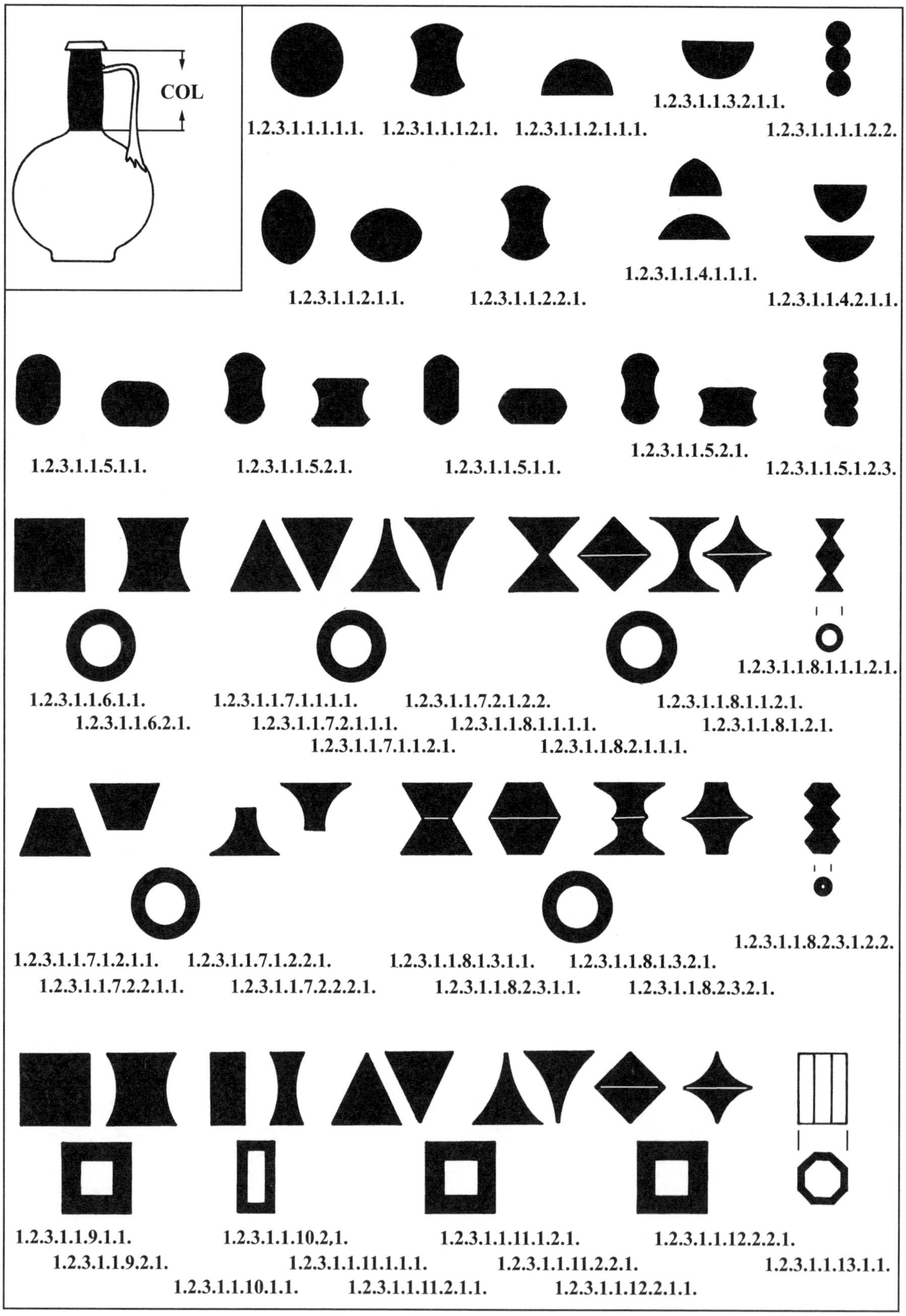

Fig. 17. Forme. 1. Récipients — col.
Élaboration M. Dekówna et N. Sorokina; dessins N. Sorokina et B. Kowalczyk

1.7. conique
  1.7.1. convergent
    1.7.1.1. à sommet pointu
    1.7.1.2. tronconique
    1.7.1.3. impossible à déterminer
    1.7.1.4. absence de données
  1.7.2. divergent
    1.7.2.1. à sommet pointu
    1.7.2.2. tronconique
    1.7.2.3. impossible à déterminer
    1.7.2.4. absence de données
  1.7.3. impossible à déterminer
  1.7.4. absence de données
1.8. biconique
  1.8.1. cônes joints par les sommets
    1.8.1.1. à sommets pointus
    1.8.1.2. avec un sommet pointu et l'autre tronqué
    1.8.1.3. à sommets tronqués
    1.8.1.4. avec un sommet pointu, l'autre impossible à déterminer
    1.8.1.5. avec un sommet pointu, manque de données pour l'autre
    1.8.1.6. avec un sommet tronqué, l'autre impossible à déterminer
    1.8.1.7. avec un sommet tronqué, manque de données pour l'autre
    1.8.1.8. impossible à déterminer
    1.8.1.9. absence de données
  1.8.2. cônes joints par les bases
    1.8.2.1. à sommets pointus
    1.8.2.2. avec un sommet pointu, l'autre tronqué
    1.8.2.3. à sommets tronqués
    1.8.2.4. avec un sommet pointu, l'autre impossible à déterminer
    1.8.2.5. avec un sommet pointu, manque de données pour l'autre
    1.8.2.6. avec un sommet tronqué, l'autre impossible à déterminer
    1.8.2.7. avec un sommet tronqué, manque de données pour l'autre

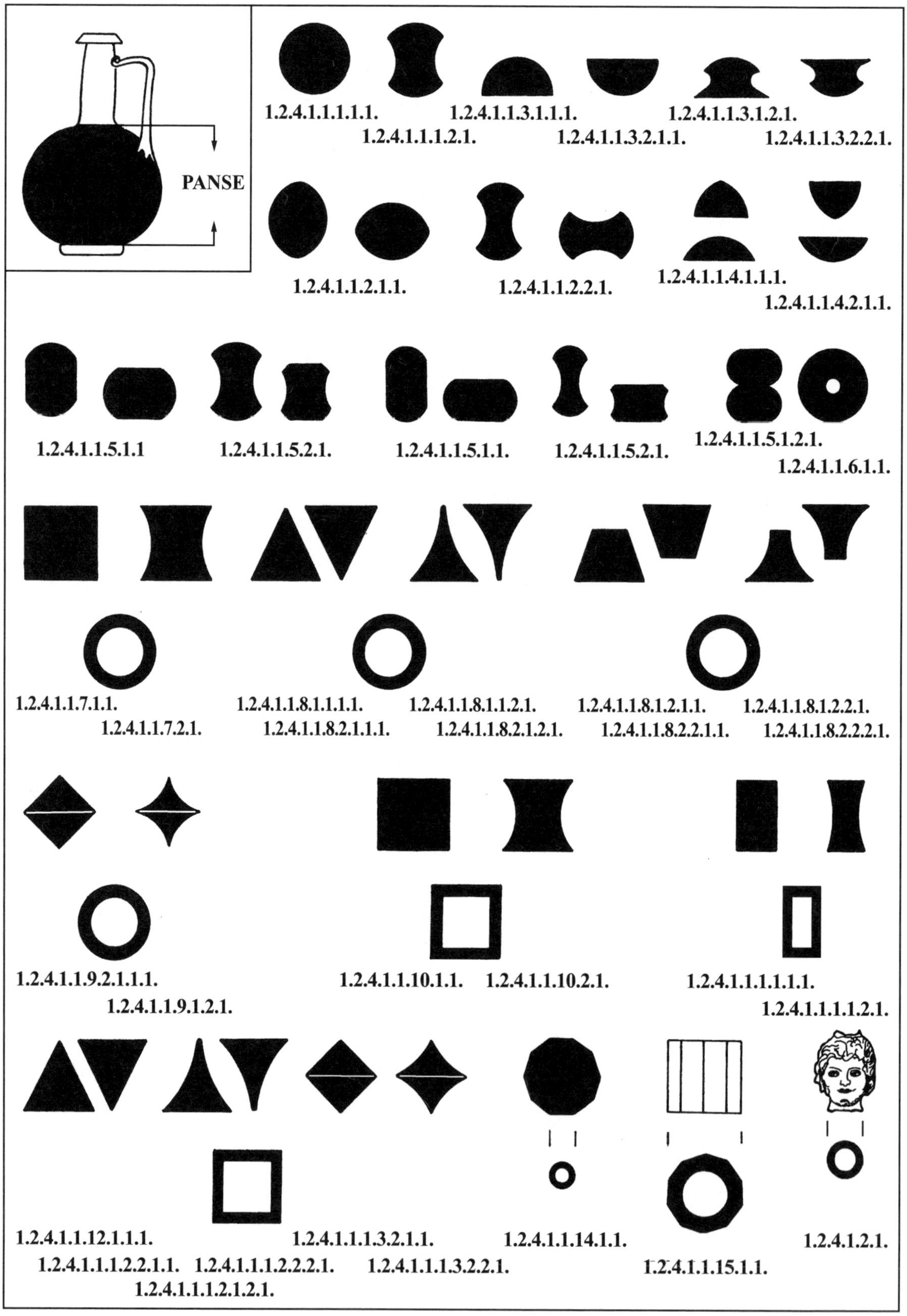

Fig. 18. Forme. 1. Récipients — panse.
Élaboration M. Dekówna et N. Sorokina; dessins M. Dekówna, N. Sorokina et B. Kowalczyk

1.8.2.8. impossible à déterminer
1.8.2.9. absence de données
1.8.3. impossible à déterminer
1.8.4. absence de données
1.9. cubique
1.10. prismatique
1.11. pyramidal
1.11.1. convergent
1.11.2. divergent
1.11.3. impossible à déterminer
1.11.4. absence de données
1.12. bipyramidal
1.12.1. pyramides jointes par les sommets
1.12.2. pyramides jointes par les bases
1.12.3. impossible à déterminer
1.12.4. absence de données
1.13. polyédrique
1.14. autre
1.15. impossible à déterminer
1.16. absence de données
2. représentant un sujet
3. autre
4. irrégulière
5. impossible à déterminer
6. absence de données

Fig. 18. 1.2.4. panse – forme générale
1.2.4.1. panse unique
1.2.4.2. panses multiples
1.2.4.2.1. première
1.2.4.2.2. deuxième
1.2.4.2.3. troisième
1.2.4.2.4. quatrième
1.2.4.2.5. au-dèla de la quatrième
1.2.4.2.6. impossible à déterminer
1.2.4.2.7. absence de données

1. géométrique
1.1. sphéroïdale
1.2. ellipsoïdale
1.3. semi-sphéroïdale
1.3.1. orientée vers le haut
1.3.2. orientée vers le bas
1.3.3. impossible à déterminer
1.3.4. absence de données
1.4. semi-ellipsoïdale
1.4.1. orientée vers le haut
1.4.2. orientée vers le bas
1.4.3. impossible à déterminer
1.4.4. absence de données
1.5. autre portion de sphéroïde
1.6. annulaire
1.7. cylindrique
1.8. conique
1.8.1. convergente
1.8.1.1. à sommet pointu
1.8.1.2. tronconique
1.8.1.3. impossible à déterminer
1.8.1.4. absence de données
1.8.2. divergente
1.8.2.1. à sommet pointu
1.8.2.2. tronconique
1.8.2.3. impossible à déterminer
1.8.2.4. absence de données
1.8.3. impossible à déterminer
1.8.4. absence de données

1. non concave
2. concave
3. impossible à déterminer
4. absence de données

1. unique
2. multiple
2.1. double
2.2. triple
2.3. quadruple
2.4. quintuple
2.5. sextuple
2.6. plus que sextuple
3. impossible à déterminer
4. absence de données

1.9. biconique
  1.9.1. cônes joints par les sommets
    1.9.1.1. à sommets pointus
    1.9.1.2. avec un sommet pointu, l'autre tronqué
    1.9.1.3. à sommets tronqués
    1.9.1.4. avec un sommet pointu, l'autre impossible à déterminer
    1.9.1.5. avec un sommet pointu, manque de données pour l'autre
    1.9.1.6. avec un sommet tronqué, l'autre impossible à déterminer
    1.9.1.7. avec un sommet tronqué, manque de données pour l'autre
    1.9.1.8. impossible à déterminer
    1.9.1.9. absence de données
  1.9.2. cônes joints par les bases
    1.9.2.1. à sommets pointus
    1.9.2.2. avec un sommet pointu, l'autre tronqué
    1.9.2.3. à sommets tronqués
    1.9.2.4. avec un sommet pointu, l'autre impossible à déterminer
    1.9.2.5. avec un sommet pointu, manque de données pour l'autre
    1.9.2.6. avec un sommet tronqué, l'autre impossible à déterminer
    1.9.2.7. avec un sommet tronqué, manque de données pour l'autre
    1.9.2.8. impossible à déterminer
    1.9.2.9. absence de données
  1.9.3. impossible à déterminer
  1.9.4. absence de données
1.10. cubique
1.11. prismatique
1.12. pyramidale
  1.12.1. convergente
  1.12.2. divergente
  1.12.3. impossible à déterminer
  1.12.4. absence de données

1.13. bipyramidale
- 1.13.1. pyramides jointes par les sommets
- 1.13.2. pyramides jointes par les bases
- 1.13.3. impossible à déterminer
- 1.13.4. absence de données

1.14. sphéroïdale à faces
1.15. à faces multiples
1.16. autre
1.17. impossible à déterminer
1.18. absence de données
2. représentant un sujet
- 2.1. anthropomorphe
- 2.2. zoomorphe
- 2.3. phytomorphe
- 2.4. représentant un objet
- 2.5. autre
- 2.6. indéterminée
- 2.7. impossible à déterminer
- 2.8. absence de données

3. autre
4. irrégulière
5. impossible à déterminer
6. absence de données

Fig. 19. 1.2.5. fond
- 1.2.5.1. unique
- 1.2.5.2. fonds multiples
  - 1.2.5.2.1. premier
  - 1.2.5.2.2. deuxième
  - 1.2.5.2.3. troisième
  - 1.2.5.2.4. quatrième
  - 1.2.5.2.5. au-delà du quatrième
  - 1.2.5.2.6. impossible à déterminer
  - 1.2.5.2.7. absence de données
- 1.2.5.3. impossible à déterminer
- 1.2.5.4. absence de données

1. plat
2. convexe
   - 2.1. semi-sphéroïdal
   - 2.2. conique
   - 2.3. impossible à déterminer
   - 2.4. absence de données
3. concave
   - 3.1. semi-sphéroïdal
   - 3.2. conique
   - 3.3. impossible à déterminer
   - 3.4. absence de données
4. plat-convexe
   - 4.1. semi-sphéroïdal
   - 4.2. conique
   - 4.3. impossible à déterminer
   - 4.4. absence de données
5. plat-concave
   - 5.1. semi-sphéroïdal
   - 5.2. conique
   - 5.3. impossible à déterminer
   - 5.4. absence de données
6. convexe-plat
   - 6.1. semi-sphéroïdal
   - 6.2. conique
   - 6.3. impossible à déterminer
   - 6.4. absence de données
7. concave-plat
   - 7.1. semi-sphéroïdal
   - 7.2. conique
   - 7.3. impossible à déterminer
   - 7.4. absence de données
8. indéterminée
9. impossible à déterminer
10. absence de données

1. circulaire
2. elliptique
3. semi-circulaire
4. semi-elliptique
5. triangulaire
6. carré
7. rectangulaire
8. romboïdal
9. trapézoïdal
10. autre polygonal
11. figuratif
12. indéterminé

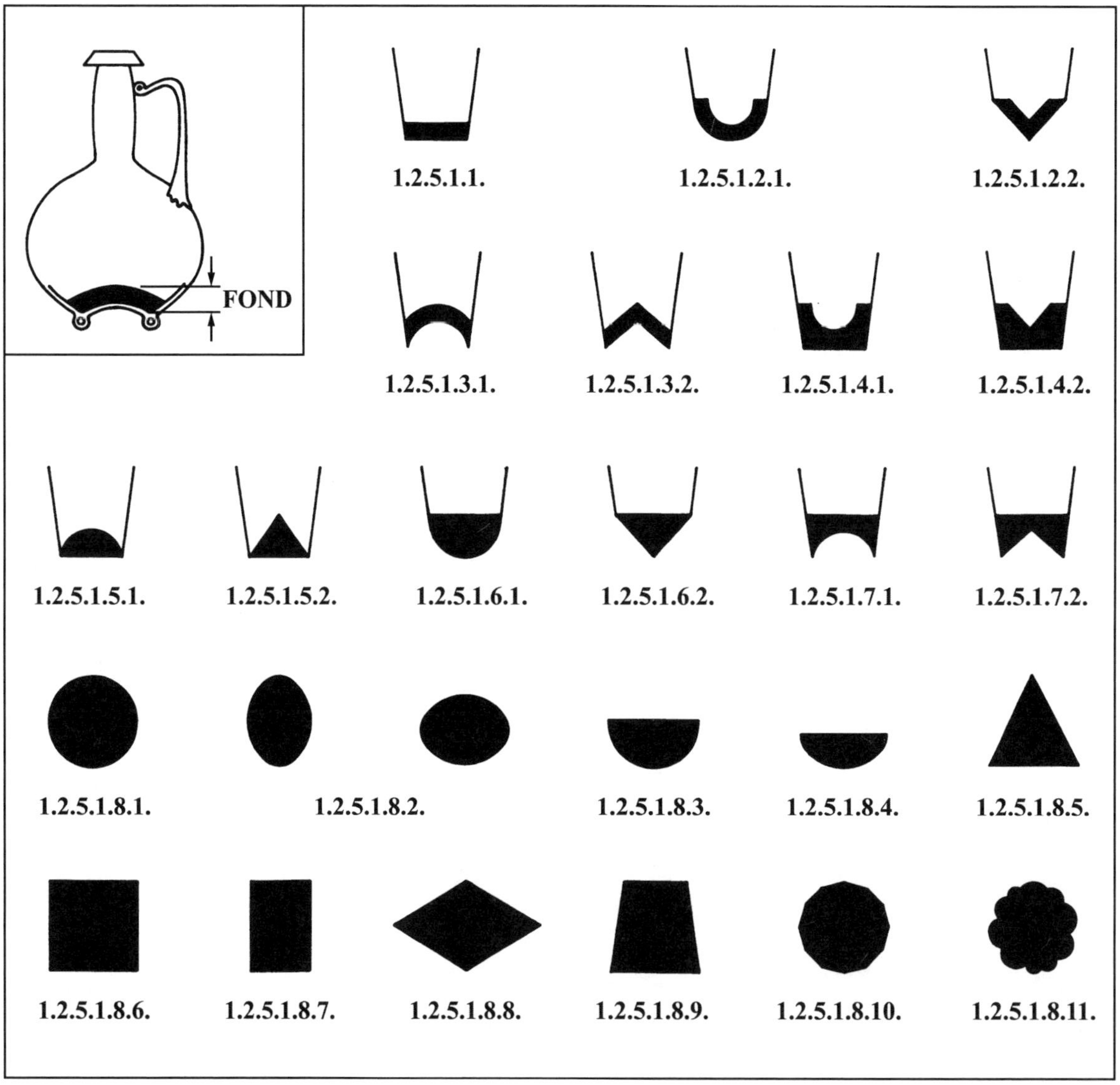

Fig. 19. Forme. 1. Récipients — fond.
Élaboration M. Dekówna, J. Olczak et N. Sorokina; dessins N. Sorokina et M. Krakowiak

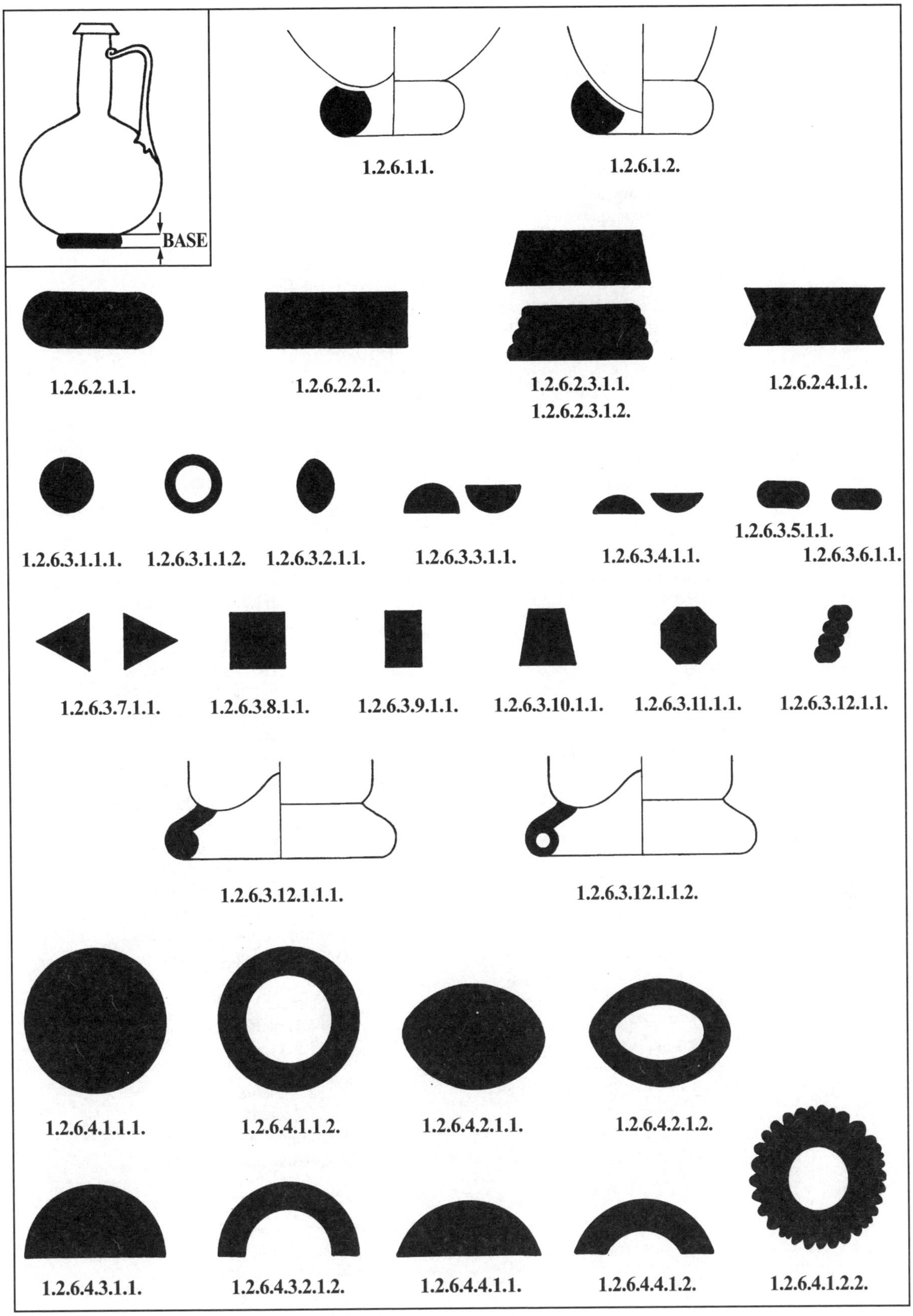

Fig. 20. Forme. 1. Récipients — base.
Élaboration M. Dekówna et N. Sorokina; dessins N. Sorokina et B. Kowalczyk

Fig. 20. 1.2.6. base

- 1.2.6.1. position
  - 1.2.6.1.1. sous le récipient
  - 1.2.6.1.2. autour du récipient
  - 1.2.6.1.3. impossible à déterminer
  - 1.2.6.1.4. absence de données
- 1.2.6.2. forme générale
  - 1.2.6.2.1. portion médiane de sphéroïde
  - 1.2.6.2.2. cylindrique
  - 1.2.6.2.3. tronconique
    - 1.2.6.2.3.1. convergente
    - 1.2.6.2.3.2. divergente
    - 1.2.6.2.3.3. impossible à déterminer
    - 1.2.6.2.3.4. absence de données
  - 1.2.6.2.4. biconique à sommets tronqués
    - 1.2.6.2.4.1. cônes joints par les sommets
    - 1.2.6.2.4.2. cônes joints par les bases
    - 1.2.6.2.4.3. impossible à déterminer
    - 1.2.6.2.4.4. absence de données
  - 1.2.6.2.5. autre
  - 1.2.6.2.6. impossible à déterminer
  - 1.2.6.2.7. absence de données

  } { 1. simple
  2. figurative

- 1.2.6.3. forme de la section verticale
  - 1.2.6.3.1. circulaire
  - 1.2.6.3.2. elliptique
  - 1.2.6.3.3. semi-circulaire
  - 1.2.6.3.4. semi-elliptique
  - 1.2.6.3.5. autre portion de cercle
  - 1.2.6.3.6. autre portion d'ellipse
  - 1.2.6.3.7. triangulaire
  - 1.2.6.3.8. carrée
  - 1.2.6.3.9. rectangulaire
  - 1.2.6.3.10. trapézoïdale
  - 1.2.6.3.11. autre polygonale
  - 1.2.6.3.12. autre
  - 1.2.6.3.13. impossible à déterminer
  - 1.2.6.3.14. absence de données

  } {
  1. simple
     - 1.1. pleine
       - 1.1.1. à bordure pleine
       - 1.1.2. à bordure creuse
     - 1.2. creuse
       - 1.2.1. à bordure pleine
       - 1.2.2. à bordure creuse
     - 1.3. impossible à déterminer
     - 1.4. absence de données
  2. figurative
     - 2.1. pleine
       - 2.1.1. à bordure pleine
       - 2.1.2. à bordure creuse
     - 2.2. creuse
       - 2.2.1. à bordure pleine
       - 2.2.2. à bordure creuse
     - 2.3. impossible à déterminer
     - 2.4. absence de données
  3. impossible à déterminer
  4. absence de données

- 1.2.6.4. forme de la section horizontale
  - 1.2.6.4.1. circulaire
  - 1.2.6.4.2. elliptique
  - 1.2.6.4.3. semi-circulaire
  - 1.2.6.4.4. semi-elliptique
  - 1.2.6.4.5. impossible à déterminer
  - 1.2.6.4.6. absence de données
- 1.2.6.5. impossible à déterminer
- 1.2.6.6. absence de données

  } {
  1. simple
     - 1.1. pleine
     - 1.2. creuse
  2. figurative
     - 2.1. pleine
     - 2.2. creuse
  3. impossible à déterminer
  4. absence de données

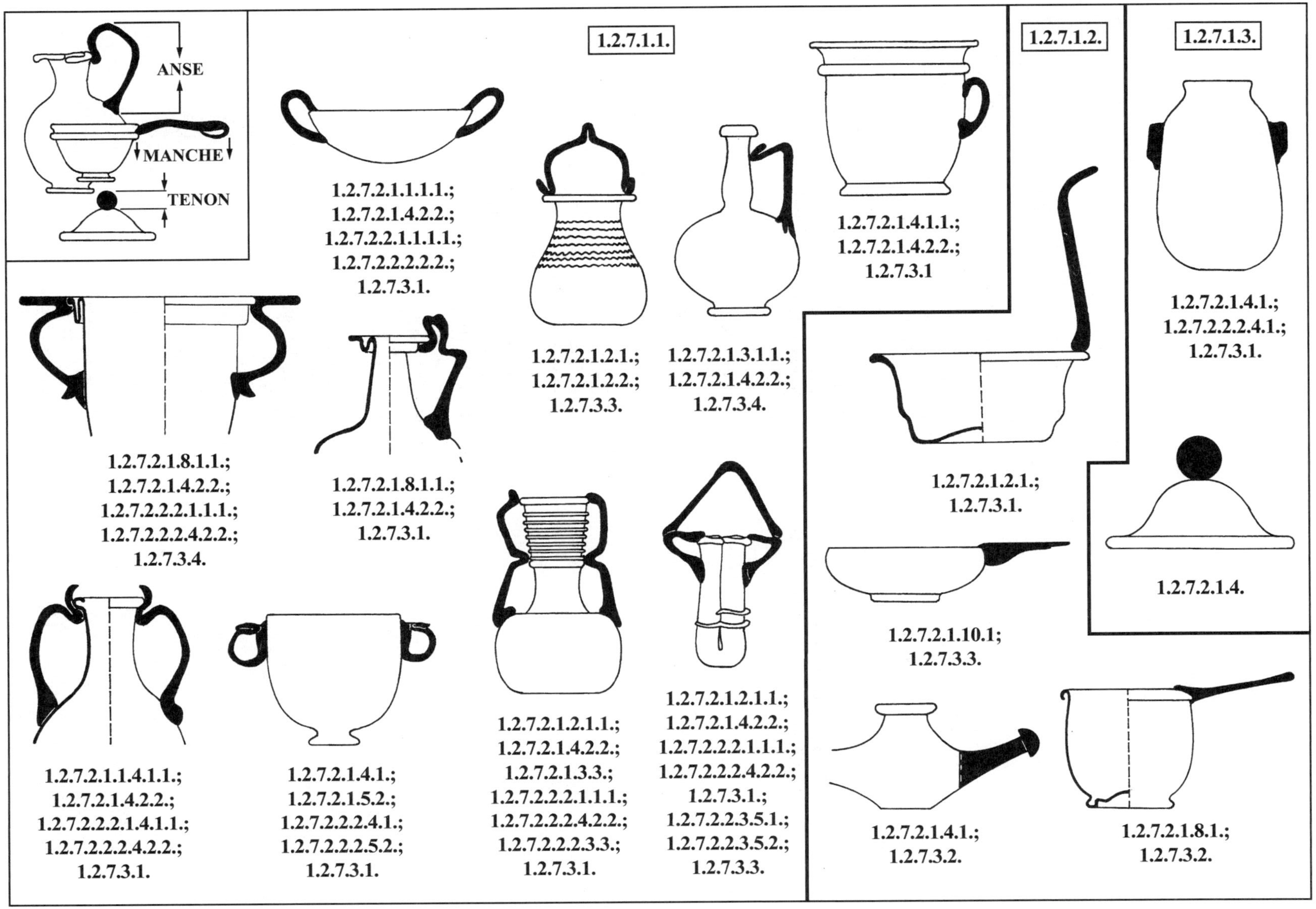

Fig. 21. Forme. 1. Récipients — préhensions.
Élaboration M. Dekówna et N. Sorokina; dessins N. Sorokina et J. Nowakowski

Fig. 21. 1.2.7. préhension
- 1.2.7.1. genre
  - 1.2.7.1.1. anse*
  - 1.2.7.1.2. manche*
  - 1.2.7.1.3. tenon*
  - 1.2.7.1.4. impossible à déterminer
  - 1.2.7.1.5. absence de données
- 1.2.7.2. nombre et point d'attache
  - 1.2.7.2.1. unique
  - 1.2.7.2.2. multiples
    - 1.2.7.2.2.1. première
    - 1.2.7.2.2.2. deuxième
    - 1.2.7.2.2.3. troisième
    - 1.2.7.2.2.4. quatrième
    - 1.2.7.2.2.5. cinquième
    - 1.2.7.2.2.6. sixième
    - 1.2.7.2.2.7. au-delà de la sixième
    - 1.2.7.2.2.8. impossible à déterminer
    - 1.2.7.2.2.9. absence de données
  - 1.2.7.2.3. impossible à déterminer
  - 1.2.7.2.4. absence de données

(1.2.7.2.1. – 1.2.7.2.2.9.):

1. sur le bord
2. sur la lèvre
3. sur le col
4. sur la panse
5. sur l'anse
6. sur le bec
7. sur d'autres éléments
8. sur le bord et la lèvre
9. sur le bord et le col
10. sur le bord et la panse
11. sur le bord et l'anse
12. sur le bord et le bec
13. sur le bord et sur d'autres éléments
14. sur la lèvre et le col
15. sur la lèvre et la panse
16. sur la lèvre et l'anse
17. sur la lèvre et le bec
18. sur la lèvre et sur d'autres éléments
19. sur le col et la panse
20. sur le col et l'anse
21. sur le col et le bec
22. sur le col et sur d'autres éléments
23. sur la panse et l'anse
24. sur la panse et le bec
25. sur la panse et sur d'autres éléments
26. sur l'anse et le bec
27. sur l'anse et sur d'autres éléments
28. sur le bec et sur d'autres éléments
29. sur le bord, la lèvre et le col
30. sur le bord, le col et la panse
31. sur le bord, la panse et l'anse
32. sur le bord, l'anse et le bec
33. sur le bord, le bec et sur d'autres éléments
34. sur la lèvre, le col et la panse
35. sur la lèvre, la panse et l'anse
36. sur la lèvre, l'anse et le bec
37. sur la lèvre, le bec et sur d'autres éléments

(1. – 37.):

1. une extrémité
   - 1.1. supérieure
   - 1.2. inférieure
2. l'autre extrémité
   - 2.1. supérieure
   - 2.2. inférieure
3. une autre partie

* Le terme „anse" désigne une préhension dont les deux extrémités sont fixées à la paroi du récipient; le terme „manche" signifie une préhension dont une seule extrémité est fixée à la paroi du récipient; le terme „tenon" indique un élément fixé à la paroi du récipient ou du couvercle de sa surface extérieure aplatie.

38. sur la panse, l'anse et le bec
39. sur la panse, le bec et sur d'autres éléments
40. sur l'anse, le bec et sur d'autres éléments
41. sur le bord, la lèvre, le col et la panse
42. sur le bord, le col, la panse et l'anse
43. sur le bord, la panse, l'anse et le bec
44. sur le bord, l'anse, le bec et sur d'autres éléments
45. sur la lèvre, le col, la panse et l'anse
46. sur la lèvre, la panse, l'anse et le bec
47. sur la lèvre, l'anse, le bec et sur d'autres éléments
48. sur le col, la panse, l'anse et le bec
49. sur le col, l'anse, le bec et sur d'autres éléments
50. sur la panse, l'anse, le bec et sur d'autres éléments
51. sur le bord, la lèvre, le col, la panse et l'anse
52. sur le bord, le col, la panse, l'anse et le bec
53. sur le bord, la panse, l'anse, le bec et sur d'autres éléments
54. sur la lèvre, le col, la panse, l'anse et le bec
55. sur la lèvre, la panse, l'anse, le bec et sur d'autres éléments
56. sur le col, la panse, l'anse, le bec et sur d'autres éléments
57. sur le bord, le col, la panse, l'anse et le bec
58. sur le bord, le col, la panse, l'anse, le bec et sur d'autres éléments
59. sur la lèvre, le col, la panse, l'anse, le bec et sur d'autres éléments
60. sur le bord, la lèvre, le col, la panse, l'anse, le bec et sur d'autres éléments
61. impossible à déterminer
62. absence de données

1.2.7.3. position
- 1.2.7.3.1. verticale
- 1.2.7.3.2. oblique
- 1.2.7.3.3. horizontale
- 1.2.7.3.4. verticale-horizontale
- 1.2.7.3.5. verticale-oblique
- 1.2.7.3.6. impossible à déterminer
- 1.2.7.3.7. absence de données

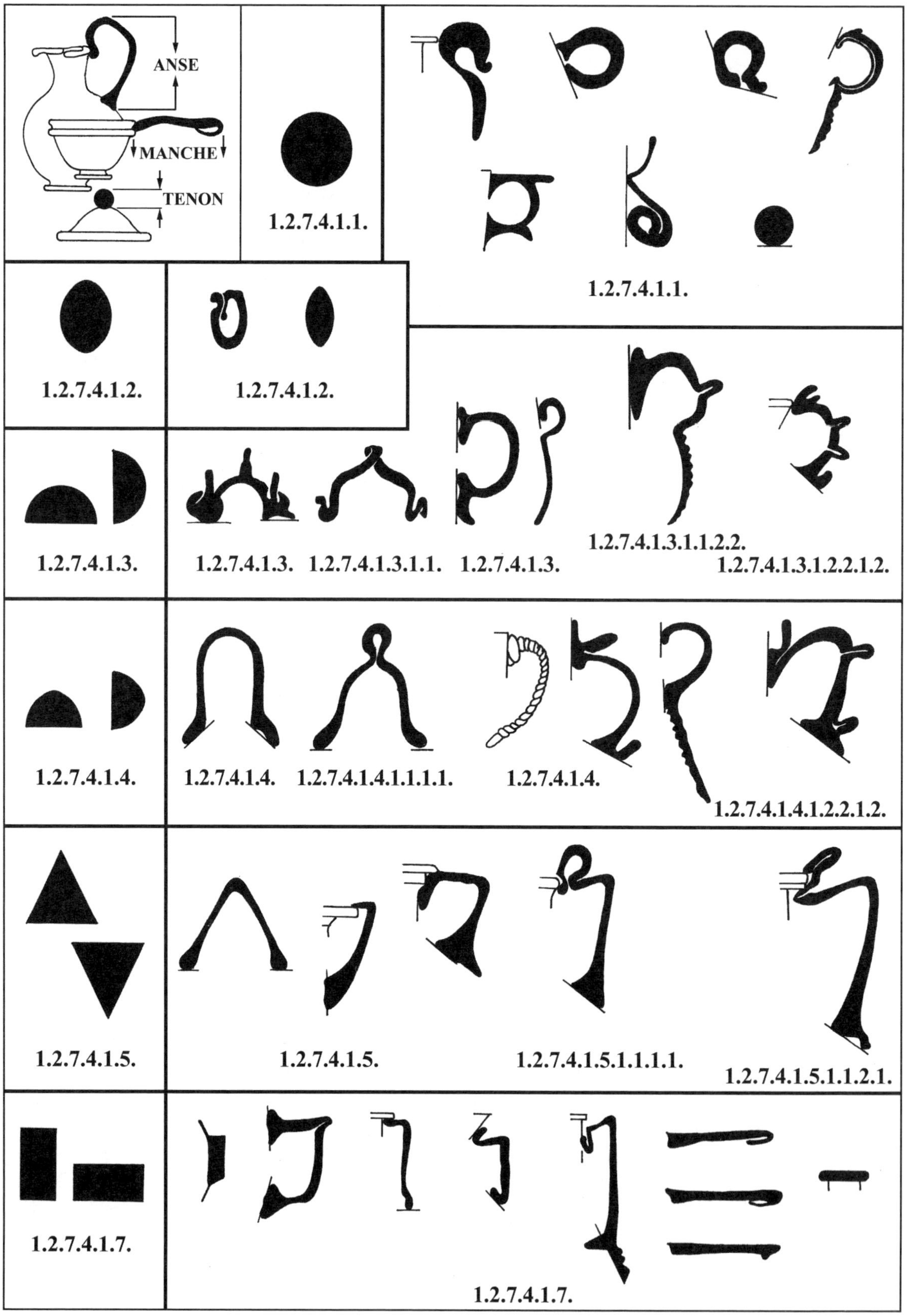

Fig. 22. Forme. 1. Récipients — préhensions.
Élaboration N. Sorokina et M. Dekówna; dessins N. Sorokina et J. Nowakowski

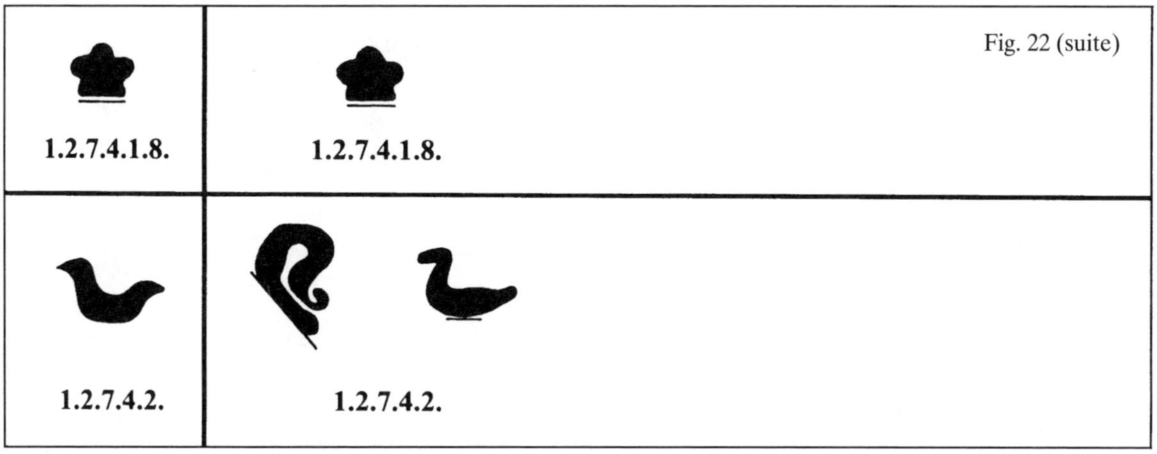

Fig. 22 (suite)

Fig. 22. 1.2.7.4. forme de la section longitudinale

- 1.2.7.4.1. géométrique
  - 1.2.7.4.1.1. circulaire
  - 1.2.7.4.1.2. elliptique
  - 1.2.7.4.1.3. semi-circulaire
  - 1.2.7.4.1.4. semi-elliptique
  - 1.2.7.4.1.5. triangulaire
  - 1.2.7.4.1.6. carrée
  - 1.2.7.4.1.7. rectangulaire
  - 1.2.7.4.1.8. figurative
  - 1.2.7.4.1.9. autre
  - 1.2.7.4.1.10. irrégulière
  - 1.2.7.4.1.11. impossible à déterminer
  - 1.2.7.4.1.12. absence de données

  } {
  - 1. à boucle
    - 1.1. à boucle unique
      - 1.1.1. à claire voie
      - 1.1.2. fermée

        } { 1. dans la partie supérieure; 2. dans l'autre partie
      - 1.1.3. impossible à déterminer
      - 1.1.4. absence de données
    - 1.2. à deux boucles
    - 1.3. à trois boucles
    - 1.4. à quatre boucles
    - 1.5. à plus de quatre boucles

      } {
      - 1. à claire-voie
      - 2. fermées
      - 3. à claire-voie et fermées

        } {
        - 1. égales
        - 2. différentes

          } { 1. dans la partie supérieure de l'anse; 2. dans l'autre partie de l'anse; 3. sur toute l'anse
        - 3. impossible à déterminer
        - 4. absence de données
      - 4. impossible à déterminer
      - 5. absence de données
    - 1.6. impossible à déterminer
    - 1.7. absence de données
- 1.2.7.4.2. représentant un sujet
- 1.2.7.4.3. impossible à déterminer
- 1.2.7.4.4. absence de données

Fig. 23. 1.2.7.5. forme de la section transversale*

- 1.2.7.5.1. circulaire
- 1.2.7.5.2. elliptique
- 1.2.7.5.3. semi-circulaire
  - 1.2.7.5.3.1. unique
  - 1.2.7.5.3.2. double
  - 1.2.7.5.3.3. triple
- 1.2.7.5.4. semi-elliptique
- 1.2.7.5.5. rectangulaire
  - 1.2.7.5.5.1. avec saillies
    - 1.2.7.5.5.1.1. une
    - 1.2.7.5.5.1.2. deux
    - 1.2.7.5.5.1.3. trois
    - 1.2.7.5.5.1.4. plus de trois

  } { 1. à grosse cannelure; 2. à petite cannelure
- 1.2.7.5.6. en rosette
- 1.2.7.5.7. autre
- 1.2.7.5.8. irrégulière
- 1.2.7.5.9. impossible à déterminer
- 1.2.7.5.10. absence de données

* Dans la partie médiane de l'anse.

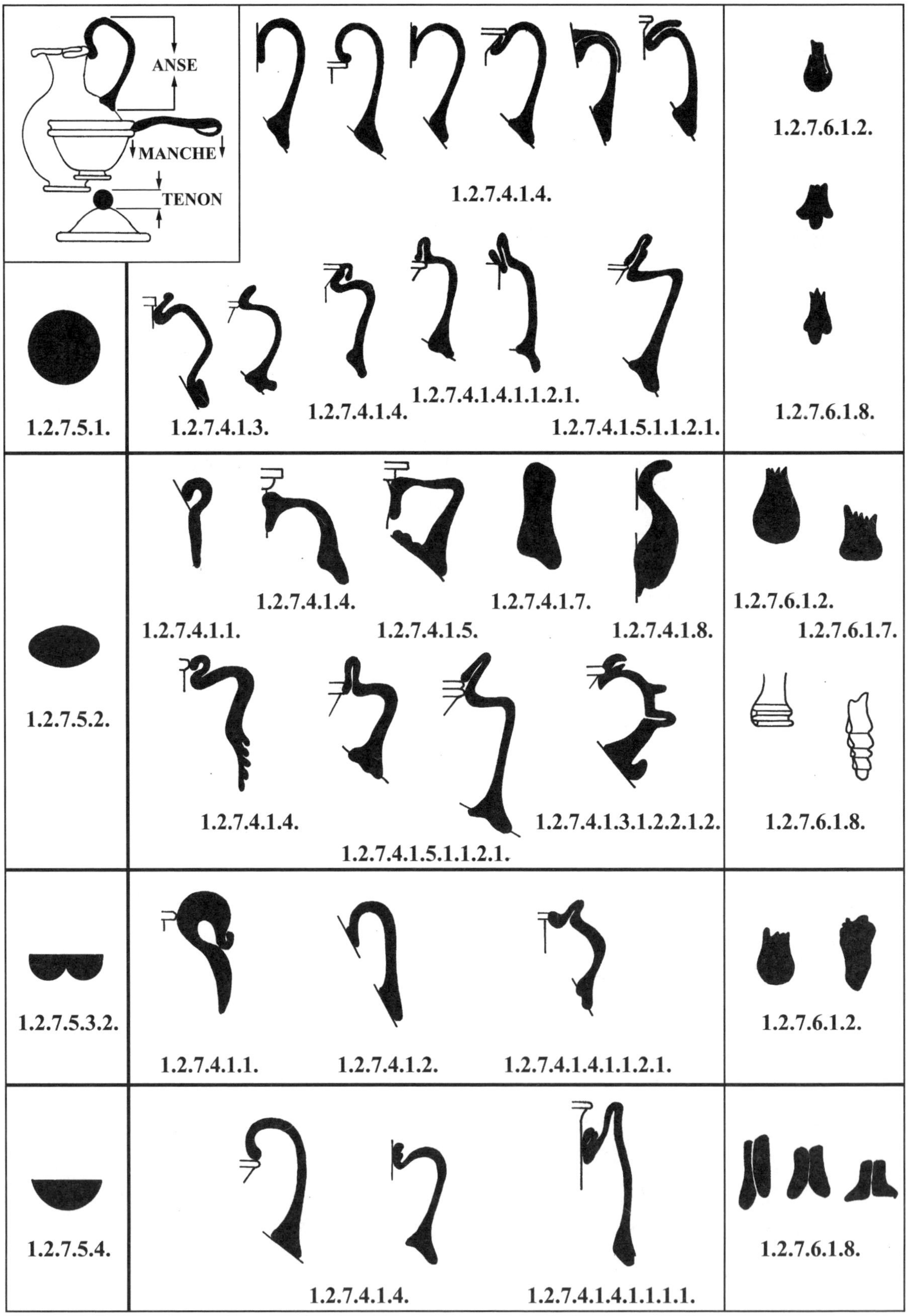

Fig. 23. Forme. 1. Récipients — préhensions.
Élaboration N. Sorokina et M. Dekówna; dessins N. Sorokina et J. Nowakowski

Fig. 23 (suite)

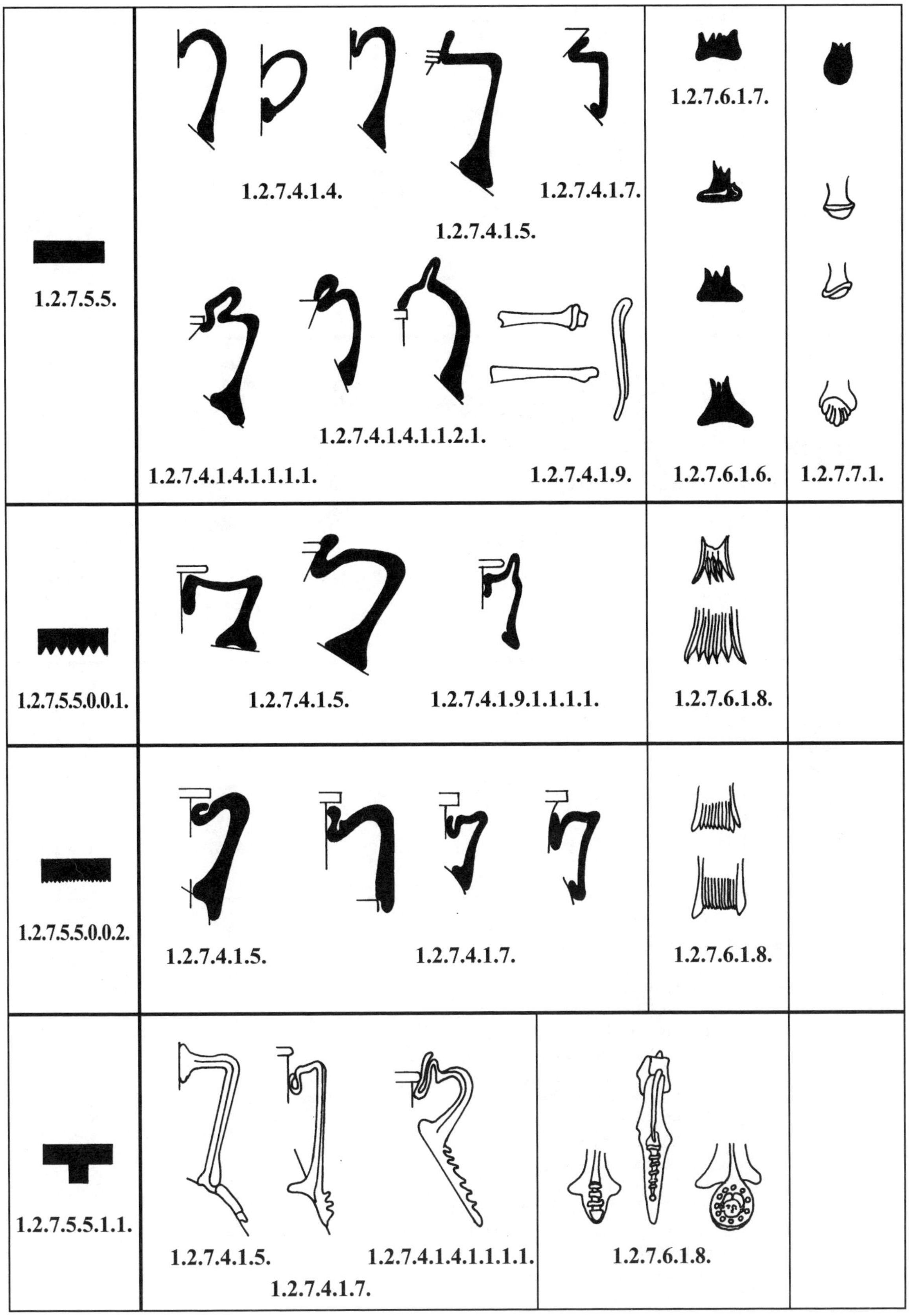
1.2.7.5.5.
1.2.7.4.1.4.
1.2.7.4.1.7.
1.2.7.4.1.5.
1.2.7.4.1.4.1.1.2.1.
1.2.7.4.1.4.1.1.1.1.
1.2.7.4.1.9.
1.2.7.6.1.7.
1.2.7.6.1.6.
1.2.7.7.1.
1.2.7.5.5.0.0.1.
1.2.7.4.1.5.
1.2.7.4.1.9.1.1.1.1.
1.2.7.6.1.8.
1.2.7.5.5.0.0.2.
1.2.7.4.1.5.
1.2.7.4.1.7.
1.2.7.6.1.8.
1.2.7.5.5.1.1.
1.2.7.4.1.5.
1.2.7.4.1.4.1.1.1.1.
1.2.7.4.1.7.
1.2.7.6.1.8.

Fig. 23 (suite)

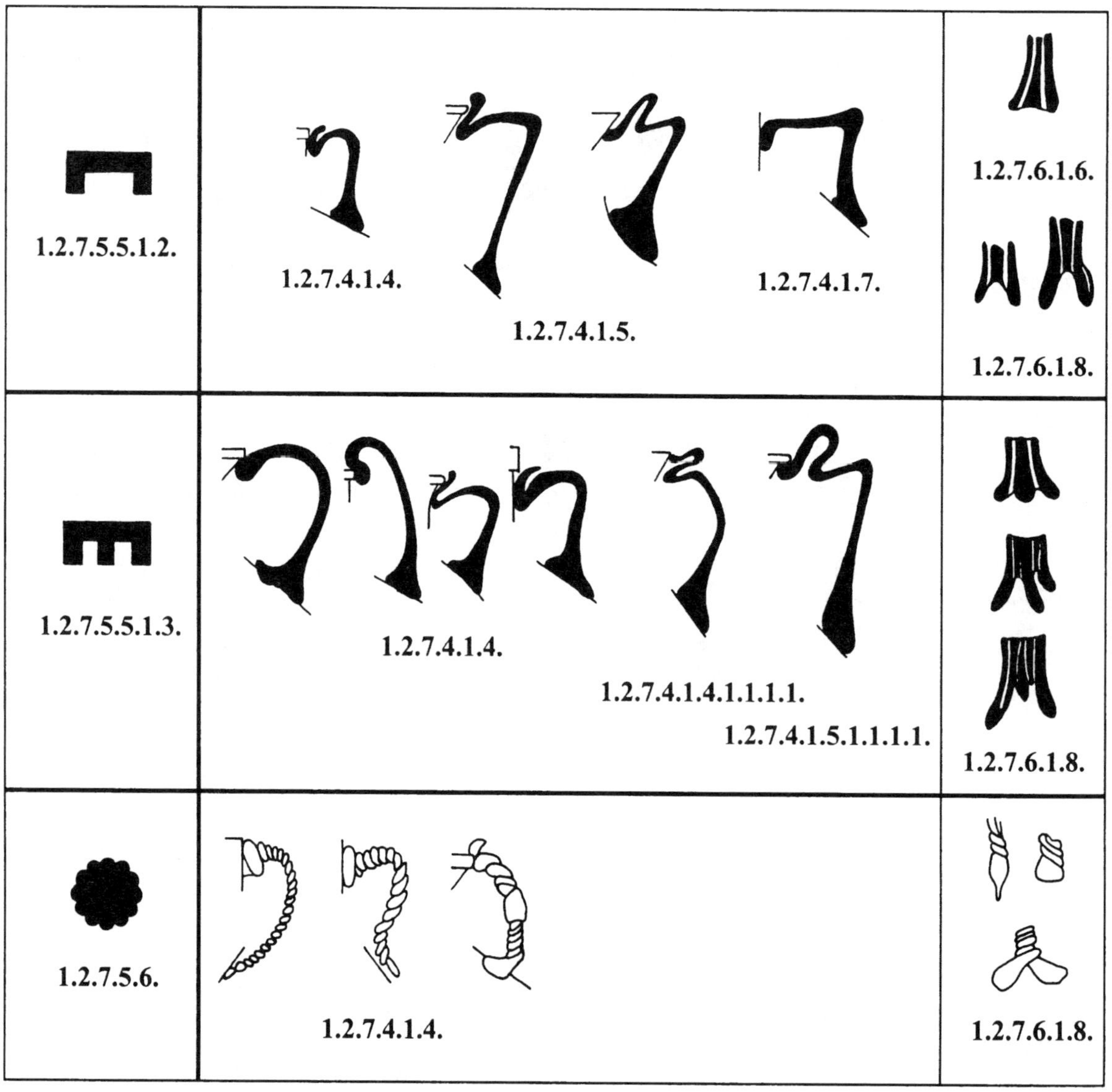

- 1.2.7.6. forme de l'extrémité inférieure de la préhension
  - 1.2.7.6.1. géométrique
    - 1.2.7.6.1.1. circulaire
    - 1.2.7.6.1.2. elliptique
    - 1.2.7.6.1.3. semi-circulaire
    - 1.2.7.6.1.4. semi-elliptique
    - 1.2.7.6.1.5. triangulaire
    - 1.2.7.6.1.6. trapézoïdale
    - 1.2.7.6.1.7. rectangulaire
    - 1.2.7.6.1.8. figurative
    - 1.2.7.6.1.9. autre
    - 1.2.7.6.1.10. impossible à déterminer
    - 1.2.7.6.1.11. absence de données
  - 1.2.7.6.2. représentant un sujet
  - 1.2.7.6.3. impossible à déterminer
  - 1.2.7.6.4. absence de données

1.2.7.7. forme de l'extrémité du manche
1.2.7.7.1. géométrique
1.2.7.7.2. représentant un sujet
1.2.7.7.3. impossible à déterminer
1.2.7.7.4. absence de données
1.2.7.8. impossible à déterminer
1.2.7.9. absence de données

Fig. 24. 1.2.8. jambe
1.2.8.1. nombre et position
1.2.8.1.1. jambe unique
1.2.8.1.2. jambes multiples
1.2.8.1.2.1. première
1.2.8.1.2.2. deuxième
1.2.8.1.2.3. troisième
1.2.8.1.2.4. quatrième
1.2.8.1.2.5. au-delà de la quatrième
1.2.8.1.2.6. impossible à déterminer
1.2.8.1.2.7. absence de données

{ 1. dans la partie médiane du fond
2. sur le bord du fond
3. sur la panse
4. sur le bord du fond et sur la panse
5. sur d'autres éléments
6. impossible à déterminer
7. absence de données }

{ 1. pleine
2. creuse
3. pleine et creuse }

1.2.8.1.3. impossible à déterminer
1.2.8.1.4. absence de données
1.2.8.2. forme générale
1.2.8.2.1. géométrique
1.2.8.2.1.1. sphéroïdale
1.2.8.2.1.1.1. concave
1.2.8.2.1.2. ellipsoïdale
1.2.8.2.1.2.1. concave
1.2.8.2.1.3. semi-sphéroïdale
1.2.8.2.1.3.1. concave
1.2.8.2.1.4. semi-ellipsoïdale
1.2.8.2.1.4.1. concave
1.2.8.2.1.5. portion médiane de sphéroïde
1.2.8.2.1.5.1. concave
1.2.8.2.1.6. cylindrique
1.2.8.2.1.6.1. concave

{ 1. unique
2. multiple
2.1. double
2.2. triple
2.3. quadruple
2.4. plus que quadruple }

1.2.8.2.1.7. conique
1.2.8.2.1.7.1. convergente
1.2.8.2.1.7.1.1. tronconique
1.2.8.2.1.7.2. divergente
1.2.8.2.1.7.2.1. tronconique
1.2.8.2.1.8. biconique
1.2.8.2.1.8.1. tronconique
1.2.8.2.1.7.2. à sommets tronqués
1.2.8.2.1.9. cubique
1.2.8.2.1.10. prismatique
1.2.8.2.1.11. pyramidale
1.2.8.2.1.11.1. convergente
1.2.8.2.1.11.2. divergente
1.2.8.2.1.12. bipyramidale
1.2.8.2.1.13. sphéroïdale à facettes
1.2.8.2.1.14. autre
1.2.8.2.1.15. irrégulière
1.2.8.2.1.16. impossible à déterminer
1.2.8.2.1.17. absence de données

{ 1. concave }

{ 1. unique
2. multiple
2.1. double
2.2. triple
2.3. quadruple
2.4. plus que quadruple }

1.2.8.2.2. représentant un sujet
1.2.8.2.2.1. anthropomorphe
1.2.8.2.2.2. zoomorphe
1.2.8.2.2.3. phytomorphe
1.2.8.2.2.4. représentant un objet

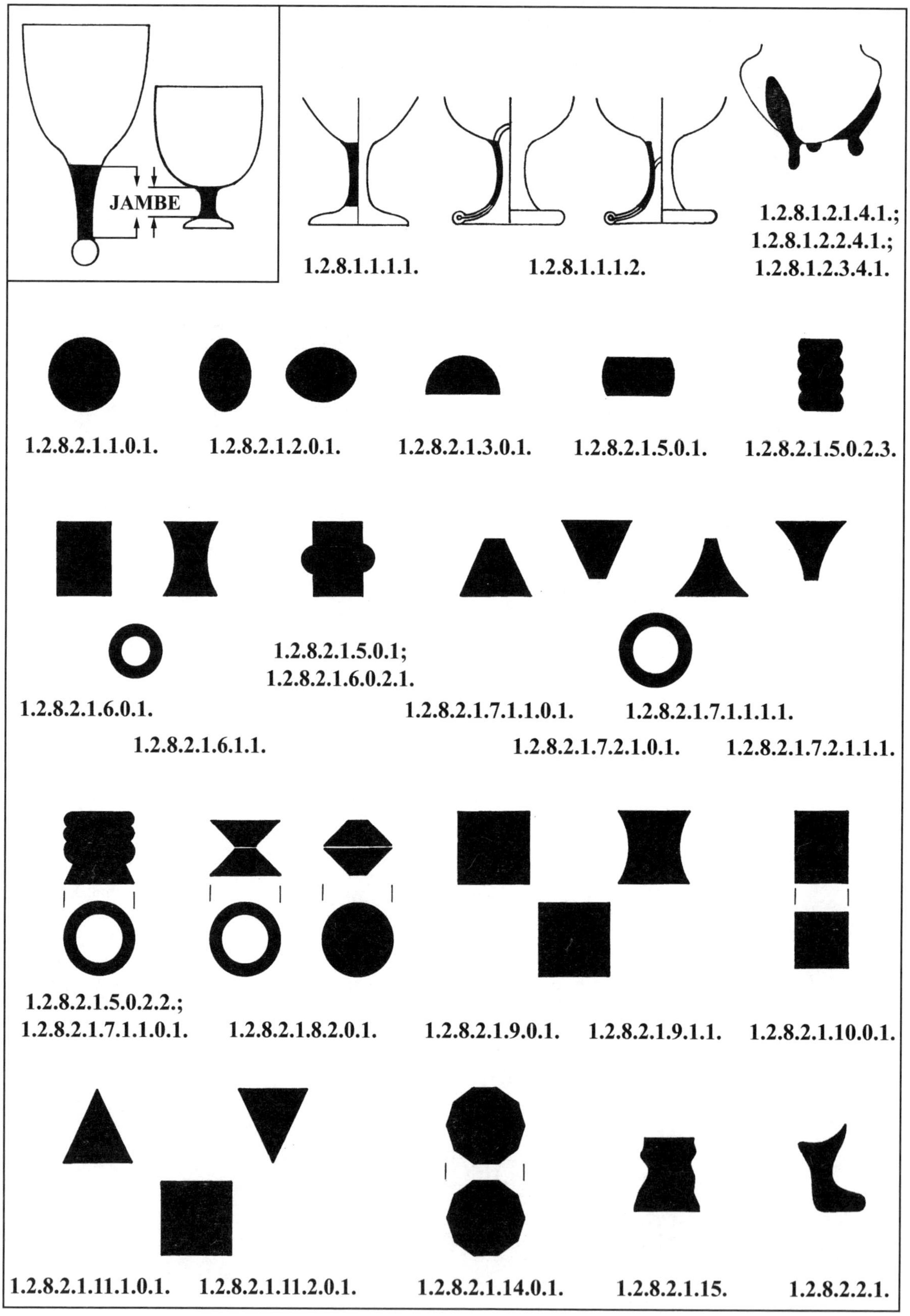

Fig. 24. Forme. 1. Récipients — jambe.
Élaboration N. Sorokina et M. Dekówna; dessins N. Sorokina et J. Nowakowski

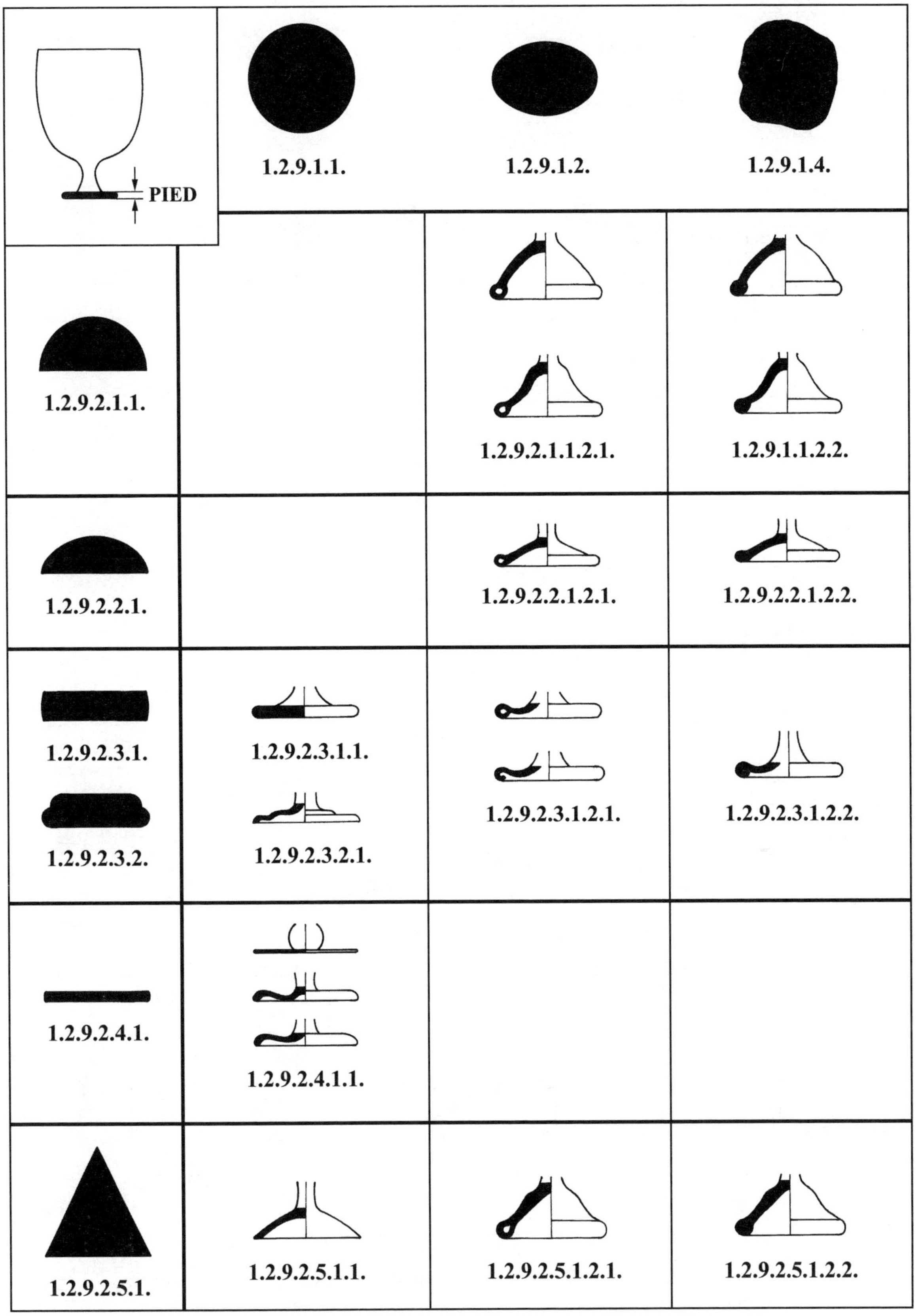

Fig. 25. Forme. 1. Récipients — pied.
Élaboration M. Dekówna; dessins N. Sorokina et J. Nowakowski

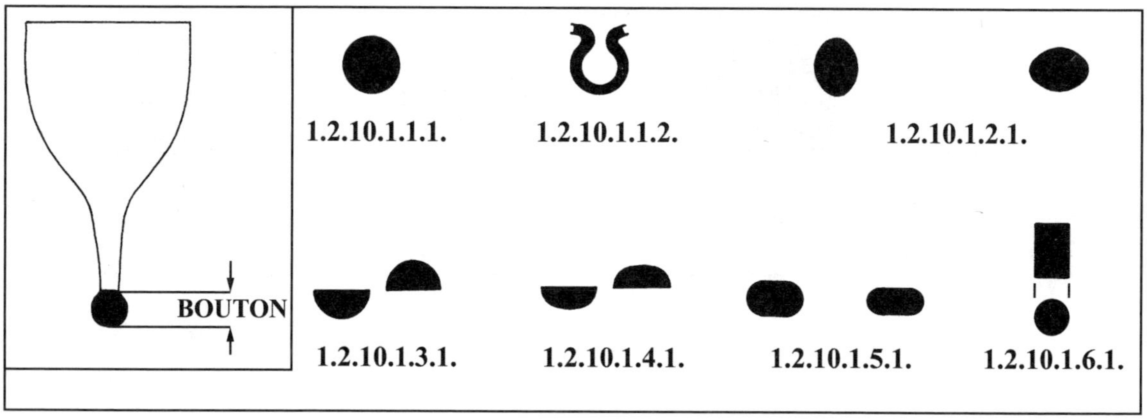

Fig. 26. Forme. 1. Récipients — bouton.
Élaboration M. Dekówna, J. Olczak et N. Sorokina, dessins N. Sorokina et M. Krakowiak

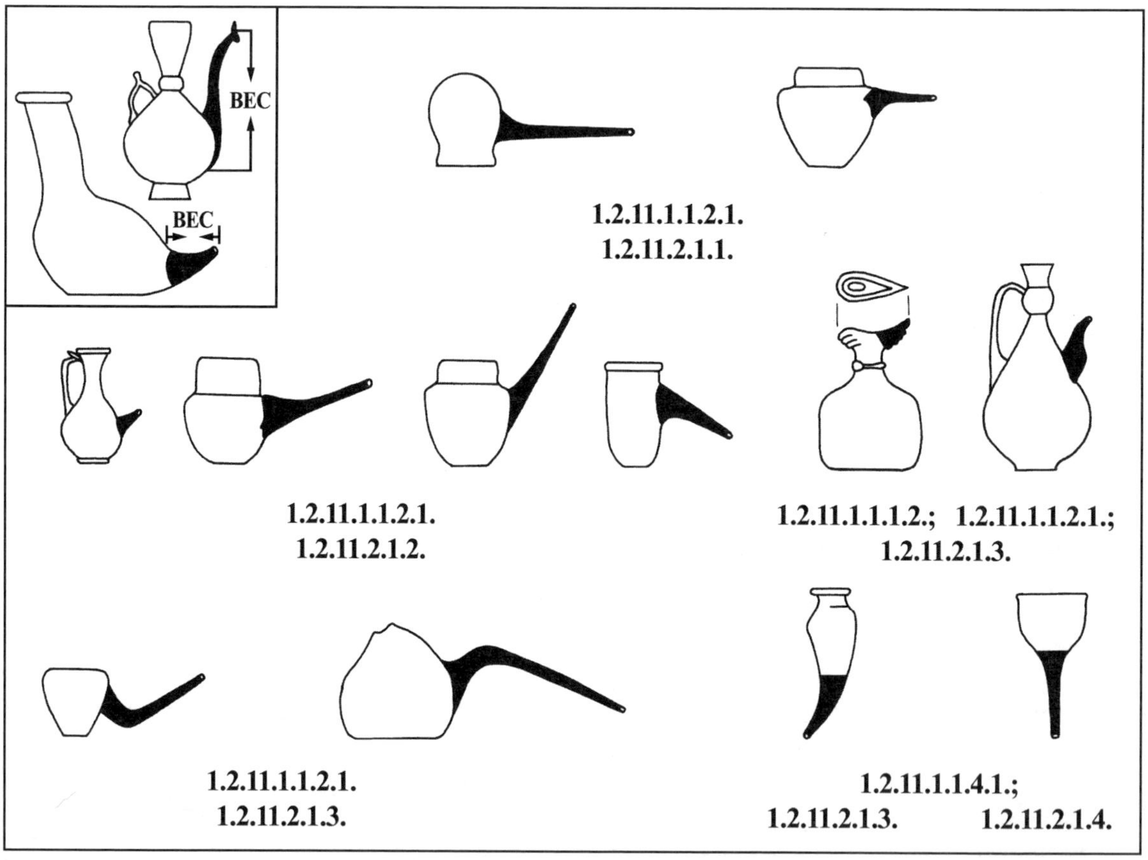

Fig. 27. Forme. 1. Récipients — bec.
Élaboration M. Dekówna et N. Sorokina; dessins N. Sorokina et M. Krakowiak

- 1.2.8.2.2.5. autre
- 1.2.8.2.2.6. impossible à déterminer
- 1.2.8.2.2.7. absence de données
- 1.2.8.2.3. autre
- 1.2.8.2.4. irrégulière
- 1.2.8.2.5. impossible à déterminer
- 1.2.8.2.6. absence de données
- 1.2.8.3. impossible à déterminer
- 1.2.8.4. absence de données

Fig. 25. 1.2.9. pied

- 1.2.9.1. forme de la section transversale
  - 1.2.9.1.1. circulaire
  - 1.2.9.1.2. elliptique
  - 1.2.9.1.3. autre
  - 1.2.9.1.4. irrégulière
  - 1.2.9.1.5. impossible à déterminer
  - 1.2.9.1.6. absence de données
- 1.2.9.2. forme de la section longitudinale
  - 1.2.9.2.1. semi-circulaire
  - 1.2.9.2.2. semi-elliptique
  - 1.2.9.2.3. autre portion de cercle
  - 1.2.9.2.4. rectangulaire
  - 1.2.9.2.5. triangulaire
  - 1.2.9.2.6. autre
  - 1.2.9.2.7. irrégulière
  - 1.2.9.2.8. impossible à déterminer
  - 1.2.9.2.9. absence de données
    - 1. simple
    - 2. figurative
      - 1. sans bordure
      - 2. avec bordure
        - 2.1. creuse
        - 2.2. pleine
    - 3. impossible à déterminer
    - 4. absence de données
- 1.2.9.3. impossible à déterminer
- 1.2.9.4. absence de données

Fig. 26. 1.2.10. bouton

- 1.2.10.1. forme générale
  - 1.2.10.1.1. sphéroïdal
  - 1.2.10.1.2. ellipsoïdal
  - 1.2.10.1.3. semi-sphéroïdal
  - 1.2.10.1.4. semi-ellipsoïdal
  - 1.2.10.1.5. portion médiane de sphéroïde
  - 1.2.10.1.6. cylindrique
  - 1.2.10.1.7. impossible à déterminer
  - 1.2.10.1.8. absence de données
    - 1. plein
    - 2. creux
- 1.2.10.2. impossible à déterminer
- 1.2.10.3. absence de données

Fig. 27. 1.2.11. bec

- 1.2.11.1. nombre et lieu d'attache
  - 1.2.11.1.1. bec unique
  - 1.2.11.1.2. becs multiples
    - 1.2.11.1.2.1. premier
    - 1.2.11.1.2.2. deuxième
    - 1.2.11.1.2.3. troisième
    - 1.2.11.1.2.4. quatrième
    - 1.2.11.1.2.5. au-delà du quatrième
    - 1.2.11.1.2.6. impossible à déterminer
    - 1.2.11.1.2.7. absence de données
  - 1.2.11.1.3. impossible à déterminer
  - 1.2.11.1.4. absence de données
    - 1. sur le col
    - 2. sur la panse
    - 3. sur le col et la panse
    - 4. sur le fond
    - 5. en d'autres lieux
      - 1. fermé*
      - 2. ouvert*
    - 6. impossible à déterminer
    - 7. absence de données

---

* Dans le sens de la longueur de son axe (cf. Fig. 14: 21, 25, 26 et 15: 19, 24).

1.2.11.2. position
- 1.2.11.2.1. bec unique
- 1.2.11.2.2. becs multiples
  - 1.2.11.2.2.1. premier
  - 1.2.11.2.2.2. deuxième
  - 1.2.11.2.2.3. troisième
  - 1.2.11.2.2.4. quatrième
  - 1.2.11.2.2.5. au-delà du quatrième
  - 1.2.11.2.2.6. impossible à déterminer
  - 1.2.11.2.2.7. absence de données
- 1.2.11.2.3. impossible à déterminer
- 1.2.11.2.4. absence de données

{ 1. horizontal; 2. oblique; 3. arqué; 4. vertical; 5. autre }

1.2.11.3. segmentation du bec
- 1.2.11.3.1. bord
  - 1.2.11.3.1.1. unique
  - 1.2.11.3.1.2. bords multiples
    - 1.2.11.3.1.2.1. premier
    - 1.2.11.3.1.2.2. deuxième
    - 1.2.11.3.1.2.3. troisième
    - 1.2.11.3.1.2.4. quatrième
    - 1.2.11.3.1.2.5. au-delà du quatrième
    - 1.2.11.3.1.2.6. impossible à déterminer
    - 1.2.11.3.1.2.7. absence de données
  - 1.2.11.3.1.3. impossible à déterminer
  - 1.2.11.3.1.4. absence de données

  { 1. à arête vive; 2. polygonal; 3. convexe; 4. arrondi; 5. convexe-plat; 6. plat; 7. plat-concave; 8. concave; 9. figuratif } { 1. d'un côté; 2. des deux côtés }; 10. impossible à déterminer; 11. absence de données }

- 1.2.11.3.2. lèvre – forme générale
  - 1.2.11.3.2.1. lèvre unique
  - 1.2.11.3.2.2. lèvres multiples
    - 1.2.11.3.2.2.1. première
    - 1.2.11.3.2.2.2. deuxième
    - 1.2.11.3.2.2.3. troisième
    - 1.2.11.3.2.2.4. quatrième
    - 1.2.11.3.2.2.5. au-delà de la quatrième
    - 1.2.11.3.2.2.6. impossible à déterminer
    - 1.2.11.3.2.2.7. absence de données
  - 1.2.11.3.2.3. impossible à déterminer
  - 1.2.11.3.2.4. absence de données

  { 1. géométrique
    - 1.1. portion médiane de sphéroïde
    - 1.2. cylindrique
    - 1.3. tronconique
    - 1.4. autre }

- 1.2.11.3.3. panse – forme générale
  - 1.2.11.3.3.1. panse unique
  - 1.2.11.3.3.2. panses multiples
    - 1.2.11.3.3.2.1. première
    - 1.2.11.3.3.2.2. deuxième
    - 1.2.11.3.3.2.3. troisième
    - 1.2.11.3.3.2.4. quatrième
    - 1.2.11.3.3.2.5. au-delà de la quatrième
    - 1.2.11.3.3.2.6. impossible à déterminer
    - 1.2.11.3.3.2.7. absence de données
  - 1.2.11.3.3.3. impossible à déterminer
  - 1.2.11.3.3.4. absence de données

  { 1. géométrique
    - 1.1. cylindrique
      - 1.1.1. concave
    - 1.2. conique
      - 1.2.1. concave
    - 1.3. autre }

- 1.2.11.3.4. impossible à déterminer
- 1.2.11.3.5. absence de données

1.2.11.4. impossible à déterminer

1.2.11.5. absence de données

1.2.12. impossible à déterminer

1.2.13. absence de données

1.3. impossible à déterminer

1.4. absence de données

(M.D., N.S., J.Š., N.U.)

2. Couvercles

2.1. bord – position
    2.1.1. bord supérieur
    2.1.2. bord inférieur
    2.1.3. impossible à déterminer
    2.1.4. absence de données
	1. à arête vive
	2. convexe
	3. arrondi
	4. convexe-plat
	5. plat
	6. concave
	7. impossible à déterminer
	8. absence de données

2.2. lèvre – forme générale

2.2.1. géométrique
    2.2.1.1. portion médiane de sphéroïde
    2.2.1.2. portion médiane d'ellipsoïde
    2.2.1.3. cylindrique
    2.2.1.4. tronconique
    2.2.1.5. autre
    2.2.1.6. impossible à déterminer
    2.2.1.7. absence de données
2.2.2. impossible à déterminer
2.2.3. absence de données
	1. recourbée à l'extérieur
	2. recourbée à l'intérieur

2.3. panse

2.3.1. forme de la section longitudinale

2.3.1.1. semi-circulaire
2.3.1.2. semi-elliptique
2.3.1.3. autre portion de cercle
2.3.1.4. autre portion d'ellipse
2.3.1.5. rectangulaire
2.3.1.6. carrée
2.3.1.7. triangulaire
    2.3.1.7.1. à angle tronqué
2.3.1.8. rhomboïdale
    2.3.1.8.1. à un angle tronqué
    2.3.1.8.2. à deux angles tronqués
    2.3.1.8.3. à tous les angles tronqués
    2.3.1.8.4. impossible à déterminer
    2.3.1.8.5. absence de données
2.3.1.9. trapézoïdale
2.3.1.10. autre
2.3.1.11. irrégulière
2.3.1.12. impossible à déterminer
2.3.1.13. absence de données
	1. simple
	2. figurative

2.3.2. forme de la section transversale

2.3.2.1. circulaire
    2.3.2.2. élliptique
    2.3.2.3. rectangulaire
    2.3.2.4. carrée
    2.3.2.5. autre
    2.3.2.6. impossible à déterminer
    2.3.2.7. absence de données
2.3.3. impossible à déterminer
2.3.4. absence de données
	1. simple
	2. figurative

2.4. bordure
- 2.4.1. simple
  - 2.4.1.1. pleine
  - 2.4.1.2. creuse
- 2.4.2. recourbée
  - 2.4.2.1. pleine
  - 2.4.2.2. creuse
- 2.4.3. impossible à déterminer
- 2.4.4. absence de données

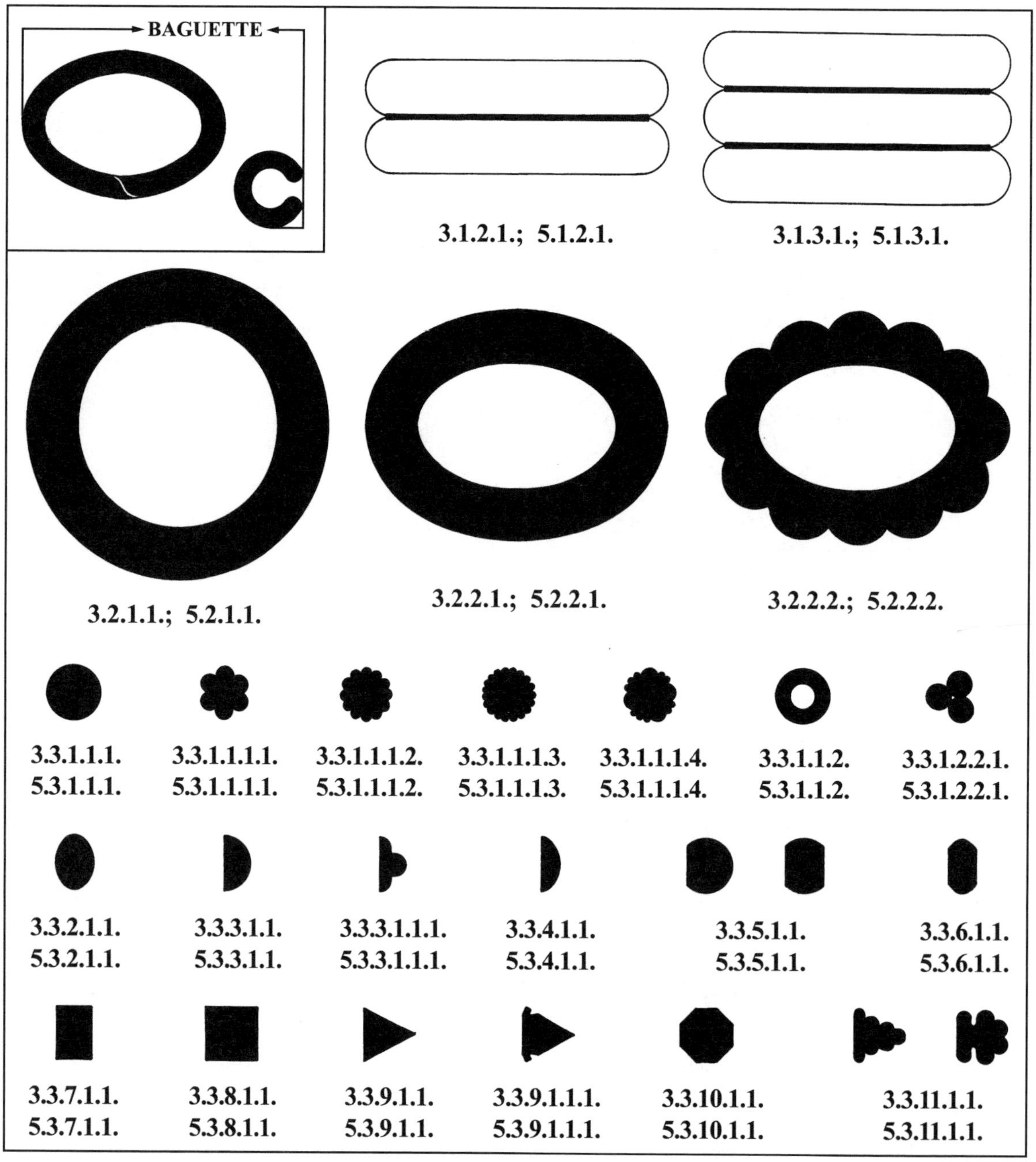

Fig. 28. Forme. 3. et 5. Bracelets et ronds.
Élaboration M. Dekówna et Z. L'vova; dessins M. Dekówna, Z. L'vova et P. Nowakowski

- 2.5. tenon – forme générale
  - 2.5.1. géométrique
    - 2.1.5.1. sphéroïdale
    - 2.1.5.2. ellipsoïdale
    - 2.1.5.3. semi-sphéroïdale
    - 2.1.5.4. semi-ellipsoïdale
    - 2.1.5.5. portion médiane de sphéroide
    - 2.1.5.6. portion médiane d'ellipsoïde
    - 2.1.5.7. cylindrique
    - 2.1.5.8. conique
      - 2.1.5.8.1. tronconique
    - 2.1.5.9. cubique
    - 2.1.5.10. prismatique
    - 2.1.5.11. pyramidale
    - 2.1.5.12. sphéroïdale à faces
    - 2.1.5.13. à faces multiples
    - 2.1.5.14. figurative
    - 2.1.5.15. autre
    - 2.1.5.16. irrégulière
    - 2.1.5.17. impossible à déterminer
    - 2.1.5.18. absence de données

      (for 2.1.5.1.–2.1.5.18.:)
      - 1. non concave
      - 2. concave

        (for 1.–2.:)
        - 1. unique
        - 2. multiple
      - 3. impossible à déterminer
      - 4. absence de données
  - 2.5.2. représentant un sujet
    - 2.5.2.1. anthropomorphe
    - 2.5.2.2. zoomorphe
    - 2.5.2.3. phytomorphe
    - 2.5.2.4. astral
    - 2.5.2.5. représentant un objet
    - 2.5.2.6. autre
    - 2.5.2.7. impossible à déterminer
    - 2.5.2.8. absence de données
  - 2.5.3. impossible à déterminer
  - 2.5.4. absence de données
- 2.6. impossible à déterminer
- 2.7. absence de données

(M.D., J.O., N.S., J.Š.)

3. Bracelets

Fig. 28.
- 3.1. nombre de baguettes et mode de jonction
  - 3.1.1. une
  - 3.1.2. deux
  - 3.1.3. trois
  - 3.1.4. quatre
  - 3.1.5. cinq
  - 3.1.6. six
  - 3.1.7. plus de six
  - 3.1.8. impossible à déterminer
  - 3.1.9. absence de données

    (for 3.1.2.–3.1.9.:)
    - 1. jointes par les côtés
- 3.2. forme de la section longitudinale du bracelet
  - 3.2.1. circulaire
  - 3.2.2. elliptique
  - 3.2.3. irrégulière
  - 3.2.4. impossible à déterminer
  - 3.2.5. absence de données

    (for 3.2.1.–3.2.5.:)
    - 1. unie
    - 2. figurative
- 3.3. forme de la section transversale de la baguette
  - 3.3.1. circulaire
  - 3.3.2. elliptique
  - 3.3.3. semi-circulaire
  - 3.3.4. semi-elliptique
  - 3.3.5. autre portion de cercle
  - 3.3.6. autre portion d'ellipse
  - 3.3.7. rectangulaire
  - 3.3.8. carrée
  - 3.3.9. triangulaire
  - 3.3.10. polygonale

    (for 3.3.1.–3.3.10.:)
    - 1. unique
    - 2. multiple
      - 2.1. double
      - 2.2. triple
      - 2.3. quadruple
      - 2.4. quintuple
      - 2.5. sextuple
      - 2.6. plus que sextuple

      (for 1.–2.6.:)
      - 1. pleine
      - 2. creuse

        (for 1.–2.:)
        - 1. à grosse cannelure
        - 2. à cannelure moyenne
        - 3. à petite cannelure
        - 4. à cannelure mixte
      - 3. impossible à déterminer
      - 4. absence de données

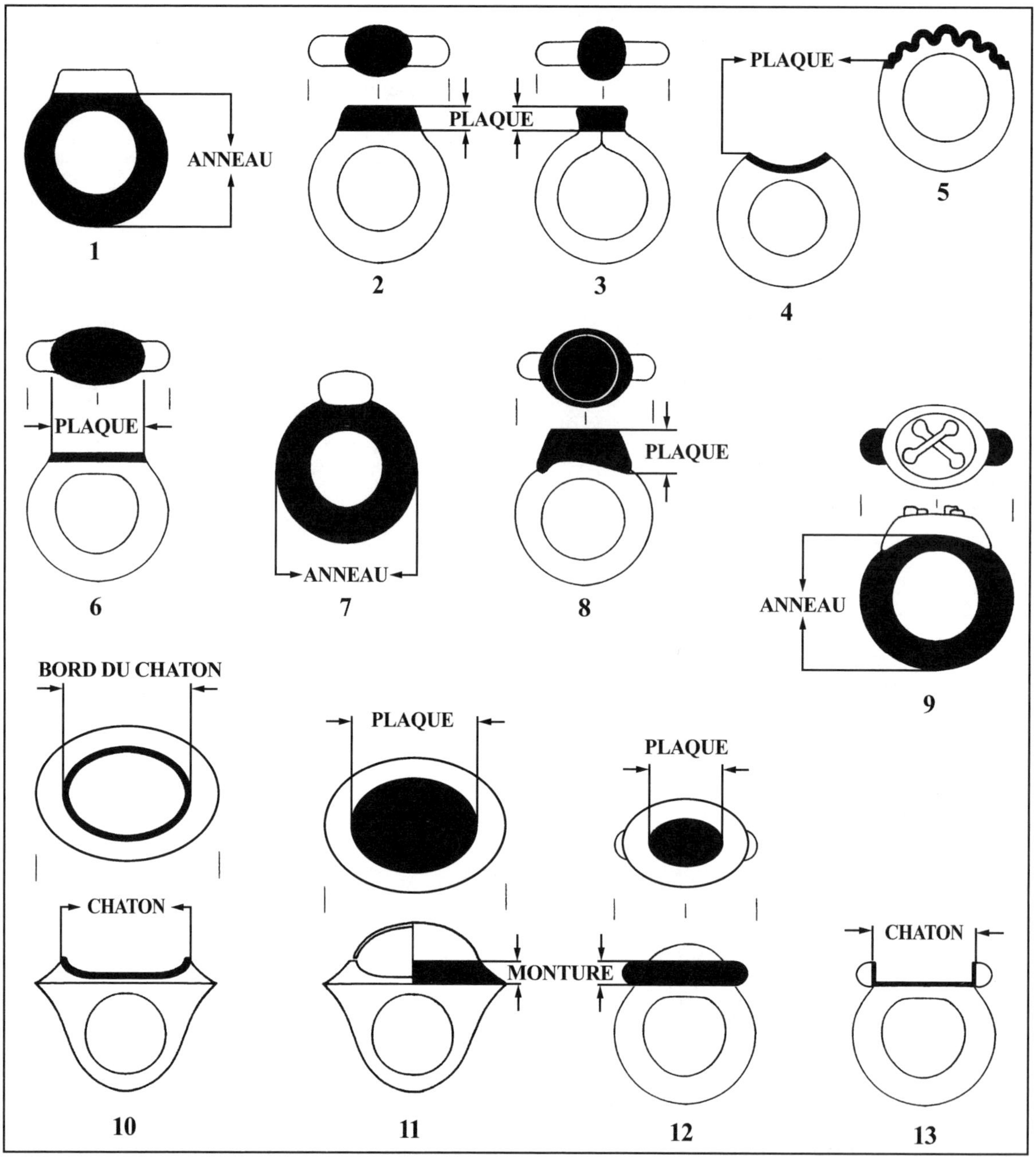

Fig. 29. Forme. 4. Bagues — morphologie.
Élaboration M. Dekówna; dessins M. Dekówna et P. Nowakowski

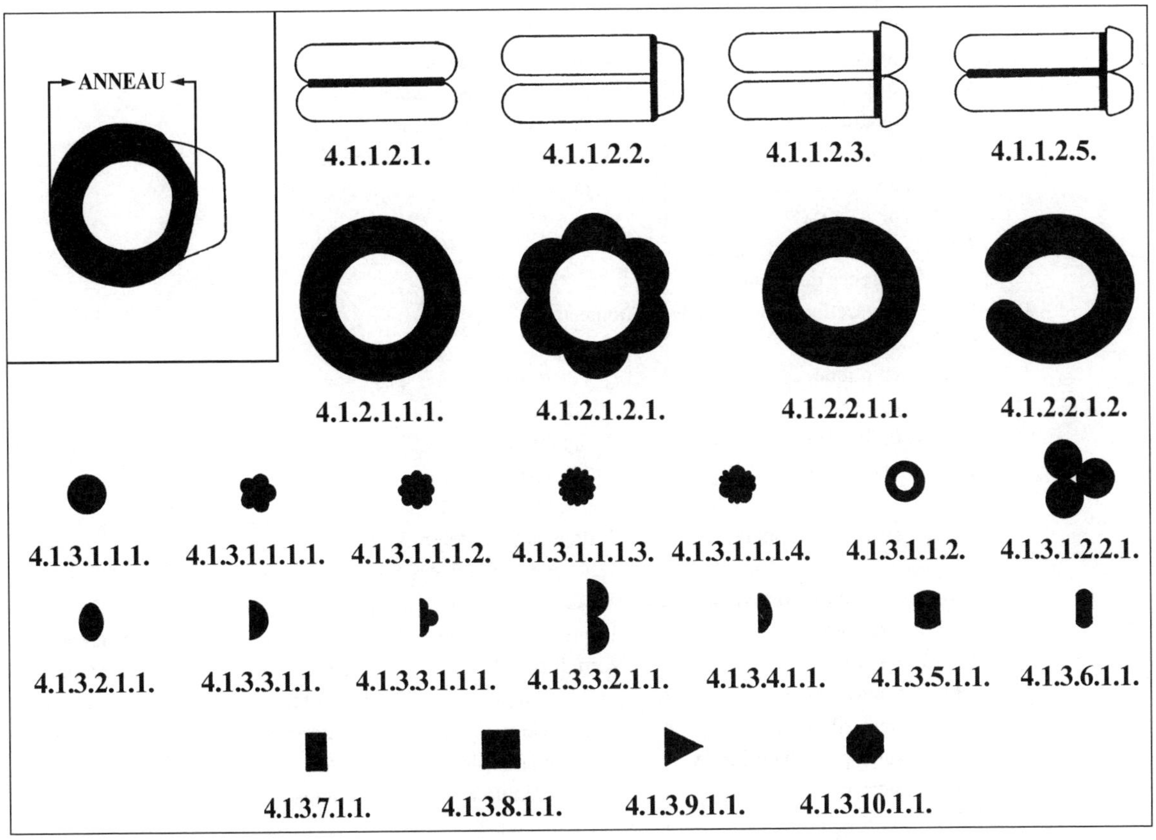

Fig. 30. Forme. 4. Bagues — anneau.
Élaboration M. Dekówna et Z. L'vova; dessins M. Dekówna, Z. L'vova et P. Nowakowski

3.3.11. autre
3.3.12. irrégulière
3.3.13. impossible à déterminer
3.3.14. absence de données
3.4. impossible à déterminer
3.5. absence de données

2.7. impossible à déterminer
2.8. absence de données
3. impossible à déterminer
4. absence de données

(M.D., Z.L., J.O., J.Š.)

Fig. 29. 4. Bagues
Fig. 30. 4.1. anneau

4.1.1. nombre de baguettes et mode de jonction
- 4.1.1.1. une
- 4.1.1.2. deux
- 4.1.1.3. trois
- 4.1.1.4. quatre
- 4.1.1.5. cinq
- 4.1.1.6. six
- 4.1.1.7. plus de six
- 4.1.1.8. impossible à déterminer
- 4.1.1.9. absence de données

(4.1.1.2.–4.1.1.9.:)
1. jointes par les côtés
2. jointes par une plaque
3. jointes par les plaques
4. jointes par les côtés et une plaque
5. jointes par les côtés et les plaques

4.1.2. forme de la section longitudinale de l'anneau
- 4.1.2.1. circulaire
- 4.1.2.2. elliptique
- 4.1.2.3. autre
- 4.1.2.4. irrégulière
- 4.1.2.5. impossible à déterminer
- 4.1.2.6. absence de données

1. unie
   1.1. fermée
   1.2. ouverte
2. figurative
   2.1. fermée
   2.2. ouverte
3. impossible à déterminer
4. absence de données

4.1.3. forme de la section transversale de la baguette
- 4.1.3.1. circulaire
- 4.1.3.2. elliptique
- 4.1.3.3. semi-circulaire
- 4.1.3.4. semi-elliptique
- 4.1.3.5. autre portion de cercle
- 4.1.3.6. autre portion d'ellipse
- 4.1.3.7. rectangulaire
- 4.1.3.8. carrée
- 4.1.3.9. triangulaire
- 4.1.3.10. autre polygonale
- 4.1.3.11. autre
- 4.1.3.12. irrégulière
- 4.1.3.13. impossible à déterminer
- 4.1.3.14. absence de données

1. unique
2. multiple
   2.1. double
   2.2. triple
   2.3. quadruple
   2.4. quintuple
   2.5. sextuple
   2.6. plus que sextuple
   2.7. impossible à déterminer
   2.8. absence de données
3. impossible à déterminer
4. absence de données

(1.–2.6.:)
1. pleine
2. creuse
3. impossible à déterminer
4. absence de données

(1.–2.:)
1. à grosse canelure
2. à cannelure moyenne
3. à petite cannelure
4. à cannelure mixte

4.1.4. impossible à déterminer
4.1.5. absence de données

4.2. chaton
4.2.1. bord du chaton
- 4.2.1.1. à arête vive
- 4.2.1.2. convexe

1. uniforme
2. inégal

4.2.1.3. plat
4.2.1.4. concave
4.2.1.5. figuratif
4.2.1.6. impossible à déterminer
4.2.1.7. absence de données

4.2.2. forme générale du chaton
4.2.2.1. ellipsoïdal
4.2.2.2. semi-sphéroïdal
4.2.2.3. semi-ellipsoïdal
4.2.2.4. cylindrique
4.2.2.5. conique
4.2.2.5.1. tronqconique
4.2.2.6. autre
4.2.2.7. irrégulier
4.2.2.8. impossible à déterminer
4.2.2.9. absence de données

4.2.3. impossible à déterminer
4.2.4. absence de données

4.3. monture
4.3.1. bord de la monture
4.3.1.1. à arête vive
4.3.1.2. convexe
4.3.1.3. plat
4.3.1.4. concave
4.3.1.5. figuratif
4.3.1.6. impossible à déterminer
4.3.1.7. absence de données
{ 1. uniforme
2. inégal }

4.3.2. forme générale de la monture
4.3.2.1. portion médiane de sphéroïde
4.3.2.2. annulaire
4.3.2.3. cylindrique
4.3.2.4. tronconique
4.3.2.4.1. convergente
4.3.2.4.2. divergente
4.3.2.5. figurative
4.3.2.6. autre
4.3.2.7. irrégulière
4.3.2.8. impossible à déterminer
4.3.2.9. absence de données

4.3.3. impossible à déterminer
4.3.4. absence de données

Fig. 31. 4.4. plaque
4.4.1. nombre de plaques et leur forme générale
4.4.1.1. plaque unique
4.4.1.2. plaques multiples
4.4.1.2.1. première
4.4.1.2.2. deuxième
4.4.1.2.3. troisième
4.4.1.2.4. quatrième
4.4.1.2.5. au-delà de la quatrième
{ 1. convexe
2. plate
3. concave
4. impossible à déterminer }
{ 1. sphéroïdale
2. ellipsoïdale
3. semi-sphéroïdale
4. semi-ellipsoïdale
5. autre portion de sphéroïde }

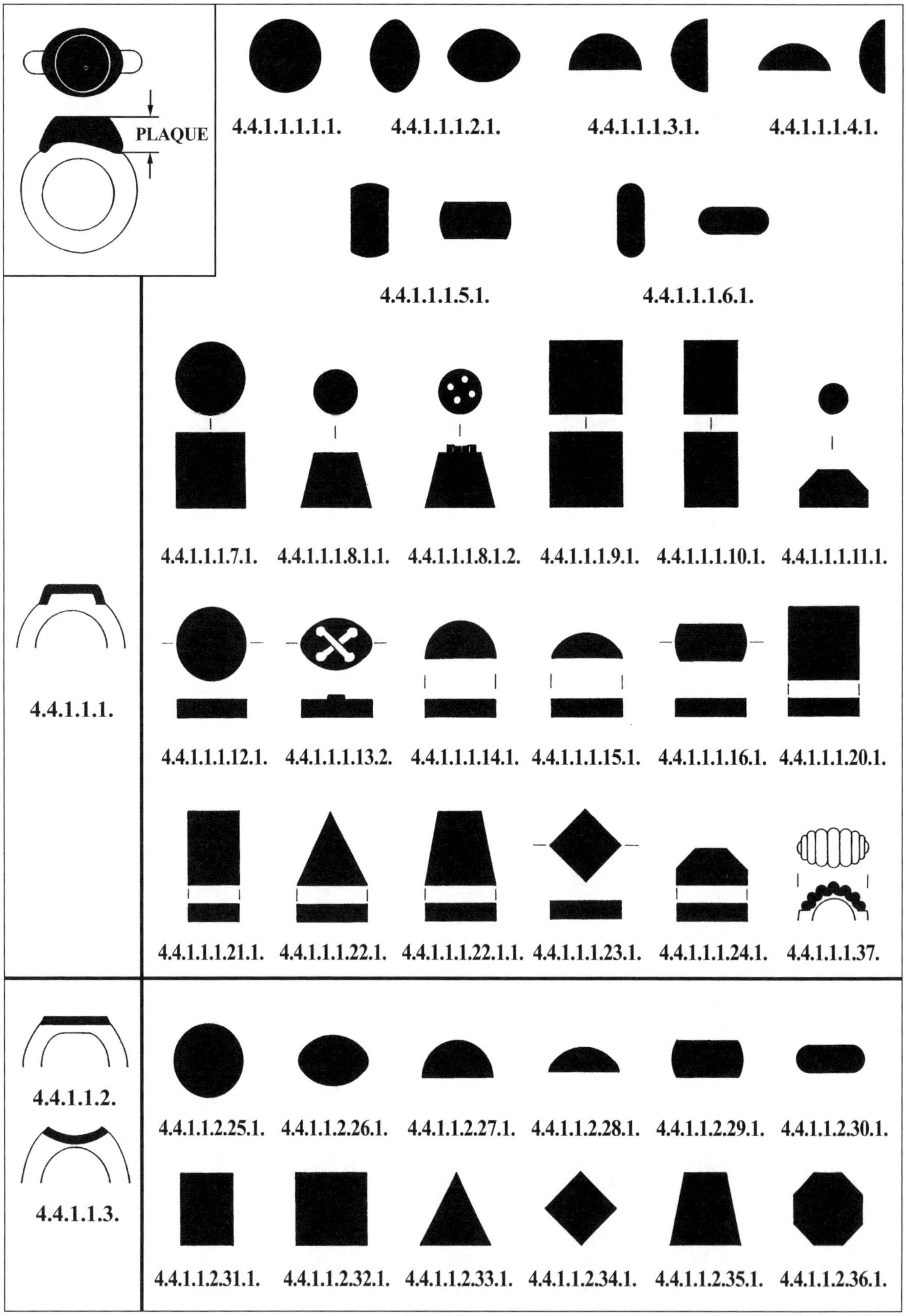

Fig. 31. Forme. 4. Bagues — plaque.
Élaboration M. Dekówna et Z. L'vova; dessins M. Dekówna, Z. L'vova et P. Nowakowski

4.4.1.2.6. toutes les plaques
4.4.1.2.7. impossible à déterminer
4.4.1.2.8. absence de données

5. absence de données

6. autre portion d'ellipsoïde
7. cylindrique
8. conique
8.1. tronconique
9. cubique
10. prismatique
11. autre polyédrique
12. sphéroïdale plate
13. ellipsoïdale plate
14. semi-sphéroïdale plate
15. semi-ellipsoïdale plate
16. autre portion de sphéroïde plate
17. autre portion d'ellipsoïde plate
18. cylindrique plate
19. conique plate
19.1. tronconique
20. cubique plate
21. prismatique plate
22. pyramidale plate
22.1. à sommet tronqué
23. bipyramidale plate
24. autre polyédrique plate
25. circulaire
26. elliptique
27. semi-circulaire
28. semi-elliptique
29. autre portion de cercle
30. autre portion d'ellipse
31. rectangulaire
32. carrée
33. triangulaire
34. rhomboïdale
35. trapézoïdale
36. autre polygonale
37. figurative
38. irrégulière
39. autre
40. impossible à déterminer
41. absence de données

1. géométrique
2. représentant un sujet
2.1. anthropomorphe
2.2. zoomorphe
2.3. phytomorphe
2.4. astrale
2.5. représentant un objet
2.6. autre
3. impossilbe à déterminer
4. absence de données

4.4.2. impossible à déterminer
4.4.3. absence de données
4.5. impossible à déterminer
4.6. absence de données

(M.D., Z.L., J.O., J.Š., N.U.)

Fig. 28. 5. Ronds

- 5.1. nombre de baguettes et mode de jonction
  - 5.1.1. une
  - 5.1.2. deux
  - 5.1.3. trois
  - 5.1.4. quatre
  - 5.1.5. cinq
  - 5.1.6. six
  - 5.1.7. plus de six
  - 5.1.8. impossible à déterminer
  - 5.1.9. absence de données

  (5.1.2.–5.1.9.) } 1. jointes par les côtés

- 5.2. forme de la section longitudinale du rond
  - 5.2.1. circulaire
  - 5.2.2. elliptique
  - 5.2.3. autre
  - 5.2.4. irrégulière
  - 5.2.5. impossible à déterminer
  - 5.2.6. absence de données

  } {
  - 1. unie
    - 1.1. fermée
    - 1.2. ouverte
  - 2. figurative
    - 2.1. fermée
    - 2.2. ouverte
  - 3. impossible à déterminer
  - 4. absence de données

- 5.3. forme de la section transversale de la baguette
  - 5.3.1. circulaire
  - 5.3.2. elliptique
  - 5.3.3. semi-circulaire
  - 5.3.4. semi-elliptique
  - 5.3.5. autre portion de cercle
  - 5.3.6. autre portion d'ellipse
  - 5.3.7. rectangulaire
  - 5.3.8. carrée
  - 5.3.9. triangulaire
  - 5.3.10. polygonale
  - 5.3.11. autre
  - 5.3.12. irrégulière
  - 5.3.13. impossible à déterminer
  - 5.3.14. absence de données

  } {
  - 1. unique
  - 2. multiple
    - 2.1. double
    - 2.2. triple
    - 2.3. quadruple
    - 2.4. quintuple
    - 2.5. sextuple
    - 2.6. plus que sextuple
    - 2.7. impossible à déterminer
    - 2.8. absence de données
  - 3. impossible à déterminer
  - 4. absence de données

  (1.–2.6.) } {
  - 1. pleine
  - 2. creuse
  - 3. impossible à déterminer
  - 4. absence de données

  (1.–2.) } {
  - 1. à grosse cannelure
  - 2. à cannelure moyenne
  - 3. à petite cannelure
  - 4. à cannelure mixte

- 5.4. impossible à déterminer
- 5.5. absence de données

(M.D., J.O.)

6. Intailles

Fig. 32.

- 6.1. genre d'intaille
  - 6.1.1. intaille décorative
  - 6.1.2. sceau
  - 6.1.3. impossible à déterminer
  - 6.1.4. absence de données
- 6.2. forme générale de l'intaille*
  - 6.2.1. géométrique
    - 6.2.1.1. sphéroïdale
    - 6.2.1.2. ellipsoïdale
    - 6.2.1.3. semi-sphéroïdale
    - 6.2.1.4. semi-ellipsoïdale
    - 6.2.1.5. portion médiane de sphéroïde
    - 6.2.1.6. portion médiane de semi-sphéroïde

    } 1. figurative

---

* Si comme intaille apparaît un objet ou un fragment d'objet appartenant à une autre catégorie (p.ex. fragment de récipient ou perle), sa forme générale (6.2.) est décrite selon le schéma de description de la catégorie respective de la manière suivante: 6.1.1.; 6.2.–1. ..., soit 6.1.1.; 6.2.–8. ...

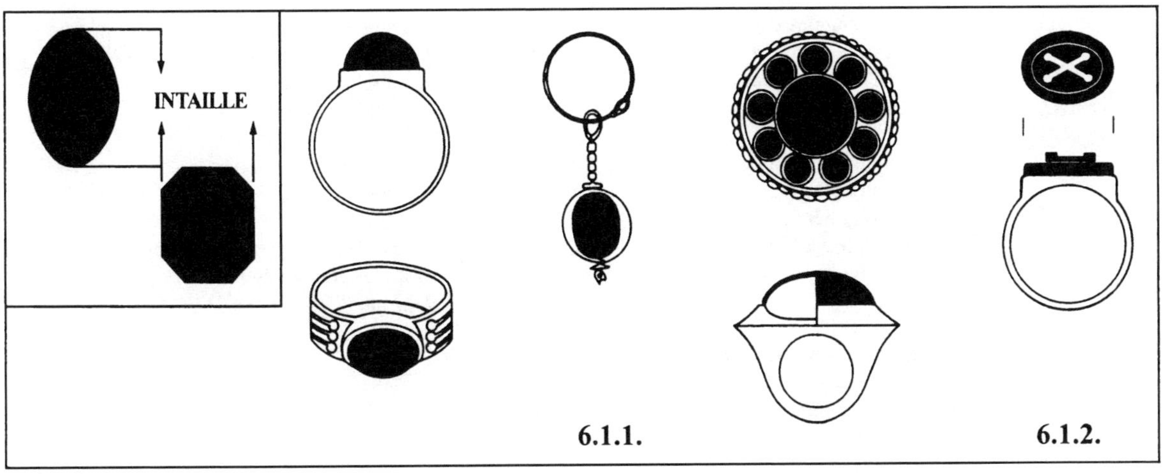

Fig. 32. Forme. 6. Intailles — morphologie.
Élaboration M. Dekówna; dessins M. Dekówna et P. Nowakowski

- 6.2.1.7. annulaire
- 6.2.1.8. cylindrique
- 6.2.1.9. semi-cylindrique
- 6.2.1.10. conique
  - 6.2.1.10.1. tronconique
- 6.2.1.11. semi-conique
  - 6.2.1.11.1. à sommet tronqué
- 6.2.1.12. biconique
  - 6.2.1.12.1. cônes joints par les sommets
    - 6.2.1.12.1.1. à sommets tronqués
  - 6.2.1.12.2. cônes joints par les bases
    - 6.2.1.12.2.1. à sommet tronqué
    - 6.2.1.12.2.2. à sommets tronqués
- 6.2.1.13. semi-biconique
  - 6.2.1.13.1. semi-cônes joints par les sommets
    - 6.2.1.13.1.1. à sommets tronqués
  - 6.2.1.13.2. semi-cônes joints par les bases
    - 6.2.1.13.2.1. à sommet tronqué
    - 6.2.1.13.2.2. à sommets tronqués
- 6.2.1.14. cubique
- 6.2.1.15. prismatique
- 6.2.1.16. pyramidale
  - 6.2.1.16.1. à sommet tronqué
- 6.2.1.17. bipyramidale
  - 6.2.1.17.1. à sommet tronqué
  - 6.2.1.17.2. à sommets tronqués

  } { 1. à angles tronqués
  2. à angles arrondis
  3. à angles tronqués et arrondis
  4. impossible à déterminer
  5. absence de données }
- 6.2.1.18. sphéroïdale à faces
- 6.2.1.19. ellipsoïdale à faces
- 6.2.1.20. semi-sphéroïdale à faces
- 6.2.1.21. semi-ellipsoïdale à faces
- 6.2.1.22. autre à faces
- 6.2.1.23. circulaire plate
- 6.2.1.24. elliptique plate
- 6.2.1.25. semi-circulaire plate
- 6.2.1.26. semi-elliptique plate

} 1. figurative

6.2.1.27. rectangulaire plate
6.2.1.28. carrée plate
6.2.1.29. triangulaire plate
6.2.1.30. rhomboïdale plate
6.2.1.31. trapézoïdale plate
6.2.1.32. autre polygonale plate
6.2.1.33. autre plate
6.2.1.34. irrégulière plate

1. à angle tronqué
2. à angles tronqués
3. à angle arrondi
4. à angles arrondis
5. à un angle tronqué et les autres arrondis
6. à angles tronqués et un angle arrondi
7. à angles tronqués et arrondis
8. impossible à déterminer
9. absence de données

1. figurative

6.2.1.35. volume à formes courbes irrégulières
6.2.1.36. autre
6.2.1.37. irrégulière
6.2.1.38. impossible à déterminer
6.2.1.39. absence de données
6.2.2. représentant un sujet
6.2.2.1. anthropomorphe
6.2.2.2. zoomorphe
6.2.2.3. phytomorphe
6.2.2.4. astral
6.2.2.5. représentant un objet
6.2.2.6. autre
6.2.2.7. impossible à déterminer
6.2.2.8. absence de données
6.2.3. impossible à déterminer
6.2.4. absence de données
6.3. impossible à déterminer
6.4. absence de données

(M.D., Z.L., N.U.)

7. Pendentifs

Fig. 33. 7.1. genre de pendentif
7.1.1. pendentif décoratif
7.1.2. sceau
7.1.3. impossible à déterminer
7.1.4. absence de données
7.2. anse
7.2.1. matériau*
7.2.1.1. verre
7.2.1.2. métal
7.2.1.3. autre
7.2.1.4. impossible à déterminer
7.2.1.5. absence de données
7.2.2. nombre d'anses et leur position
7.2.2.1. anse unique
7.2.2.2. anses multiples
7.2.2.2.1. première
7.2.2.2.2. deuxième
7.2.2.2.3. troisième
7.2.2.2.4. quatrième
7.2.2.2.5. cinquième
7.2.2.2.6. sixième
7.2.2.2.7. au-delà de la sixième

1. centrale
1.1. parallèle
1.2. non parallèle
2. décentrée
2.1. parallèle
2.2. non parallèle
3. impossible à déterminer
4. absence de données

1. fermée
2. non fermée
3. fermée et non fermée

7.2.2.2.8. impossible à déterminer
7.2.2.2.9. absence de données
7.2.2.3. impossible à déterminer
7.2.2.4. absence de données

* Ne sont décrites que des anses de verre.

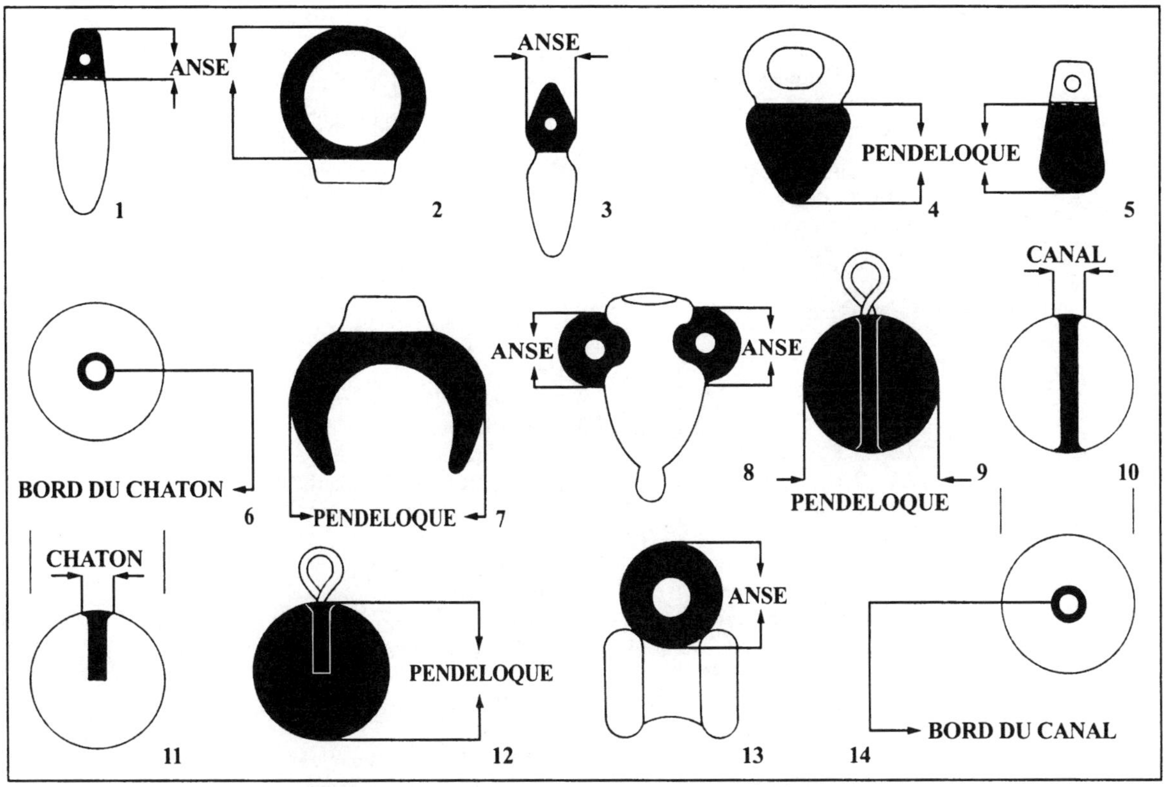

Fig. 33. Forme. 7. Pendentifs — morphologie.
Élaboration M. Dekówna; dessins M. Dekówna et P. Nowakowski

7.2.3. forme de la section verticale de l'anse*

7.2.3.1. anse unique		1. circulaire	
7.2.3.2. anses multiples		2. elliptique	
7.2.3.2.1. première	1. première	3. semi-circulaire	
7.2.3.2.2. deuxième	2. deuxième	4. semi-elliptique	1. à angles tronqués
7.2.3.2.3. troisième	3. impossible à déterminer	5. rectangulaire	2. à angles arrondis
7.2.3.2.4. quatrième	4. absence de données	6. carrée	3. à angles tronqués et arrondis
7.2.3.2.5. cinquième		7. triangulaire	
7.2.3.2.6. sixième		8. rhomboïdale	
7.2.3.2.7. au-delà de la sixième		9. trapézoïdale	
7.2.3.2.8. toutes les anses		10. autre polygonale	
7.2.3.2.9. impossible à déterminer		11. autre	
7.2.3.2.10. absence de données		12. de forme irrégulière	
7.2.3.3. impossible à déterminer		13. impossible à déterminer	
7.2.3.4. absence de données		14. absence de données	

7.2.4. forme de la section horizontale de l'anse**

7.2.4.1. anse unique		1. circulaire	
7.2.4.2. anses multiples		2. elliptique	1. à angles tronqués
7.2.4.2.1. première	1. première	3. semi-circulaire	
7.2.4.2.2. deuxième	2. deuxième	4. semi-elliptique	2. à angles arrondis
7.2.4.2.3. troisième	3. impossible à déterminer	5. rectangulaire	
7.2.4.2.4. quatrième		6. carrée	3. à angles tronqués et arrondis
7.2.4.2.5. cinquième	4. absence de données	7. triangulaire	
7.2.4.2.6. sixième		8. rhomboïdale	

* La colonne de gauche (7.2.3.1. et les suivants) concerne les anses; la colonne de droite (1. première; 2. deuxième) concerne la section de l'anse.

** La colonne de gauche (7.2.4.1. et les suivants) concerne les anses; la colonne de droite (1. première; 2. deuxième) concerne la section de l'anse. On décrit deux sections latérales selon l'axe médian horizontal de l'anse.

7.2.4.2.7. au-delà de la sixième
7.2.4.2.8. toutes les anses
7.2.4.2.9. impossible à déterminer
7.2.4.2.10. absence de données
7.2.4.3. impossible à déterminer
7.2.4.4. absence de données
7.2.5. impossible à déterminer
7.2.6. absence de données

9. trapézoïdale
10. autre polygonale
11. autre
12. irrégulière
13. impossible à déterminer
14. absence de données

7.3. pendeloque
7.3.1. corps – forme générale*
7.3.1.1. simple
7.3.1.2. complexe
7.3.1.2.1. premier
7.3.1.2.2. deuxième
7.3.1.2.3. troisième
7.3.1.2.4. quatrième
7.3.1.2.5. cinquième
7.3.1.2.6. sixième
7.3.1.2.7. au-delà du sixième
7.3.1.2.8. tous les corps
7.3.1.2.9. impossible à déterminer
7.3.1.2.10. absence de données
7.3.1.3. impossible à déterminer
7.3.1.4. absence de données
7.3.2. impossible à déterminer
7.3.3. absence de données

1. figuratif

1. géométrique
1.1. sphéroïdal
1.2. ellipsoïdal
1.3. semi-sphéroïdal
1.4. semi-ellipsoïdal
1.5. portion médiane de sphéroïde
1.6. portion médiane de semi-sphéroïde
1.7. annulaire
1.8. cylindrique
1.9. semi-cylindrique
1.10. conique
1.10.1. tronconique
1.11. semi-conique
1.11.1. à sommet tronqué
1.12. biconique
1.12.1. cônes joints par les sommets
1.12.1.1. à sommets tronqués
1.12.2. cônes joints par les bases
1.12.2.1. à sommet tronqué
1.12.2.2. à sommets tronqués
1.13. semi-biconique
1.13.1. semi-cônes joints par les sommets
1.13.1.1. à sommets tronqués
1.13.2. semi-cônes joints par les bases
1.13.2.1. à sommet tronqué
1.13.2.2. à sommets tronqués
1.14. cubique
1.15. prismatique
1.16. pyramidal
1.16.1. à sommet tronqué
1.17. bipyramidal
1.17.1. à sommet tronqué
1.17.2. à sommets tronqués

1. à angles tronqués
2. à angles arrondis
3. à angles tronqués et arrondis
4. impossible à déterminer
5. absence de données

1.18. sphéroïdal à faces
1.19. ellipsoïdal à faces
1.20. semi-sphéroïdal à faces
1.21. semi-ellipsoïdal à faces
1.22. conique à faces
1.23. biconique à faces
1.24. cubique à faces
1.25. prismatique à faces
1.26. autre à faces
1.27. circulaire plat
1.28. elliptique plat
1.29. semi-circulaire plat
1.30. semi-elliptique plat

* Si le pendentif est fait d'un objet ou d'un fragment d'objet appartenant à une autre catégorie (p.ex. fragment de récipient ou perle), la forme générale du corps de pendeloque (7.3.1.) est décrite selon le schéma de description de la catégorie respective de la manière suivante: 7.1.1.; 7.3.1.–1. ..., soit 7.1.1.; 7.3.1.–8. ...

1.31. rectangulaire plat
1.32. carré plat
1.33. triangulaire plat
1.34. rhomboïdal plat
1.35. trapézoïdal plat
1.36. autre polygonal plat
1.37. autre plat
1.38. irrégulier plat
1.39. volume à formes courbes irrégulières
1.40. autre
1.41. irrégulier
1.42. impossible à déterminer
1.43. absence de données

(1.31.–1.38.):
1. à angle tronqué
2. à angles tronqués
3. à angle arrondi
4. à angles arrondis
5. à un angle tronqué et les autres arondis
6. à angles tronqués et un arondi
7. à angles tronqués et arrondis
8. impossible à déterminer
9. absence de données

2. représentant un sujet
2.1. anthropomorphe
2.2. zoomorphe
2.3. phytomorphe
2.4. astral
2.5. représentant un objet
2.6. autre
2.7. impossible à déterminer
2.8. absence de données
3. impossible à déterminer
4. absence de données

7.4. chaton
7.4.1. nombre de chatons et leur position
7.4.1.1. chaton unique
7.4.1.2. chatons multiples
7.4.1.2.1. premier
7.4.1.2.2. deuxième
7.4.1.2.3. troisième
7.4.1.2.4. quatrième
7.4.1.2.5. au-delà du quatrième

(7.4.1.1.–7.4.1.2.5.):
1. central
1.1. parallèle
1.2. non parallèle
2. décentré
2.1. parallèle
2.2. non parallèle

7.4.1.2.6. impossible à déterminer
7.4.1.2.7. absence de données
7.4.1.3. impossible à déterminer
7.4.1.4. absence de données
7.4.2. bord du chaton
7.4.2.1. chaton unique
7.4.2.2. chatons multiples
7.4.2.2.1. premier
7.4.2.2.2. deuxième
7.4.2.2.3. troisième
7.4.2.2.4. quatrième
7.4.2.2.5. au-delà du quatrième
7.4.2.2.6. impossible à déterminer
7.4.2.2.7. absence de données
7.4.2.3. impossible à déterminer
7.4.2.4. absence de données

(7.4.2.1.–7.4.2.4.):
1. à arête vive
2. convexe
3. plat
4. concave

(1.–4.):
1. uniforme
2. inégal

5. figuratif
6. impossible à déterminer
7. absence de données

7.4.3. forme générale du chaton
7.4.3.1. chaton unique
7.4.3.2. chatons multiples
7.4.3.2.1. premier
7.4.3.2.2. deuxième
7.4.3.2.3. troisième
7.4.3.2.4. quatrième
7.4.3.2.5. au-delà du quatrième
7.4.3.2.6. tous les chatons
7.4.3.2.7. impossible à déterminer
7.4.3.2.8. absence de données
7.4.3.3. impossible à déterminer
7.4.3.4. absence de données

(7.4.3.1.–7.4.3.4.):
1. ellipsoïdal
2. semi-sphéroïdal
3. semi-ellipsoïdal
4. cylindrique
4.1. élargi à l’intérieur
5. conique
5.1. tronconique
6. cubique
6.1. élargi à l’intérieur
7. prismatique
7.1. élargi à l’intérieur
8. pyramidal
9. volume à formes courbes irrégulières
10. autre
11. irrégulier
12. impossible à déterminer
13. données manquantes

7.4.4. impossible à déterminer
7.4.5. données manquantes

- 7.5. canal
  - 7.5.1. nombre de canaux et leur position
    - 7.5.1.1. canal unique
    - 7.5.1.2. canaux multiples
      - 7.5.1.2.1. premier
      - 7.5.1.2.2. deuxième
      - 7.5.1.2.3. troisième
      - 7.5.1.2.4. quatrième
      - 7.5.1.2.5. au-delà du quatrième
      - 7.5.1.2.6. impossible à déterminer
      - 7.5.1.2.7. absence de données

      (7.5.1.1. – 7.5.1.2.5.):
      1. central
         1.1. parallèle
         1.2. non parallèle
      2. décentré
         2.1. parallèle
         2.2. non parallèle
      3. canaux croisés
      4. impossible à déterminer
      5. absence de données
    - 7.5.1.3. impossible à déterminer
    - 7.5.1.4. absence de données
  - 7.5.2. bord du canal
    - 7.5.2.1. canal unique
    - 7.5.2.2. canaux multiples
      - 7.5.2.2.1. premier
      - 7.5.2.2.2. deuxième
      - 7.5.2.2.3. troisième
      - 7.5.2.2.4. quatrième
      - 7.5.2.2.5. au-delà du quatrième
      - 7.5.2.2.6. impossible à déterminer
      - 7.5.2.2.7. absence de données

      (7.5.2.1. – 7.5.2.2.7.):
      1. premier
      2. deuxième
      3. impossible à déterminer
      4. absence de données

      (1. premier, 2. deuxième):
      1. à arête vive
      2. convexe
      3. plat
      4. concave
      5. figuratif
      6. impossible à déterminer
      7. absence de données

      (1. à arête vive – 4. concave):
      1. uniforme
      2. inégal
    - 7.5.2.3. impossible à déterminer
    - 7.5.2.4. absence de données
  - 7.5.3. forme générale du canal
    - 7.5.3.1. canal unique
    - 7.5.3.2. canaux multiples
      - 7.5.3.2.1. premier
      - 7.5.3.2.2. deuxième
      - 7.5.3.2.3. troisième
      - 7.5.3.2.4. quatrième
      - 7.5.3.2.5. au-delà du quatrième
      - 7.5.3.2.6. tous les canaux
      - 7.5.3.2.7. impossible à déterminer
      - 7.5.3.2.8. absence de données

      (7.5.3.1. – 7.5.3.2.8.):
      1. sphéroïdal
      2. ellipsoïdal
      3. semi-sphéroïdal
      4. semi-ellipsoïdal
      5. cylindrique
         5.1. élargi à l'intérieur
      6. bicylindrique
      7. conique
         7.1. tronconique
      8. biconique
         8.1. cônes joints par les sommets
            8.1.1. à sommets tronqués
         8.2. cônes joints par les bases
            8.2.1. à sommet tronqué
            8.2.2. à sommets tronqués
      9. cubique
         9.1. élargi à l'intérieur
      10. prismatique
         10.1. élargi à l'intérieur
      11. volume à formes courbes irrégulières
      12. autre
      13. irrégulier
      14. impossible à déterminer
      15. absence de données
    - 7.5.3.3. impossible à déterminer
    - 7.5.3.4. absence de données
  - 7.5.4. impossible à déterminer
  - 7.5.5. absence de données
- 7.6. impossible à déterminer
- 7.7. absence de données

(M.D., Z.L., J.O., N.U.)

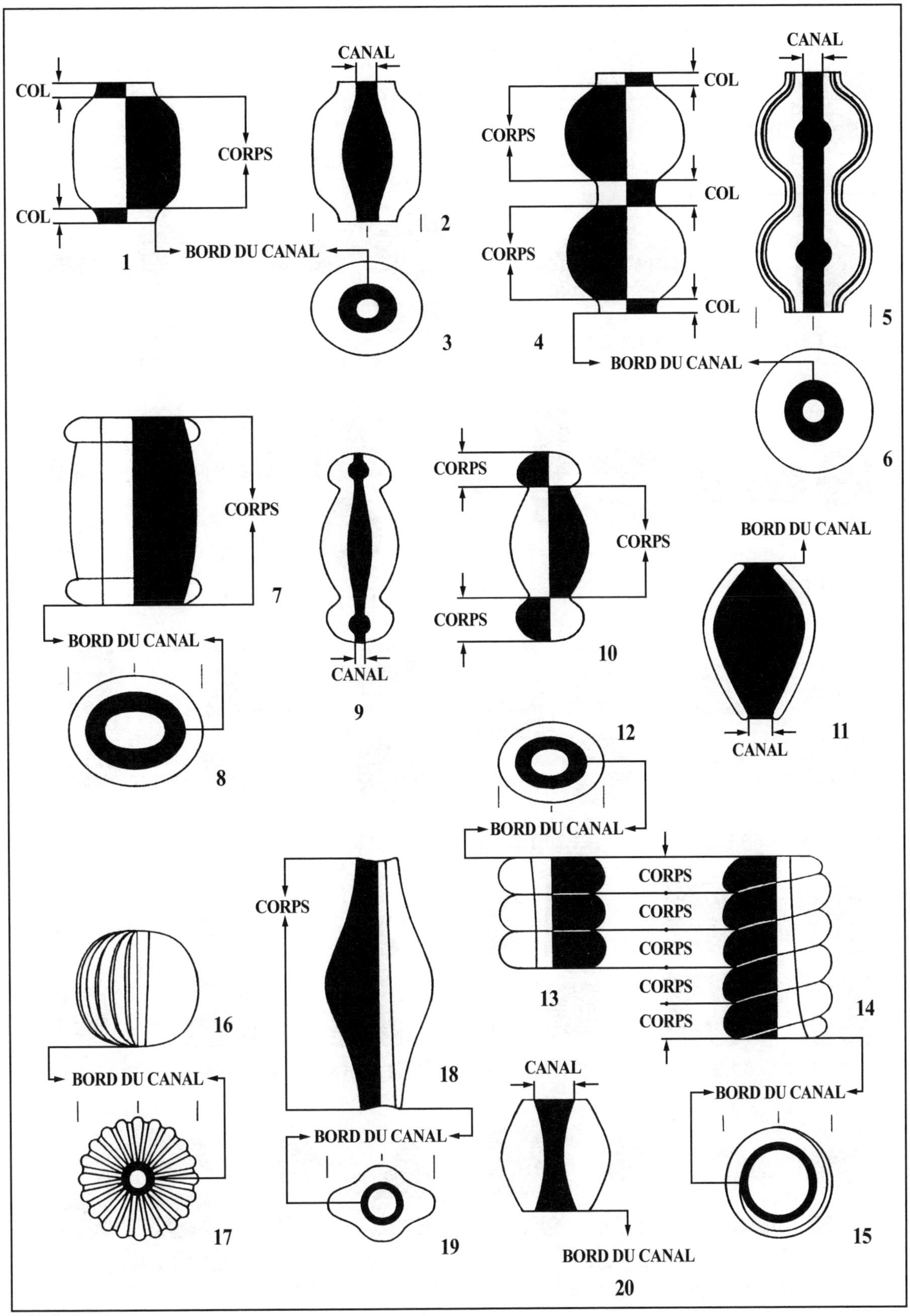

Fig. 34. Forme. 8. Perles — morphologie.
Élaboration M. Dekówna; dessins M. Dekówna et P. Nowakowski

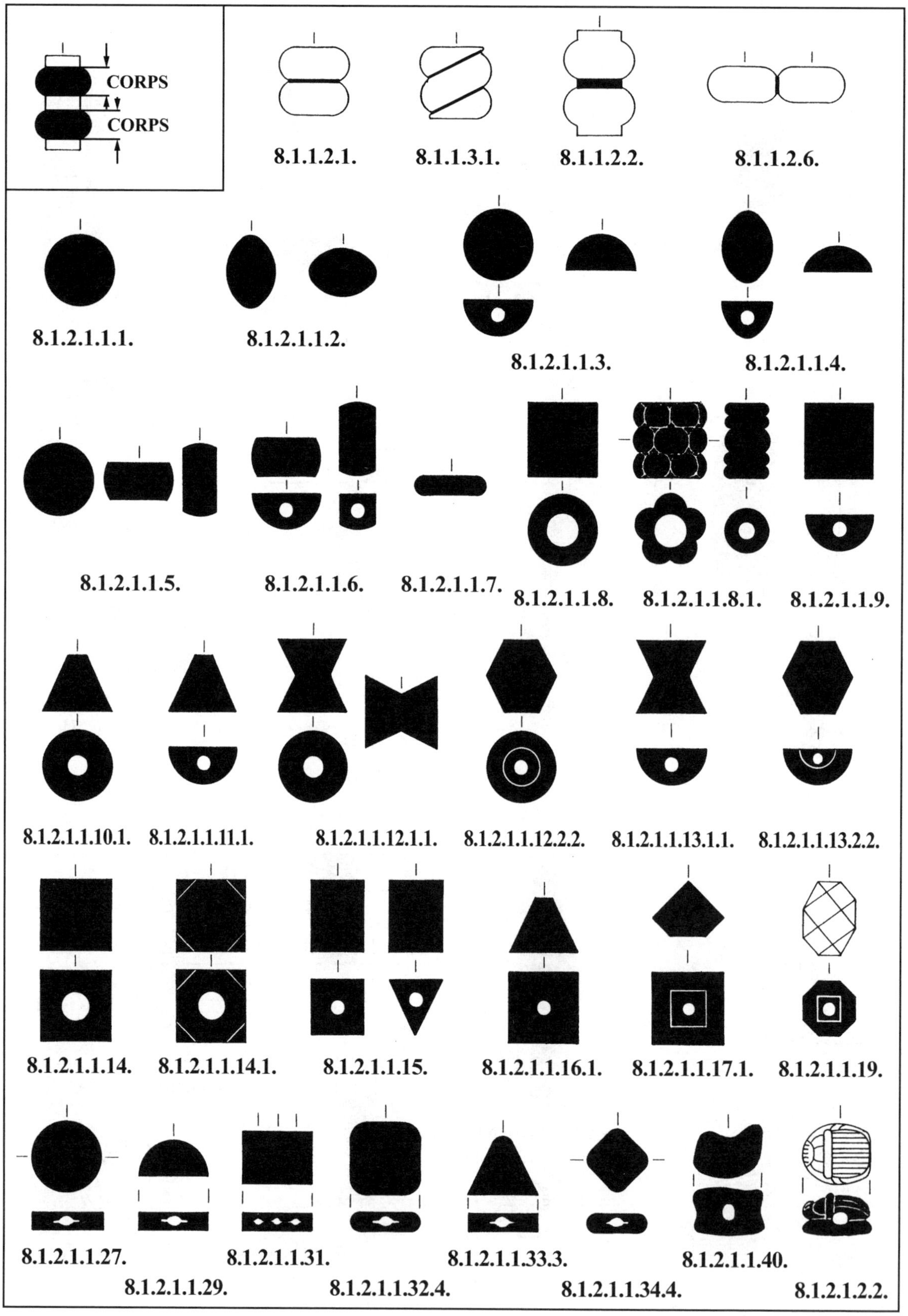

Fig. 35. Forme. 8. Perles — corps.
Élaboration M. Dekówna et Z. L'vova; dessins M. Dekówna, Z. L'vova et P. Nowakowski

Fig. 34. 8. Perles

Fig. 35. 8.1. corps

- 8.1.1. nombre de corps et mode de jonction
  - 8.1.1.1. un
    - 1. avec col
    - 2. avec cols
    - 3. sans cols
  - 8.1.1.2. deux
  - 8.1.1.3. trois
  - 8.1.1.4. quatre
  - 8.1.1.5. cinq
  - 8.1.1.6. six
  - 8.1.1.7. sept
  - 8.1.1.8. huit
  - 8.1.1.9. neuf
  - 8.1.1.10. dix
  - 8.1.1.11. plus de dix
  - 8.1.1.12. impossible à déterminer
  - 8.1.1.13. absence de données
    - (8.1.1.2.–8.1.1.13.):
      - 1. joints par les extrémités
      - 2. joints par le col
      - 3. joints par les cols
      - 4. joints par les bouts et le col
      - 5. joints par les bouts et les cols
      - 6. joints par les côtés
- 8.1.2. forme générale du corps
  - 8.1.2.1. corps unique
  - 8.1.2.2. corps multiples
    - 8.1.2.2.1. premier
    - 8.1.2.2.2. deuxième
    - 8.1.2.2.3. troisième
    - 8.1.2.2.4. quatrième
    - 8.1.2.2.5. cinquième
    - 8.1.2.2.6. sixième
    - 8.1.2.2.7. septième
    - 8.1.2.2.8. huitième
    - 8.1.2.2.9. neuvième
    - 8.1.2.2.10. dixième
    - 8.1.2.2.11. au delà du dixième
    - 8.1.2.2.12. tous les corps
    - 8.1.2.2.13. impossible à déterminer
    - 8.1.2.2.14. absence de données
  - 8.1.2.3. impossible à déterminer
  - 8.1.2.4. absence de données
    - (8.1.2.1.–8.1.2.4.):
      - 1. géométrique
        - 1.1. sphéroïdal
        - 1.2. ellipsoïdal
        - 1.3. semi-sphéroïdal
        - 1.4. semi-ellipsoïdal
        - 1.5. portion médiane de sphéroïde
        - 1.6. portion médiane de semi-sphéroïde
        - 1.7. annulaire
        - 1.8. cylindrique
        - 1.9. semi-cylindrique
        - 1.10. conique
          - 1.10.1. tronconique
        - 1.11. semi-conique
          - 1.11.1. à sommet tronqué
        - 1.12. biconique
          - 1.12.1. cônes joints par les sommets
            - 1.12.1.1. à sommets tronqués
          - 1.12.2. cônes joints par les bases
            - 1.12.2.1. à sommet tronqué
            - 1.12.2.2. à sommets tronqués
        - 1.13. semi-biconique
          - 1.13.1. semi-cônes joints par les sommets
            - 1.13.1.1. à sommets tronqués
          - 1.13.2. semi-cônes joints par les bases
            - 1.13.2.1. à sommet tronqué
            - 1.13.2.2. à sommets tronqués
        - 1.14. cubique
        - 1.15. prismatique
        - 1.16. pyramidal
          - 1.16.1. à sommet tronqué
        - 1.17. bipyramidal
          - 1.17.1. à sommet tronqué
          - 1.17.2. à sommets tronqués
            - (1.14.–1.17.):
              - 1. à angles tronqués
              - 2. à angles arrondis
              - 3. à angles tronqués et arrondis
              - 4. impossible à déterminer
              - 5. absence de données
        - 1.18. sphéroïdal à faces
        - 1.19. ellipsoïdal à faces
        - 1.20. semi-sphéroïdal à faces
        - 1.21. semi-ellipsoïdal à faces
        - 1.22. conique à faces
        - 1.23. biconique à faces
        - 1.24. cubique à faces
      - 1. figuratif

1.25. prismatique à faces
1.26. autre à faces
1.27. circulaire plat
1.28. elliptique plat
1.29. semi-circulaire plat
1.30. semi-elliptique plat
1.31. rectangulaire plat
1.32. carré plat
1.33. triangulaire plat
1.34. rhomboïdal plat
1.35. trapézoïdal plat
1.36. autre polygonal plat
1.37. rosette
1.38. autre plat
1.39. irrégulier plat
1.40. volume à formes courbes irrégulières
1.41. autre
1.42. irrégulier
1.43. impossible à déterminer
1.44. absence de données
2. représentant un sujet
2.1. anthropomorphe
2.2. zoomorphe
2.3. phytomorphe
2.4. astral
2.5. représentant un objet
2.6. autre
2.7. impossible à déterminer
2.8. absence de données
3. impossible à déterminer
4. absence de données

(1.31.–1.39.)
1. à l'angle tronqué
2. à angles tronqués
3. à l'angle arrondi
4. à angles arrondis
5. à un angle tronqué et les autres arrondis
6. à angles tronqués et un angle arrondi
7. à angles tronqués et arrondis
8. impossible à déterminer
9. absence de données

(1.–9.) 1. figuratif

Fig. 36. 8.2. col – forme générale
8.2.1. col unique
8.2.2. cols multiples
8.2.2.1. premier
8.2.2.2. deuxième
8.2.2.3. troisième
8.2.2.4. quatrième
8.2.2.5. cinquième
8.2.2.6. sixième
8.2.2.7. septième
8.2.2.8. huitième
8.2.2.9. neuvième
8.2.2.10. dixième
8.2.2.11. au-delà du dixième
8.2.2.12. tous les cols

1. portion médiane de sphéroïde
2. cylindrique
3. conique
3.1. tronconique
4. biconique
4.1. cônes joints par les sommets
4.1.1. à sommets tronqués
4.2. cônes joints par les bases
4.2.1. à sommets tronqués
5. autre
6. irrégulier
7. impossible à déterminer
8. absence de données

(1.–6.) 1. figuratif

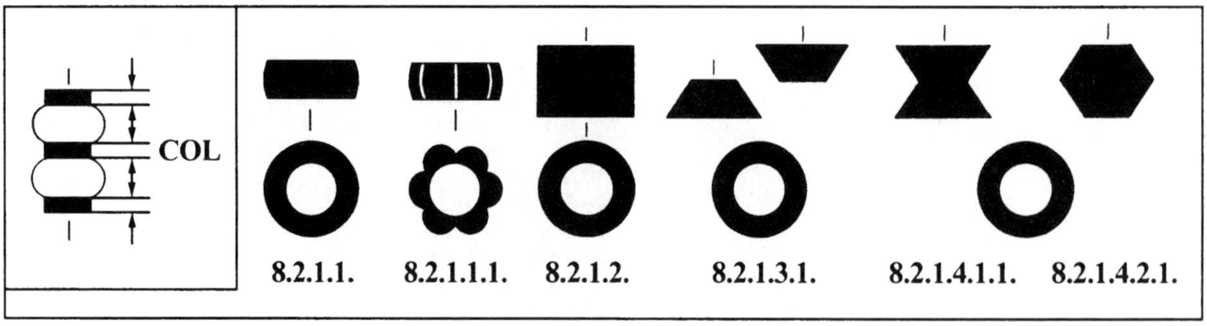

Fig. 36. Forme. 8. Perles — col.
Élaboration M. Dekówna et Z. L'vova; dessins M. Dekówna, Z. L'vova et P. Nowakowski

8.2.2.13. impossible à déterminer
8.2.2.14. absence de données
8.2.3. impossible à déterminer
8.2.4. absence de données

Fig. 37. 8.3. canal

8.3.1. nombre de canaux et leur position
- 8.3.1.1. canal unique
- 8.3.1.2. canaux multiples
  - 8.3.1.2.1. premier
  - 8.3.1.2.2. deuxième
  - 8.3.1.2.3. troisième
  - 8.3.1.2.4. quatrième
  - 8.3.1.2.5. au-delà du quatrième
  - 8.3.1.2.6. impossible à déterminer
  - 8.3.1.2.7. absence de données
- 8.3.1.3. impossible à déterminer
- 8.3.1.4. absence de données

1. central
   1.1. parallèle
   1.2. non parallèle
2. décentré
   2.1. parallèle
   2.2. non parallèle
3. canaux croisés
4. impossible à déterminer
5. absence de données

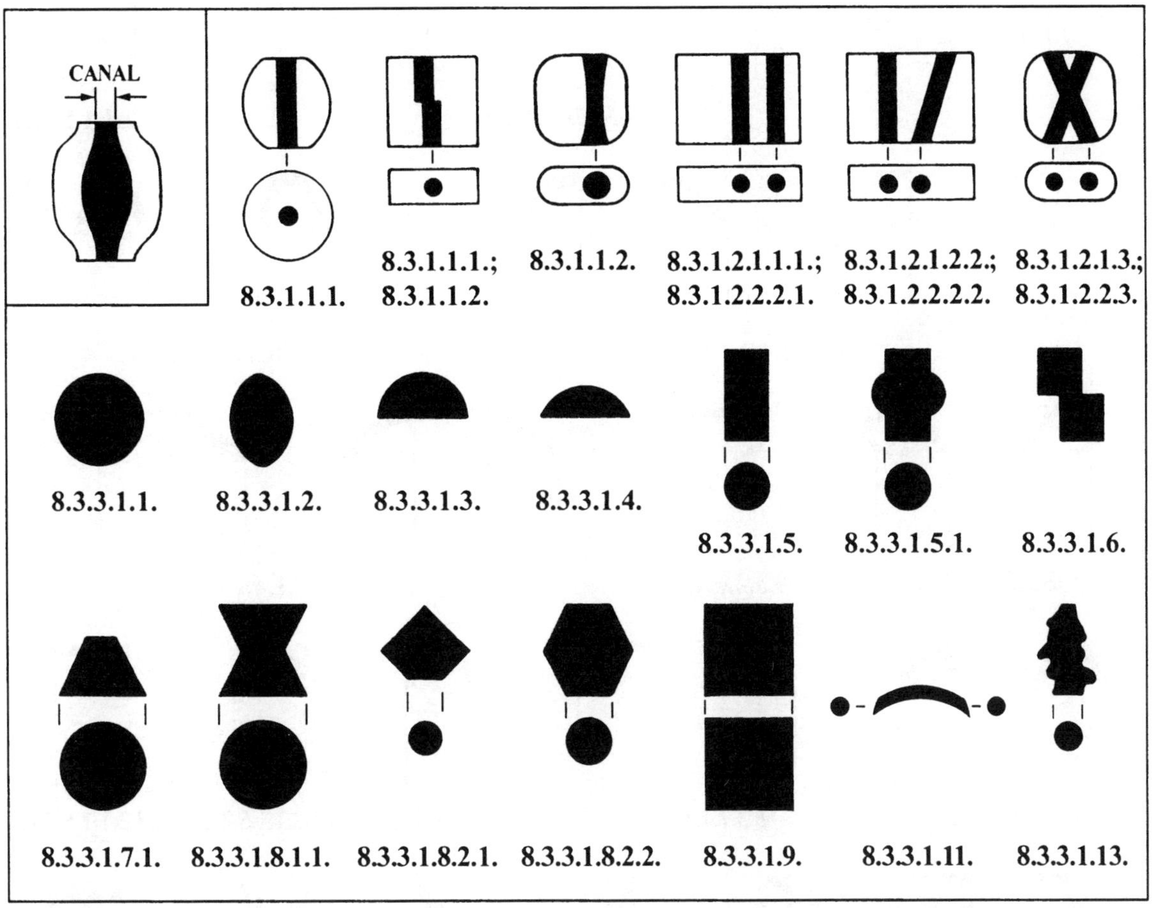

Fig. 37. Forme. 8. Perles — canal.
Élaboration M. Dekówna et Z. L'vova; dessins M. Dekówna, Z. L'vova et P. Nowakowski

Fig. 38. 8.3.2. bord du canal
- 8.3.2.1. canal unique
- 8.3.2.2. canaux multiples
  - 8.3.2.2.1. premier
  - 8.3.2.2.2. deuxième
  - 8.3.2.2.3. troisième

1. premier
2. second

1. à arête vive
2. polygonal
3. convexe

1. d'un côté
   1.1. uniforme
   1.2. inégal

8.3.2.2.4. quatrième
8.3.2.2.5. au-delà du quatrième
8.3.2.2.6. tous les canaux
8.3.2.2.7. impossible à déterminer
8.3.2.2.8. absence de données
8.3.2.3. impossible à déterminer
8.3.2.4. absence de données

3. impossible à déterminer
4. absence de données

4. arrondi
5. partiellement arrondi, partiellement plat
6. plat
7. partiellement plat, partiellement concave
8. concave
9. figuratif
10. impossible à déterminer
11. absence de données

2. des deux côtés
2.1. uniforme
2.2. inégal

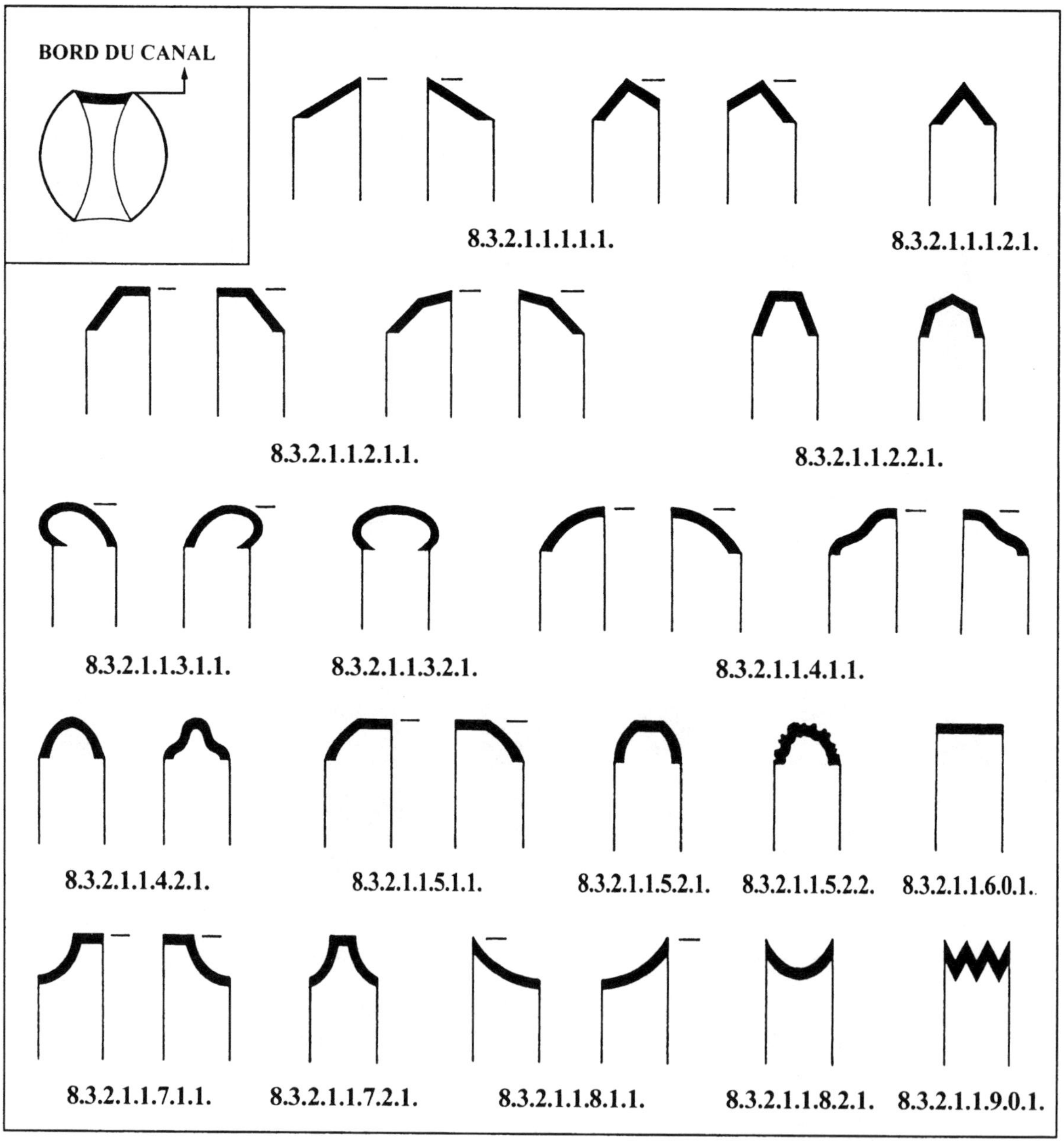

Fig. 38. Forme. 8. Perles — bord du canal.
Élaboration M. Dekówna; dessins M. Dekówna et P. Nowakowski

Fig. 37.

8.3.3. forme générale du canal
- 8.3.3.1. canal unique
- 8.3.3.2. canaux multiples
  - 8.3.3.2.1. premier
  - 8.3.3.2.2. deuxième
  - 8.3.3.2.3. troisième
  - 8.3.3.2.4. quatrième
  - 8.3.3.2.5. au-delà du quatrième
  - 8.3.3.2.6. tous les canaux
  - 8.3.3.2.7. impossible à déterminer
  - 8.3.3.2.8. absence de données
- 8.3.3.3. impossible à déterminer
- 8.3.3.4. absence de données

(8.3.3.1.–8.3.3.4.):
- 1. sphéroïdal
- 2. ellipsoïdal
- 3. semi-sphéroïdal
- 4. semi-ellipsoïdal
- 5. cylindrique
  - 5.1. élargi à l'intérieur
- 6. bicylindrique
- 7. conique
  - 7.1. tronconique
- 8. biconique
  - 8.1. cônes joints par les sommets
    - 8.1.1. à sommets tronqués
  - 8.2. cônes joints par les bases
    - 8.2.1. à sommet tronqué
    - 8.2.2. à sommets tronqués
- 9. cubique
  - 9.1. élargi à l'intérieur
- 10. prismatique
  - 10.1. élargi à l'intérieur
- 11. volume à formes courbes irrégulières
- 12. autre
- 13. irrégulier
- 14. impossible à déterminer
- 15. absence de données

8.3.4. impossible à déterminer
8.3.5. absence de données

8.4. impossible à déterminer
8.5. absence de données

(M.D., J.O., Z.L., J.Š., N.U.)

9. Pièces d'applique

Fig. 39.

9.1. corps

9.1.1. nombre de corps et mode de jonction
- 9.1.1.1. un
  - 1. à col
  - 2. à cols
  - 3. sans col
- 9.1.1.2. deux
- 9.1.1.3. trois
- 9.1.1.4. quatre
- 9.1.1.5. cinq
- 9.1.1.6. six
- 9.1.1.7. sept
- 9.1.1.8. huit
- 9.1.1.9. neuf
- 9.1.1.10. dix
- 9.1.1.11. plus de dix
- 9.1.1.12. impossible à déterminer
- 9.1.1.13. absence de données

(9.1.1.2.–9.1.1.13.):
- 1. joints par les extrémités
- 2. joints par le col
- 3. joints par les cols
- 4. joints par les extrémités et le col
- 5. joints par les extrémités et les cols
- 6. joints par les côtés

9.1.2. forme générale du corps
- 9.1.2.1. corps unique
- 9.1.2.2. corps multiples
  - 9.1.2.2.1. premier
  - 9.1.2.2.2. deuxième
  - 9.1.2.2.3. troisième
  - 9.1.2.2.4. quatrième
  - 9.1.2.2.5. cinquième
  - 9.1.2.2.6. sixième
  - 9.1.2.2.7. septième
  - 9.1.2.2.8. huitième
  - 9.1.2.2.9. neuvième
  - 9.1.2.2.10. dixième

1. figuratif
- 1. géométrique
  - 1.1. sphéroïdal
  - 1.2. ellipsoïdal
  - 1.3. semi-sphéroïdal
  - 1.4. semi-ellipsoïdal
  - 1.5. portion médiane de sphéroïde
  - 1.6. portion médiane de semi-sphéroïde
  - 1.7. annulaire
  - 1.8. cylindrique
  - 1.9. semi-cylindrique

9.1.2.2.11. au-delà du dixième
9.1.2.2.12. tous les corps
9.1.2.2.13. impossible à déterminer
9.1.2.2.14. absence de données
9.1.2.3. impossible à déterminer
9.1.2.4. absence de données

1. figuratif
- 1.10. conique
  - 1.10.1. tronconique
- 1.11. semi-conique
  - 1.11.1. à sommet tronqué
- 1.12. biconique
  - 1.12.1. cônes joints par les sommets
    - 1.12.1.1. à sommets tronqués
  - 1.12.2. cônes joints par les bases
    - 1.12.2.1. à sommet tronqué
    - 1.12.2.2. à sommets tronqués
- 1.13. semi-biconique
  - 1.13.1. semi-cônes joints par les sommets
    - 1.13.1.1. à sommets tronqués
  - 1.13.2. semi-cônes joints par les bases
    - 1.13.2.1. à sommet tronqué
    - 1.13.2.2. à sommets tronqués
- 1.14. cubique
- 1.15. prismatique
- 1.16. pyramidal
  - 1.16.1. à sommet tronqué
- 1.17. bipyramidal
  - 1.17.1. à sommet tronqué
  - 1.17.2. à sommets tronqués

  (1.14.–1.17.): 1. à angles tronqués; 2. à angles arrondis; 3. à angles tronqués et arrondis; 4. impossible à déterminer; 5. absence de données
- 1.18. sphéroïdal à faces
- 1.19. ellipsoïdal à faces
- 1.20. semi-sphéroïdal à faces
- 1.21. semi-ellipsoïdal à faces
- 1.22. conique à faces
- 1.23. biconique à faces
- 1.24. cubique à faces
- 1.25. prismatique à faces
- 1.26. autre à faces
- 1.27. circulaire plat
- 1.28. elliptique plat
- 1.29. semi-circulaire plat
- 1.30. semi-elliptique plat
- 1.31. rectangulaire plat
- 1.32. carré plat
- 1.33. triangulaire plat
- 1.34. rhomboïdal plat
- 1.35. trapézoïdal plat
- 1.36. polygonal plat
- 1.37. autre plat
- 1.38. irrégulier plat

  (1.31.–1.38.): 1. à angle tronqué; 2. à angles tronqués; 3. à angle arrondi; 4. à angles arrondis; 5. à un angle tronqué et les autres arrondis; 6. à angles tronqués et un angle arrondi; 7. à angles tronqués et arrondis; 8. impossible à déterminer; 9. absence de données
- 1.39. volume à formes courbes irrégulières
- 1.40. autre
- 1.41. irrégulier
- 1.42. impossible à déterminer
- 1.43. absence de données

2. représentant un sujet
- 2.1. anthropomorphe
- 2.2. zoomorphe
- 2.3. phytomorphe
- 2.4. astral
- 2.5. représentant un objet
- 2.6. autre
- 2.7. impossible à déterminer
- 2.8. absence de données

3. impossible à déterminer
4. absence de données

9.2. col – forme générale

9.2.1. col unique 9.2.2. cols multiples 9.2.2.1. premier 9.2.2.2. deuxième 9.2.2.3. troisième 9.2.2.4. quatrième 9.2.2.5. cinquième 9.2.2.6. sixième 9.2.2.7. septième 9.2.2.8. huitième 9.2.2.9. neuvième 9.2.2.10. dixième 9.2.2.11. au-delà du dixième 9.2.2.12. tous les cols 9.2.2.13. impossible à déterminer 9.2.2.14. absence de données 9.2.3. impossible à déterminer 9.2.4. absence de données	1. portion médiane de sphéroïde 2. cylindrique 3. conique 3.1. tronconique 4. biconique 4.1. cônes joints par les sommets 4.1.1. à sommets tronqués 4.2. cônes joints par les bases 4.2.1. à sommets tronqués 5. autre 6. irrégulier 7. impossible à déterminer 8. absence de données	1. figuratif (for 1–5)

9.3. chaton

9.3.1. nombre de chatons et leur position

9.3.1.1. chaton unique 9.3.1.2. chatons multiples 9.3.1.2.1. premier 9.3.1.2.2. deuxième 9.3.1.2.3. au-delà du deuxième 9.3.1.2.4. impossible à déterminer 9.3.1.2.5. absence de données 9.3.1.3. impossible à déterminer 9.3.1.4. absence de données	1. central 1.1. parallèle 1.2. non parallèle 2. décentré 2.1. parallèle 2.2. non parallèle 3. impossible à déterminer 4. absence de données

9.3.2. bord du chaton

9.3.2.1. bord unique 9.3.2.2. bords multiples 9.3.2.2.1. premier 9.3.2.2.2. deuxième 9.3.2.2.3. au-delà du deuxième 9.3.2.2.4. impossible à déterminer 9.3.2.2.5. absence de données 9.3.2.3. impossible à déterminer 9.3.2.4. absence de données	1. à arête vive 2. convexe 3. plat 4. concave 5. figuratif 6. impossible à déterminer 7. absence de données	1. uniforme 2. inégal (for 1–4)

9.3.3. forme générale du chaton

9.3.3.1. chaton unique 9.3.3.2. chatons multiples 9.3.3.2.1. première 9.3.3.2.2. deuxième 9.3.3.2.3. au-delà du deuxième 9.3.3.2.4. tous les chatons 9.3.3.2.5. impossible à déterminer 9.3.3.2.6. absence de données 9.3.3.3. impossible à déterminer 9.3.3.4. absence de données	1. ellipsoïdal 2. semi-sphéroïdal 3. semi-ellipsoïdal 4. cylindrique 4.1. élargi à l'intérieur 5. conique 5.1. tronconique 6. cubique 6.1. élargi à l'intérieur 7. prismatique 7.1. élargi à l'intérieur 8. pyramidal 9. volume à formes courbes irrégulières 10. autre 11. irrégulier 12. impossible à déterminer 13. absence de données

9.3.4. impossible à déterminer
9.3.5. absence de données

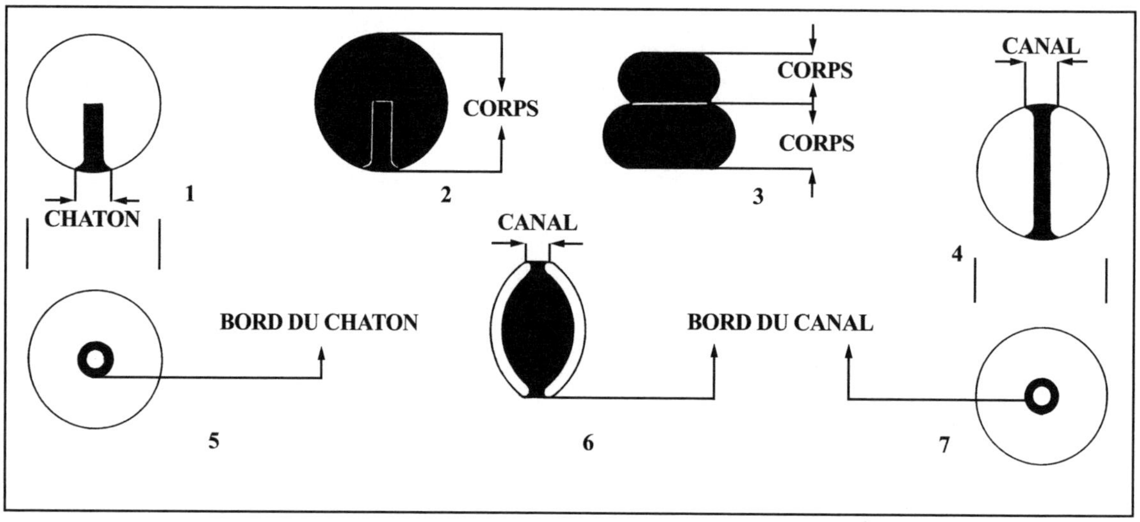

Fig. 39. Forme. 9. Pièces d'applique — morphologie.
Élaboration M. Dekówna; dessins M. Dekówna et J. Nowakowski

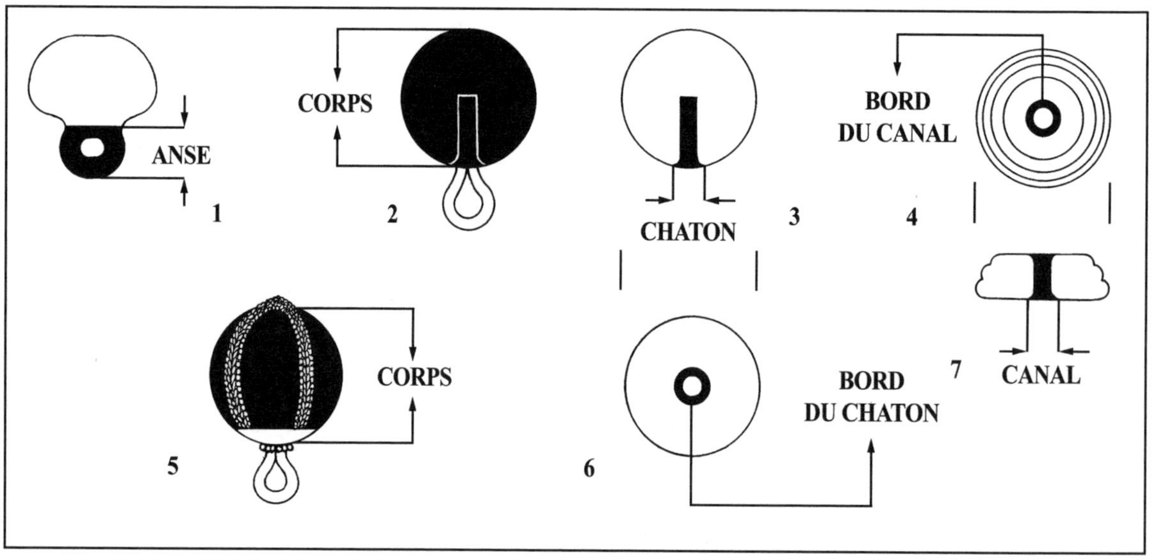

Fig. 40. Forme. 10. Boutons — morphologie.
Élaboration M. Dekówna; dessins M. Dekówna et J. Nowakowski

9.4. canal
- 9.4.1. nombre de canaux et leur position
  - 9.4.1.1. canal unique
  - 9.4.1.2. canaux multiples
    - 9.4.1.2.1. premier
    - 9.4.1.2.2. deuxième
    - 9.4.1.2.3. troisième
    - 9.4.1.2.4. quatrième
    - 9.4.1.2.5. au-delà du quatrième
    - 9.4.1.2.6. impossible à déterminer
    - 9.4.1.2.7. absence de données
  - 9.4.1.3. impossible à déterminer
  - 9.4.1.4. absence de données

    1. central
       1.1. parallèle
       1.2. non parallèle
    2. décentré
       2.1. parallèle
       2.2. non parallèle
    3. canaux croisés
    4. impossible à déterminer
    5. absence de données

- 9.4.2. bord du canal
  - 9.4.2.1. canal unique
  - 9.4.2.2. canaux multiples
    - 9.4.2.2.1. premier
    - 9.4.2.2.2. deuxième
    - 9.4.2.2.3. troisième
    - 9.4.2.2.4. quatrième
    - 9.4.2.2.5. au-delà du quatrième
    - 9.4.2.2.6. impossible à déterminer
    - 9.4.2.2.7. absence de données
  - 9.4.2.3. impossible à déterminer
  - 9.4.2.4. absence de données

    1. premier
    2. deuxième
    3. impossible à déterminer
    4. absence de données

    (1.–2.):
    1. à arête vive
    2. convexe
    3. plat
    4. concave
    5. figuratif
    6. impossible à déterminer
    7. absence de données

    (1.–4.):
    1. uniforme
    2. inégal

- 9.4.3. forme général du canal
  - 9.4.3.1. canal unique
  - 9.4.3.2. canaux multiples
    - 9.4.3.2.1. premier
    - 9.4.3.2.2. deuxième
    - 9.4.3.2.3. troisième
    - 9.4.3.2.4. quatrième
    - 9.4.3.2.5. au-delà du quatrième
    - 9.4.3.2.6. tous les canaux
    - 9.4.3.2.7. impossible à déterminer
    - 9.4.3.2.8. absence de données
  - 9.4.3.3. impossible à déterminer
  - 9.4.3.4. absence de données

    1. sphéroïdal
    2. ellipsoïdal
    3. semi-sphéroïdal
    4. semi-ellipsoïdal
    5. cylindrique
       5.1. élargi à l'intérieur
    6. bicylindrique
    7. conique
       7.1. tronconique
    8. biconique
       8.1. cônes joints par les sommets
          8.1.1. à sommets tronqués
       8.2. cônes joints par les bases
          8.2.1. à sommet tronqué
          8.2.2. à sommets tronqués
    9. cubique
       9.1. élargi à l'intérieur
    10. prismatique
        10.1. élargi à l'intérieur
    11. courbe
    12. autre
    13. irrégulier

- 9.4.4. impossible à déterminer
- 9.4.5. absence de données

9.5. impossible à déterminer

9.6. absence de données

(M.D., J.O., J.Š., N.U.)

Fig. 40. 10. Boutons

- 10.1. anse
  - 10.1.1. matériau*
    - 10.1.1.1. verre
    - 10.1.1.2. métal
    - 10.1.1.3. autre
    - 10.1.1.4. impossible à déterminer
    - 10.1.1.5. absence de données
  - 10.1.2. nombre d'anses et leur position
    - 10.1.2.1. une
    - 10.1.2.2. deuxième
      - 1. centrale
        - 1.1. parallèle
        - 1.2. non parallèle
      - 2. decentré
        - 2.1. parallèle
        - 2.2. non parallèle
          - 1. fermée
          - 2. non fermée
          - 3. fermée et non fermée
      - 3. impossible à déterminer
      - 4. absence de données
    - 10.1.2.3. impossible à déterminer
    - 10.1.2.4. absence de données
  - 10.1.3. forme de la section verticale de l'anse**
    - 10.1.3.1. anse unique
    - 10.1.3.2. anses multiples
      - 10.1.3.2.1. première
      - 10.1.3.2.2. deuxième
      - 10.1.3.2.3. les deux
        - 1. première
        - 2. deuxième
          - 1. circulaire
          - 2. elliptique
          - 3. semi-circulaire
          - 4. semi-elliptique
          - 5. rectangulaire
          - 6. carrée
          - 7. triangulaire
          - 8. rhomboïdale
          - 9. trapézoïdale
          - 10. autre polygonale
            - 1. à angles tronqués
            - 2. à angles arrondis
            - 3. à angles tronqués et arrondis
          - 11. autre
          - 12. irrégulière
          - 13. impossible à déterminer
          - 14. absence de données
        - 3. impossible à déterminer
        - 4. absence de données
      - 10.1.3.2.4. impossible à déterminer
      - 10.1.3.2.5. absence de données
    - 10.1.3.3. impossible à déterminer
    - 10.1.3.4. absence de données
  - 10.1.4. forme de la section horizontale de l'anse***
    - 10.1.4.1. anse unique
    - 10.1.4.2. anses multiples
      - 10.1.4.2.1. première
      - 10.1.4.2.2. deuxième
      - 10.1.4.2.3. les deux
        - 1. première
        - 2. deuxième
          - 1. circulaire
          - 2. elliptique
          - 3. semi-circulaire
          - 4. semi-elliptique
          - 5. rectangulaire
          - 6. carrée
          - 7. triangulaire
          - 8. rhomboïdale
          - 9. trapézoïdale
          - 10. autre polygonale
            - 1. à angles tronqués
            - 2. à angles arrondis
            - 3. à angles tronqués et arrondis
          - 11. autre
          - 12. irrégulière
          - 13. impossible à déterminer
          - 14. absence de données
        - 3. impossible à déterminer
        - 4. absence de données
      - 10.1.4.2.4. impossible à déterminer
      - 10.1.4.2.5. absence de données
    - 10.1.4.3. impossible à déterminer
    - 10.1.4.4. absence de données
  - 10.1.5. impossible à déterminer
  - 10.1.6. absence de données

---

* Ne sont décrites que les anses de verre.

** La colonne de gauche (10.1.3. et les suivants) concerne les anses; la colonne de droite (1. première, 2. deuxième) concerne la section de l'anse.

*** La colonne de gauche (10.1.4. et les suivants) concerne les anses; la colonne de droite (1. première, 2. deuxième) concerne la section de l'anse. On décrit deux sections latérales selon l'axe médian horizontal de l'anse.

- 10.2. corps – forme générale
  - 10.2.1. géometrique
    - 10.2.1.1. sphéroïdal
    - 10.2.1.2. ellipsoïdal
    - 10.2.1.3. semi-sphéroïdal
    - 10.2.1.4. semi-ellipsoïdal
    - 10.2.1.5. portion médiane de sphéroïde
    - 10.2.1.6. portion médiane de semi-sphéroïde
    - 10.2.1.7. annulaire
    - 10.2.1.8. cylindrique
    - 10.2.1.9. semi-cylindrique
    - 10.2.1.10. conique
      - 10.2.1.10.1. tronconique
    - 10.2.1.11. semi-conique
      - 10.2.1.11.1. à sommet tronqué
    - 10.2.1.12. biconique
      - 10.2.1.12.1. cônes joints par les sommets
        - 10.2.1.12.1.1. à sommets tronqués
      - 10.2.1.12.2. cônes joints par les bases
        - 10.2.1.12.2.1. à sommet tronqué
        - 10.2.1.12.2.2. à sommets tronqués
    - 10.2.1.13. semi-biconique
      - 10.2.1.13.1. semi-cônes joints par les sommets
        - 10.2.1.13.1.1. à sommets tronqués
      - 10.2.1.13.2. semi-cônes joints par les bases
        - 10.2.1.13.2.1. à sommet tronqué
        - 10.2.1.13.2.2. à sommets tronqués
    - 10.2.1.14. cubique
    - 10.2.1.15. prismatique
    - 10.2.1.16. pyramidal
      - 10.2.1.16.1. à sommet tronqué
    - 10.2.1.17. bipyramidal
      - 10.2.1.17.1. à sommet tronqué
      - 10.2.1.17.2. à sommets tronqués

      (10.2.1.14–10.2.1.17.2:)
      1. à angles tronqués
      2. à angles arrondis
      3. à angles tronqués et arrondis
      4. impossible à déterminer
      5. absence de données
    - 10.2.1.18. sphéroïdal à faces
    - 10.2.1.19. ellipsoïdal à faces
    - 10.2.1.20. semi-sphéroïdal à faces
    - 10.2.1.21. semi-ellipsoïdal à faces
    - 10.2.1.22. autre à faces
    - 10.2.1.23. circulaire plat
    - 10.2.1.24. elliptique plat
    - 10.2.1.25. semi-circulaire plat
    - 10.2.1.26. semi-elliptique plat
    - 10.2.1.27. rectangulaire plat
    - 10.2.1.28. carré plat
    - 10.2.1.29. triangulaire plat
    - 10.2.1.30. rhomboïdal plat
    - 10.2.1.31. trapézoïdal plat
    - 10.2.1.32. autre polygonal plat
    - 10.2.1.33. autre plat
    - 10.2.1.34. irrégulier plat

      (10.2.1.27–10.2.1.34:)
      1. à angle tronqué
      2. à angles tronqués
      3. à angle arrondi
      4. à angles arrondis
      5. à un angle tronqué et les autres arrondis
      6. à angles tronqués et un arrondi
      7. à angles tronqués et arrondis
      8. impossible à déterminer
      9. absence de données
    - 10.2.1.35. volume à formes courbes irrégulières

    (10.2.1.1–10.2.1.35:) 1. figuratif
    - 10.2.1.36. autre
    - 10.2.1.37. irrégulier
    - 10.2.1.38. impossible à déterminer
    - 10.2.1.39. absence de données
  - 10.2.2. représentant un sujet
    - 10.2.2.1. anthropomorphe
    - 10.2.2.2. zoomorphe
    - 10.2.2.3. phytomorphe
    - 10.2.2.4. astral
    - 10.2.2.5. représentant un objet

- 10.2.2.6. autre
- 10.2.2.7. impossible à déterminer
- 10.2.2.8. absence de données
- 10.2.3. impossible à déterminer
- 10.2.4. absence de données

10.3. chaton

- 10.3.1. nombre de chatons et leur position
  - 10.3.1.1. chaton unique
  - 10.3.1.2. chatons multiples
    - 10.3.1.2.1. premier
    - 10.3.1.2.2. deuxième
    - 10.3.1.2.3. au-delà du deuxième
    - 10.3.1.2.4. impossible à déterminer
    - 10.3.1.2.5. absence de données
  - 10.3.1.3. impossible à déterminer
  - 10.3.1.4. absence de données

  (10.3.1.1.–10.3.1.2.3.):
  1. central
     - 1.1. parallèle
     - 1.2. non parallèle
  2. décentré
     - 2.1. parallèle
     - 2.2. non parallèle
  3. impossible à déterminer
  4. absence de données

- 10.3.2. bord du chaton
  - 10.3.2.1. chaton unique
  - 10.3.2.2. chatons multiples
    - 10.3.2.2.1. premier
    - 10.3.2.2.2. deuxième
    - 10.3.2.2.3. au-delà du deuxième
    - 10.3.2.2.4. impossible à déterminer
    - 10.3.2.2.5. absence de données
  - 10.3.2.3. impossible à déterminer
  - 10.3.2.4. absence de données

  (10.3.2.1.–10.3.2.2.3.):
  1. à arête vive
  2. convexe
  3. plat
  4. concave
  5. figuratif
  6. impossible à déterminer
  7. absence de données

  (1.–4.):
  1. uniforme
  2. inégal

- 10.3.3. forme générale du chaton
  - 10.3.3.1. chaton unique
  - 10.3.3.2. chatons multiples
    - 10.3.3.2.1. premier
    - 10.3.3.2.2. deuxième
    - 10.3.3.2.3. au-delà du deuxième
    - 10.3.3.2.4. tous les chatons
    - 10.3.3.2.5. impossible à déterminer
    - 10.3.3.2.6. absence de données
  - 10.3.3.3. impossible à déterminer
  - 10.3.3.4. absence de données
- 10.3.4. impossible à déterminer
- 10.3.5. absence de données

  (10.3.3.1.–10.3.3.2.4.):
  1. ellipsoïdal
  2. semi-sphéroïdal
  3. semi-ellipsoïdal
  4. cylindrique
     - 4.1. élargi à l'intérieur
  5. conique
     - 5.1. tronconique
  6. cubique
     - 6.1. élargi à l'intérieur
  7. prismatique
     - 7.1. élargi à l'intérieur
  8. pyramidal
  9. volume à formes courbes irrégulières
  10. autre
  11. irrégulier
  12. impossible à déterminer
  13. absence de données

10.4. canal

- 10.4.1. nombre de canaux et leur position
  - 10.4.1.1. canal unique
  - 10.4.1.2. canaux multiples
    - 10.4.1.2.1. premier
    - 10.4.1.2.2. deuxième
    - 10.4.1.2.3. troisième
    - 10.4.1.2.4. quatrième
    - 10.4.1.2.5. au-delà du quatrième

  (10.4.1.1.–10.4.1.2.5.):
  1. central
     - 1.1. parallèle
     - 1.2. non parallèle
  2. décentré
     - 2.1. parallèle
     - 2.2. non parallèle

10.4.1.2.6. impossible à déterminer
10.4.1.2.7. absence de données
10.4.1.3. impossible à déterminer
10.4.1.4. absence de données

3. canaux croisés
4. impossible à déterminer
5. absence de données

10.4.2. bord du canal
10.4.2.1. canal unique
10.4.2.2. canaux multiples
10.4.2.2.1. premier
10.4.2.2.2. deuxième
10.4.2.2.3. troisième
10.4.2.2.4. quatrième
10.4.2.2.5. au-delà du quatrième
10.4.2.2.6. impossible à déterminer
10.4.2.2.7. absence de données
10.4.2.3. impossible à déterminer
10.4.2.4. absence de données

1. premier
2. deuxième
3. impossible à déterminer
4. absence de données

1. à arête vive
2. convexe
3. plat
4. concave

1. uniforme
2. inégal

5. figuratif
6. impossible à déterminer
7. absence de données

10.4.3. forme général du canal
10.4.3.1. canal unique
10.4.3.2. canaux multiples
10.4.3.2.1. premier
10.4.3.2.2. deuxième
10.4.3.2.3. troisième
10.4.3.2.4. quatrième
10.4.3.2.5. au-delà du quatrième
10.4.3.2.6. tous les canaux
10.4.3.2.7. impossible à déterminer
10.4.3.2.8. absence de données

1. sphéroïdal
2. ellipsoïdal
3. semi-sphéroïdal
4. semi-ellipsoïdal
5. cylindrique
5.1. élargi à l'intérieur
6. bicylindrique
7. conique
7.1. tronconique
8. biconique
8.1. cônes joints par les sommets
8.1.1. à sommets tronqués
8.2. cônes joints par les bases
8.2.1. à sommet tronqué
8.2.2. à sommets tronqués
9. cubique
9.1. élargi à l'intérieur
10. prismatique
10.1. élargi à l'intérieur
11. courbe
12. autre
13. irrégulier
14. impossible à déterminer
15. absence de données

10.4.3.3. impossible à déterminer
10.4.3.4. absence de données
10.4.4. impossible à déterminer
10.4.5. absence de données

10.5. impossible à déterminer
10.6. absence de données

(M.D., J.O., J.Š.)

Fig. 41. 11. Fusaïoles

- 11.1. corps – forme générale
  - 11.1.1. sphéroïdal
  - 11.1.2. ellipsoïdal
  - 11.1.3. semi- sphéroïdal
  - 11.1.4. semi-ellipsoïdal
  - 11.1.5. portion médiane de sphéroïde
  - 11.1.6. annulaire
  - 11.1.7. conique
    - 11.1.7.1. tronconique
  - 11.1.8. biconique
    - 11.1.8.1. à sommets tronqués
  - 11.1.9. circulaire plat
  - 11.1.10. elliptique plat
  - 11.1.11. figuratif
  - 11.1.12. autre
  - 11.1.13. irrégulier
  - 11.1.14. impossible à déterminer
  - 11.1.15. absence de données

- 11.2. canal
  - 11.2.1. position du canal
    - 11.2.1.1. central
    - 11.2.1.2. décentré
    - 11.2.1.3. impossible à déteminer
    - 11.2.1.4. absence de données
  - 11.2.2. bord du canal

11.2.2.1. premier 11.2.2.2. deuxième	1. à arête vive 2. polygonal 3. convexe 4. arrondi	1. d'un côté 1.1. uniforme 1.2. inégal 2. des deux côtés 2.1. uniforme 2.2. inégal 3. impossible à déteminer 4. absence de données
11.2.2.3. impossible à déteminer	5. partiellement arrondi, partiellement plat	
11.2.2.4. absence de données	6. plat	
	7. partiellement plat, partiellement concave	
	8. concave	
	9. figuratif	
	10. impossible à déteminer	
	11. absence de données	

  - 11.2.3. forme générale du canal
    - 11.2.3.1. ellipsoïdal
    - 11.2.3.2. semi-ellipsoïdal
    - 11.2.3.3. cylindrique
    - 11.2.3.4. conique
      - 11.2.3.4.1. tronconique
    - 11.2.3.5. biconique
      - 11.2.3.5.1. à sommets tronqués
    - 11.2.3.6. autre
    - 11.2.3.7. irrégulier
    - 11.2.3.8. impossible à déterminer
    - 11.2.3.9. absence de données
  - 11.2.4. impossible à déterminer
  - 11.2.5. absence de données
- 11.3. impossible à déterminer
- 11.4. absence de données

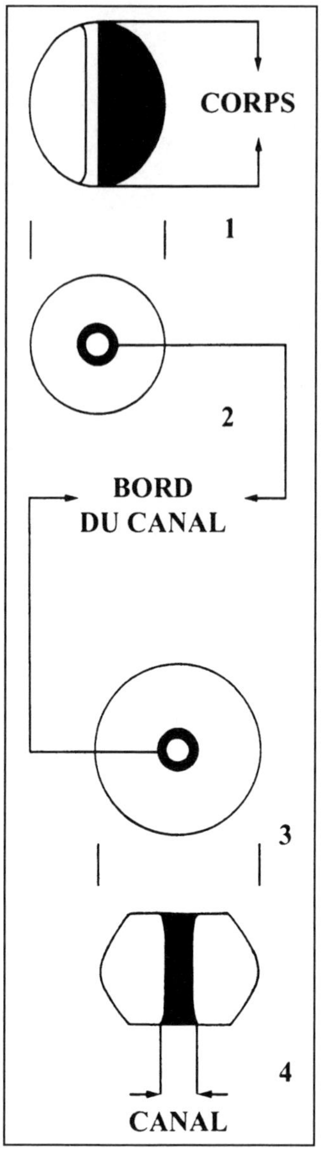

Fig. 41. Forme.
11. Fusaïoles — morphologie.
Élaboration M. Dekówna;
dessins M. Dekówna
et J. Nowakowski

(M.D., J.O., N.U.)

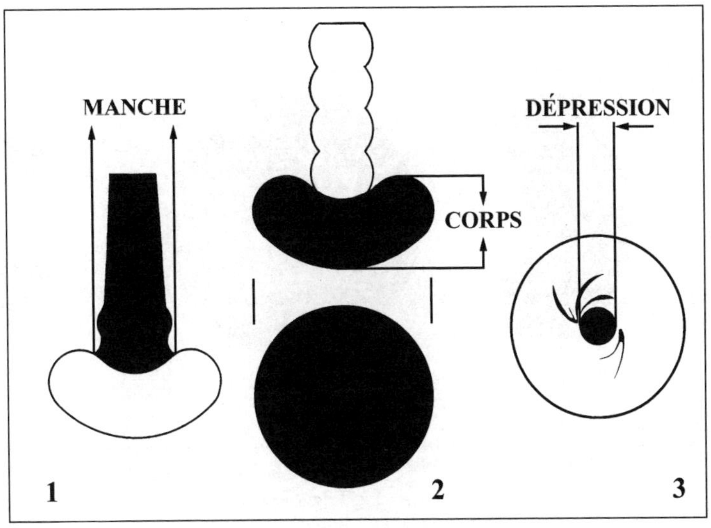

Fig. 42. Forme. 12. Lissoirs — morphologie.
Élaboration M. Dekówna; dessins M. Dekówna et J. Nowakowski

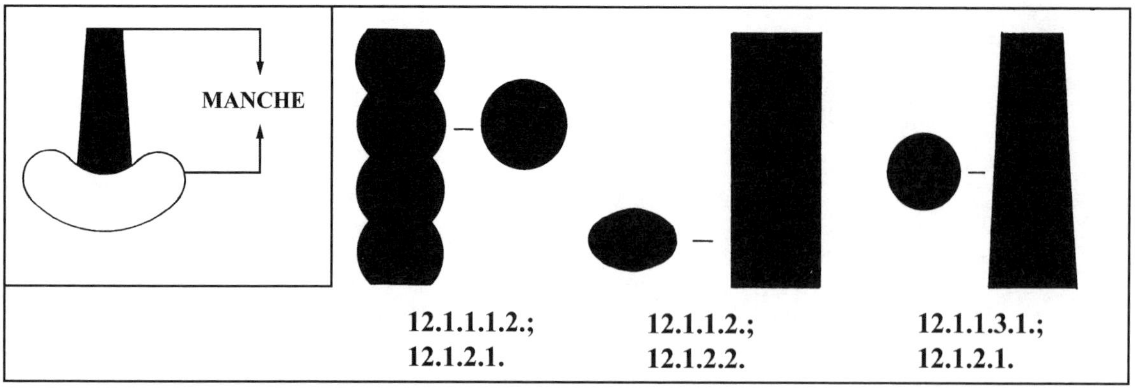

Fig. 43. Forme. 12. Lissoirs — manche.
Élaboration Z. L'vova; dessins Z. L'vova et J. Nowakowski

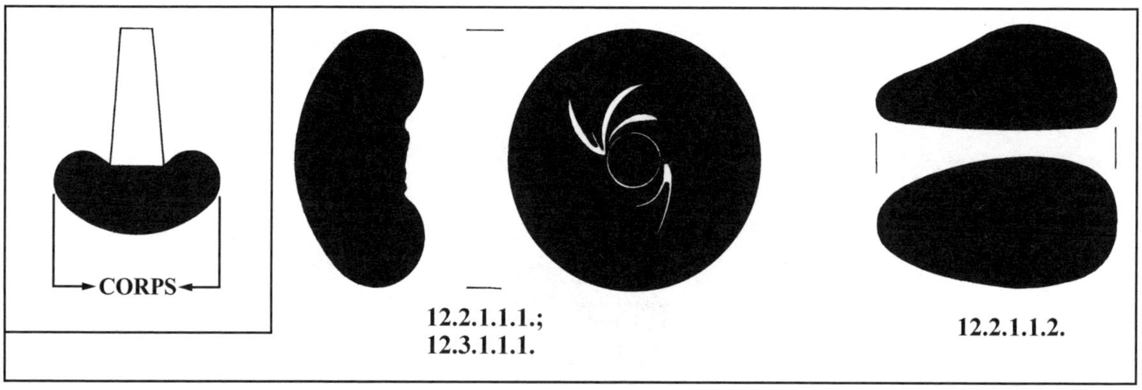

Fig. 44. Forme. 12. Lissoirs — corps.
Élaboration Z. L'vova; dessins Z. L'vova et J. Nowakowski

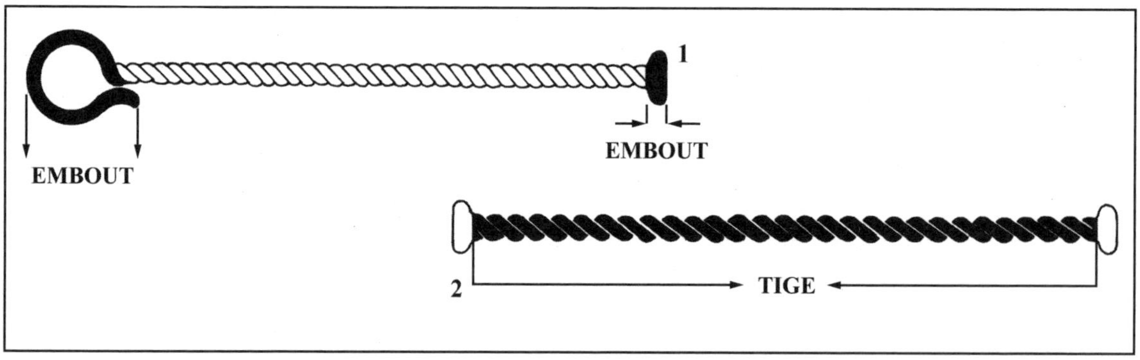

Fig. 45. Forme. 13. Baguettes — morphologie.
Élaboration M. Dekówna, Z. L'vova et N. Sorokina; dessins N. Sorokina et J. Nowakowski

Fig. 42. 12. Lissoirs

Fig. 43. 12.1. manche
- 12.1.1. forme générale du manche
  - 12.1.1.1. portion médiane de sphéroïde
    - 12.1.1.1.1. unique
    - 12.1.1.1.2. multiple
  - 12.1.1.2. cylindrique
  - 12.1.1.3. conique
    - 12.1.1.3.1. tronconique
      - (12.1.1.2.–12.1.1.3.1.) 1. avec saillie sur toute la circonférence
  - 12.1.1.4. autre
  - 12.1.1.5. irrégulier
  - 12.1.1.6. impossible à déterminer
  - 12.1.1.7. absence de données
- 12.1.2. forme de la section transversale du manche
  - 12.1.2.1. circulaire
  - 12.1.2.2. elliptique
  - 12.1.2.3. autre
  - 12.1.2.4. irrégulier
  - 12.1.2.5. impossible à déterminer
  - 12.1.2.6. absence de données
- 12.1.3. impossible à déterminer
- 12.1.4. absence de données

Fig. 44. 12.2. corps
- 12.2.1. forme générale du corps
  - 12.2.1.1. semi-sphéroïdal
  - 12.2.1.2. semi-ellipsoïdal
  - 12.2.1.3. petite portion de sphéroïde
  - 12.2.1.4. petite portion d'ellipsoïde
  - 12.2.1.5. autre
  - 12.2.1.6. irrégulier
    - (12.2.1.1.–12.2.1.6.) 1. plein; 2. creux
  - 12.2.1.7. impossible à déterminer
  - 12.2.1.8. absence de données

12.3. dépression
- 12.3.1. forme générale de la dépression
  - 12.3.1.1. circulaire
  - 12.3.1.2. elliptique
  - 12.3.1.3. autre
  - 12.3.1.4. irrégulière
    - (12.3.1.1.–12.3.1.4.) 1. à saillie; 2. sans saillie
  - 12.3.1.5. impossible à déterminer
  - 12.3.1.6. absence de données

12.4. impossible à déterminer

12.5. absence de données

(M.D., Z.L.)

Fig. 45. 13. Baguettes

13.1. nombre d'éléments
- 13.1.1. un
- 13.1.2. deux
- 13.1.3. trois
  - (13.1.1.–13.1.3.) 1. tige; 2. tige avec un embout; 3. tige avec deux embouts; 4. embout
- 13.1.4. impossible à déterminer
- 13.1.5. absence de données

Fig. 46. 13.2. embout
- 13.2.1. premier
- 13.2.2. deuxième
- 13.2.3. impossible à déterminer
- 13.2.4. absence de données
  - 1. géométrique
    - 1.1. spheroïdal
    - 1.2. ellipsoïdal
    - 1.3. semi-spheroïdal
    - 1.4. semi-ellipsoïdal
    - 1.5. petite portion de sphéroïde
      - (1.1.–1.5.) 1. simple; 2. double: 2.1. identiques; 2.2. différents

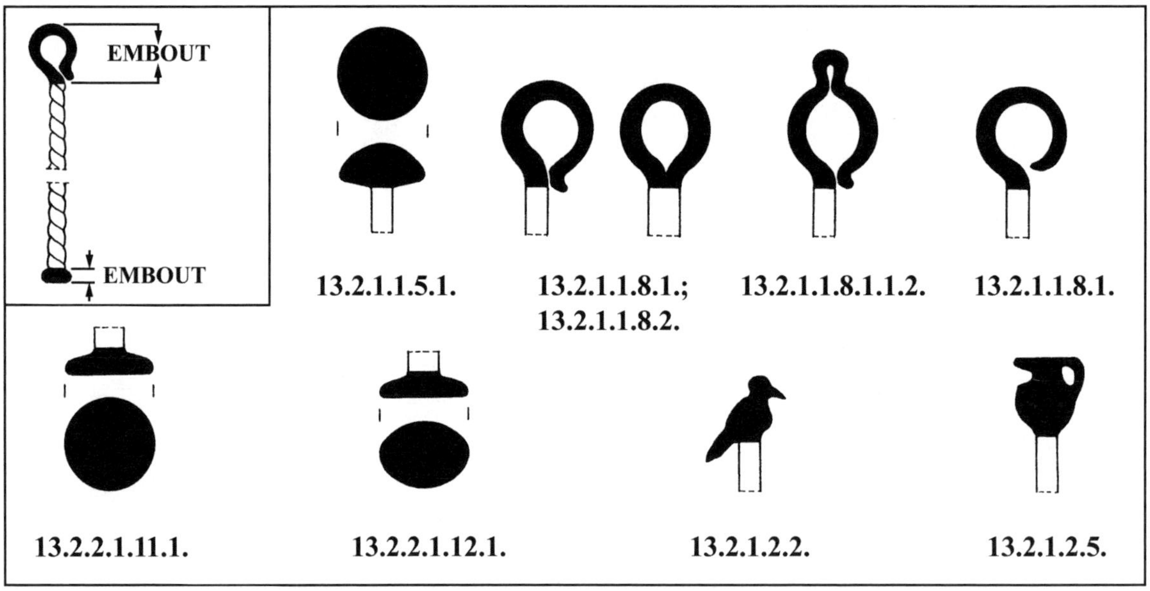

Fig. 46. Forme. 13. Baguettes — embout.
Élaboration M. Dekówna, Z. L'vova et N. Sorokina; dessins N. Sorokina et J. Nowakowski

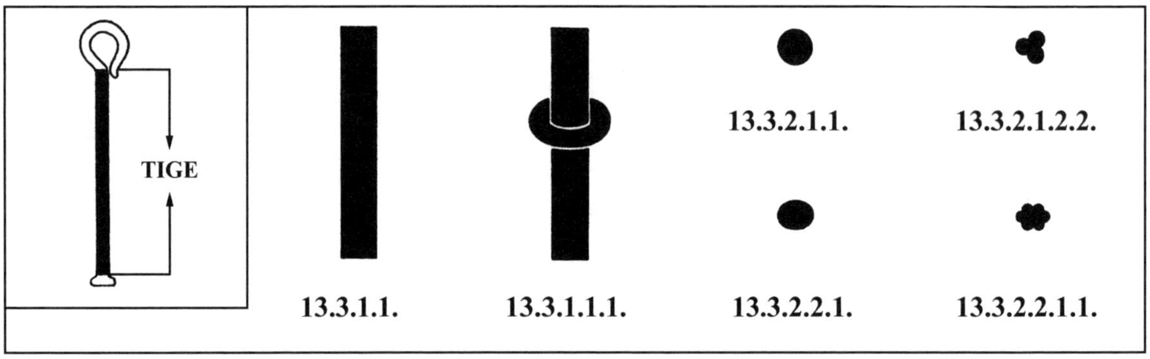

Fig. 47. Forme. 13. Baguettes — tige.
Élaboration M. Dekówna et Z. L'vova; dessins Z. L'vova, N. Sorokina et J. Nowakowski

- 1.6. petite portion d'ellipsoïde
- 1.7. portion médiane d'ellipsoïde
- 1.8. annulaire
  - 1.8.1. non fermé
  - 1.8.2. fermé
    - 1. à une boucle
      - 1.1. fermée
      - 1.2. ouverte
    - 2. à deux boucles
      - 2.1. ouvertes
      - 2.2. fermées
      - 2.3. ouverte et fermée
    - 3. à plus de deux boucles
      - 3.1. ouvertes
      - 3.2. fermées
      - 3.3. ouverte et fermées
      - 3.4. ouvertes et fermée
      - 3.5. ouvertes et fermées
    - 4. avec un autre élément
    - 5. impossible à déterminer
    - 6. absence de données
- 1.9. cylindrique
- 1.10. conique
  - 1.10.1. tronconique
- 1.11. circulaire plat
- 1.12. elliptique plat
- 1.13. semi-circulaire plat
- 1.14. semi-elliptique plat
- 1.15. rectangulaire plat
- 1.16. carré plat
- 1.17. triangulaire plat
- 1.18. autre polygonal plat
  - (1.15.–1.18.:) 1. à angles tronqués
  - 2. à angles arrondis
  - 3. à angles tronqués et arrondis
- 1.19. autre plat
- 1.20. autre
- 1.21. irrégulier
  - (1.9.–1.21.:) 1. simple
  - 2. double
    - 2.1. identiques
    - 2.2. différents
- 1.22. impossible à déterminer
- 1.23. absence de données

2. représentant un sujet
   - 2.1. anthropomorphe
   - 2.2. zoomorphe
   - 2.3. phytomorphe
   - 2.4. astral
   - 2.5. représentant un objet
   - 2.6. autre
   - 2.7. impossible à déterminer
   - 2.8. absence de données
3. impossible à déterminer
4. absence de données

Fig. 47. 13.3. tige

- 13.3.1. forme générale de la tige
  - 13.3.1.1. cylindrique
    - 13.3.1.1.1. avec anneau
  - 13.3.1.2. autre
  - 13.3.1.3. impossible à déterminer
  - 13.3.1.4. absence de données
- 13.3.2. forme de la section transversale de la tige
  - 13.3.2.1. circulaire
  - 13.3.2.2. elliptique
  - 13.3.2.3. carrée
  - 13.3.2.4. rosette
  - 13.3.2.5. autre
  - 13.3.2.6. irrégulière
    - (13.3.2.1.–13.3.2.6.:) 1. unique
    - 2. multiple
      - 2.1. double
      - 2.2. triple
      - 2.3. plus que triple
        - (1.–2.3.:) 1. cannelée
        - 2. à grosse cannelure
        - 3. à cannelure moyenne
        - 4. à petite cannelure
        - 5. à cannelure mixte
      - 2.4. impossible à déterminer
      - 2.5. absence de données
    - 3. impossible à déterminer
    - 4. absence de données
  - 13.3.2.7. impossible à déterminer
  - 13.3.2.8. absence de données
- 13.3.3. impossible à déterminer
- 13.3.4. absence de données

13.4. impossible à déterminer

13.5. absence de données

(M.D., Z.L., N.S.)

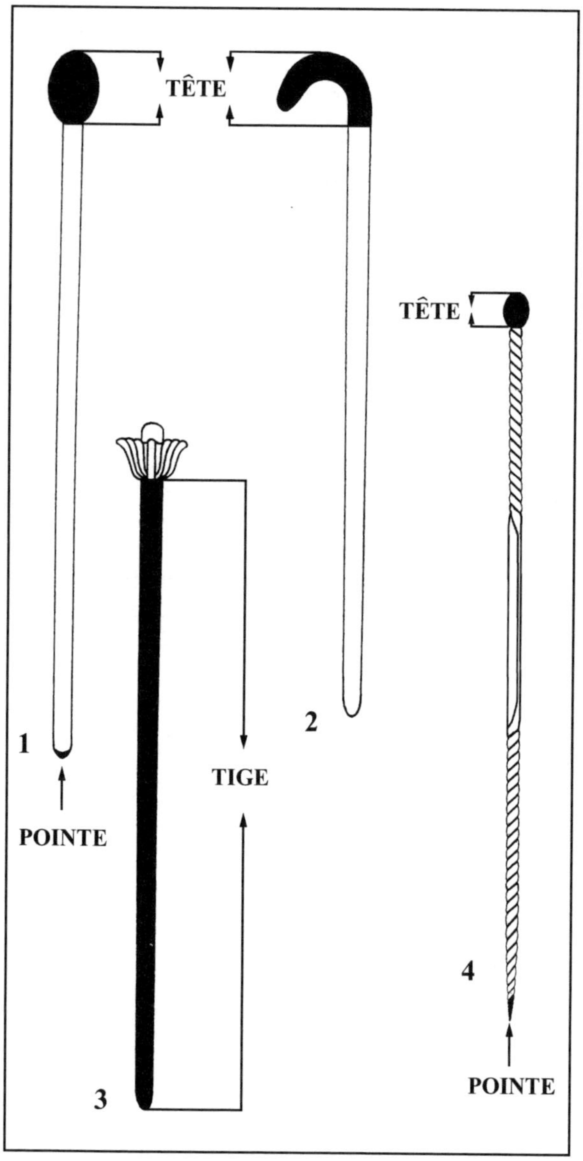

Fig. 48. Forme. 14.1. et 14.2. Épingles et styles — morphologie.
Élaboration M. Dekówna et Z. L'vova; dessins M. Dekówna, Z. L'vova et J. Nowakowski

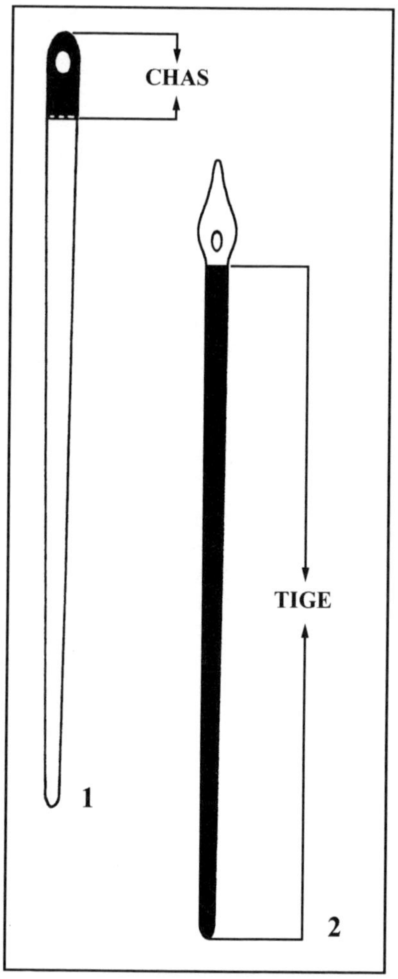

Fig. 49. Forme. 14.3. Aiguilles — morphologie.
Élaboration M. Dekówna et Z. L'vova; dessins M. Dekówna, Z. L'vova et J. Nowakowski

Fig. 48 et 49.

14. Épingles, styles, aiguilles

- 14.1. épingle
- 14.2. style
- 14.3. aiguille
- 14.4. épingle ou style
- 14.5. épingle ou aiguille
- 14.6. impossible à déterminer
- 14.7. absence de données

1. tête – forme générale
   - 1.1. géométrique
     - 1.1.1. spheroïdale
     - 1.1.2. ellipsoïdale
     - 1.1.3. semi-spheroïdale
     - 1.1.4. semi-ellipsoïdale
     - 1.1.5. portion médiane de sphéroïde
     - 1.1.6. portion médiane de semi-sphéroïde
     - 1.1.7. annulaire
     - 1.1.8. cylindrique
     - 1.1.9. semi-cylindrique
     - 1.1.10. conique
       - 1.1.10.1. tronconique
     - 1.1.11. semi-conique
       - 1.1.11.1. à sommet tronqué
     - 1.1.12. biconique
       - 1.1.12.1. cônes joints par les sommets
       - 1.1.12.2. cônes joints par les bases
         - 1.1.12.2.1. à sommet tronqué
         - 1.1.12.2.2. à sommets tronqués
     - 1.1.13. semi-biconique
       - 1.1.13.1. semi-cônes joints par les sommets
         - 1.1.13.1.1. à sommets tronqués
       - 1.1.13.2. semi-cônes joints par les bases
         - 1.1.13.2.1. à sommet tronqué
         - 1.1.13.2.2. à sommets tronqués
     - 1.1.14. cubique
     - 1.1.15. prismatique
     - 1.1.16. pyramidale
       - 1.1.16.1. à sommet tronqué
     - 1.1.17. bipyramidale
       - 1.1.17.1. à sommet tronqué
       - 1.1.17.2. à sommets tronqués

       (1.1.14–1.1.17:) 1. à angles tronqués; 2. à angles arrondis; 3. à angles tronqués et arrondis; 4. impossible à déterminer; 5. absence de données
     - 1.1.18. spheroïdale à faces
     - 1.1.19. ellipsoïdale à faces
     - 1.1.20. semi-sphéroïdale à faces
     - 1.1.21. semi-ellipsoïdale à faces
     - 1.1.22. conique à faces
     - 1.1.23. biconique à faces
     - 1.1.24. cubique à faces
     - 1.1.25. prismatique à faces
     - 1.1.26. autres à faces
     - 1.1.27. circulaire plate
     - 1.1.28. elliptique plate
     - 1.1.29. semi-circulaire plate
     - 1.1.30. semi-elliptique plate
     - 1.1.31. rectangulaire plate
     - 1.1.32. carrée plate
     - 1.1.33. triangulaire plate
     - 1.1.34. rhomboïdale plate
     - 1.1.35. trapézoïdale plate
     - 1.1.36. autre polygonale plate
     - 1.1.37. autre plate
     - 1.1.38. irrégulière plate

       (1.1.31–1.1.38:) 1. à angle tronqué; 2. à angles tronqués; 3. à angle arrondi; 4. à angles arrondis; 5. à angle tronqué et les autres arrondis; 6. à angles tronqués et un arrondi; 7. à angles tronqués et arrondis; 8. impossible à déterminer; 9. absence de données
     - 1.1.39. volume à formes courbes irrégulières
     - 1.1.40. autre
     - 1.1.41. irrégulière
     - 1.1.42. impossible à déterminer
     - 1.1.43. absence de données

   (1.1.1–1.1.39:) 1. figuratif

- 1.2. représentant un sujet
  - 1.2.1. antropomorphe
  - 1.2.2. zoomorphe
  - 1.2.3. phytomorphe
  - 1.2.4. astrale
  - 1.2.5. représentant un objet
  - 1.2.6. autre
  - 1.2.7. impossible à déterminer
  - 1.2.8. absence de données
- 1.3. impossible à déterminer
- 1.4. absence de données

2. chas
   - 2.1. forme de la section verticale du chas
     - 2.1.1. circulaire
     - 2.1.2. elliptique
     - 2.1.3. semi-circulaire
     - 2.1.4. semi-elliptique
     - 2.1.5. rectangulaire
     - 2.1.6. carré
     - 2.1.7. triangulaire
     - 2.1.8. rhomboïdal
       - (2.1.5.–2.1.8.) 1. à angles tronqués
       - 2. à angles arrondis
       - 3. à angles tronqués et arrondis
     - 2.1.9. autre
     - 2.1.10. irrégulier
     - 2.1.11. impossible à déterminer
     - 2.1.12. absence de données
   - 2.2. forme de la section horizontale du chas*
     - 2.2.1. première
     - 2.2.2. deuxième
       - (2.2.1.–2.2.2.) 1. circulaire
       - 2. elliptique
       - 3. semi-circulaire
       - 4. semi-elliptique
       - 5. rectangulaire
       - 6. carrée
       - 7. autre polygonale
         - (5.–7.) 1. à angles tronqués
         - 2. à angles arrondis
         - 3. à angles tronqués et arrondis
       - 8. autre
       - 9. irrégulière
       - 10. impossible à déterminer
       - 11. absence de données
     - 2.2.3. impossible à déterminer
     - 2.2.4. absence de données

3. tige
   - 3.1. forme générale de la tige
     - 3.1.1. cylindrique
     - 3.1.2. autre
     - 3.1.3. impossible à déterminer
     - 3.1.4. absence de données
   - 3.2. forme de la section horizontale de la tige
     - 3.2.1. circulaire
     - 3.2.2. elliptique
     - 3.2.3. rectangulaire
     - 3.2.4. carrée
     - 3.2.5. autre
     - 3.2.6. irrégulière
       - (3.2.1.–3.2.6.) 1. unique
       - 2. multiple
         - 2.1. double
         - 2.2. triple
         - 2.3. plus que triple
           - (1.–2.3.) 1. cannelée
           - 2. à grosse cannelure
           - 3. à cannelure moyenne
           - 4. à petite cannelure
           - 5. à cannelure mixte
         - 2.4. impossible à déterminer
         - 2.5. absence de données
       - 5. impossible à déterminer
       - 6. absence de données
     - 3.2.7. impossible à déterminer
     - 3.1.8. absence de données

4. pointe
   - 4.1. aiguë
   - 4.2. arrondie
   - 4.3. convexe-plate
   - 4.4. autre
   - 4.5. irrégulière
   - 4.6. impossible à déterminer
   - 4.7. absence de données

5. impossible à déterminer
6. absence de données

(M.D., J.O., N.S.)

* On décrit deux sections latérales selon l'axe médian horizontal du chas.

15. Poids
- 15.1. forme générale
  - 15.1.1. semi-sphéroïdal
  - 15.1.2. semi-ellipsoïdal
  - 15.1.3. portion médiane de sphéroïde
  - 15.1.4. conique
    - 15.1.4.1. tronconique
  - 15.1.5. circulaire plat
  - 15.1.6. elliptique plat
  - 15.1.7. rectangulaire plat } 1. à angles tronqués
  - 15.1.8. carré plat } 2. à angles arrondis
  - 15.1.9. autre polygonale plat } 3. à angles tronqués et arrondis
  - 15.1.10. autre plat
  - 15.1.11. autre
  - 15.1.12. irrégulier
  - 15.1.13. impossible à déterminer
  - 15.1.14. absence de données
- 15.2. impossible à déterminer
- 15.3. absence de données

(Z.L., J.Š.)

16. Pions de jeu

Fig. 50. 16.1. forme générale
- 16.1.1. géométrique
  - 16.1.1.1. ellipsoïdal
    - 16.1.1.1.1. à base horizontale
    - 16.1.1.1.2. à base et sommet horizontaux
  - 16.1.1.2. semi-sphéroïdal
  - 16.1.1.3. semi-ellipsoïdal
  - 16.1.1.4. petite portion d'ellipsoïde
  - 16.1.1.5. portion médiane de sphéroïde
  - 16.1.1.6. cylindrique
  - 16.1.1.7. conique
    - 16.1.1.7.1. tronconique
  - 16.1.1.8. cubique
  - 16.1.1.9. circulaire plat
  - 16.1.1.10. elliptique plat
  - 16.1.1.11. rectangulaire plat } 1. à angles tronqués
  - 16.1.1.12. carré plat } 2. à angles arrondis
  - 16.1.1.13. autre plat
  - 16.1.1.14. autre
  - 16.1.1.15. irrégulier
  - 16.1.1.16. impossible à déterminer
  - 16.1.1.17. absence de données
- 16.1.2. représentant un sujet
  - 16.1.2.1. antropomorphe
  - 16.1.2.2. zoomorphe
  - 16.1.2.3. phytomorphe
  - 16.1.2.4. astral
  - 16.1.2.5. représentant un objet
  - 16.1.2.6. autre
  - 16.1.2.7. impossible à déterminer
  - 16.1.2.8. absence de données
- 16.1.3. impossible à déterminer
- 16.1.4. absence de données

16.2. impossible à déterminer

16.3. absence de données

(Z.L., J.Š.)

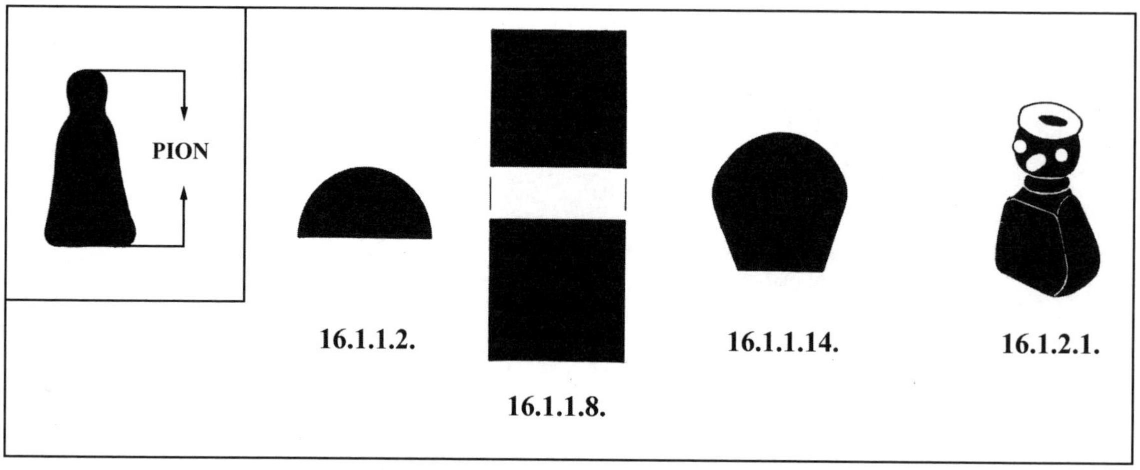

Fig. 50. Forme. 16. Pions de jeu — forme générale.
Élaboration M. Dekówna; dessins M. Dekówna, Z. L'vova et J. Nowakowski

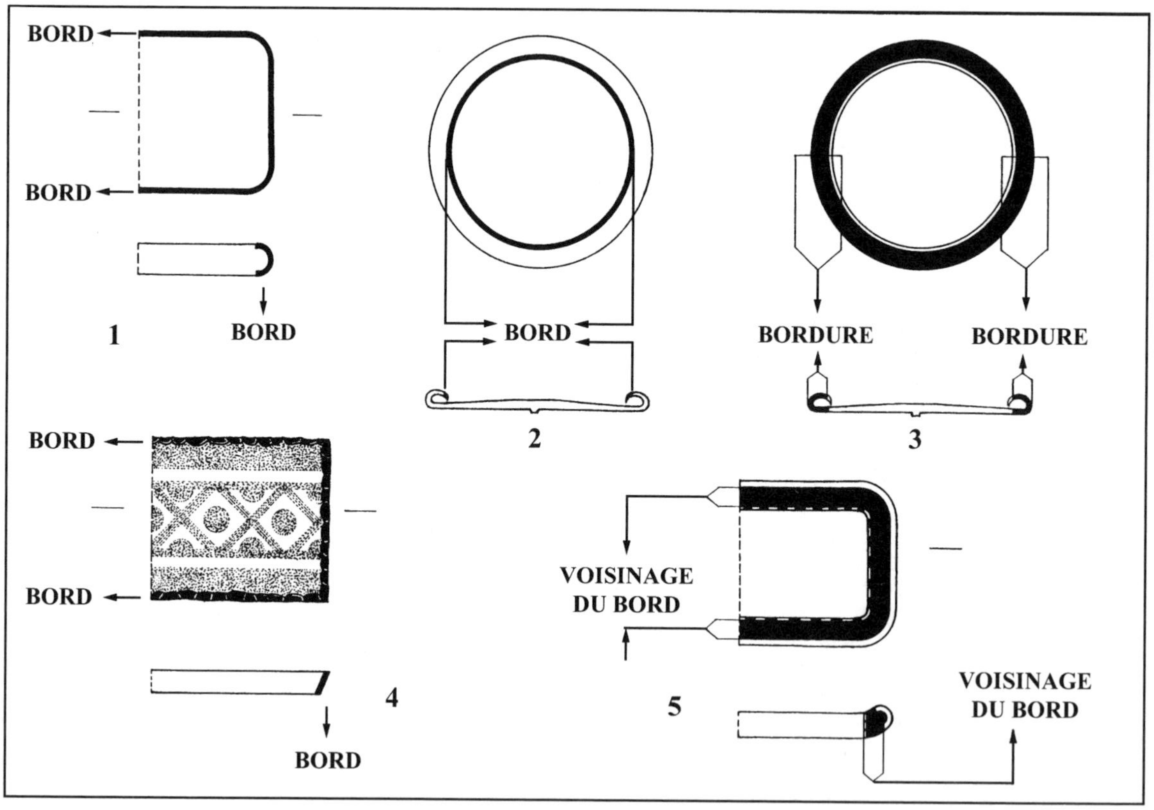

Fig. 51. Forme. 17. Vitrages — morphologie.
Élaboration M. Dekówna; dessins M. Dekówna et J. Nowakowski

Fig. 51. 17. Vitrages
Fig. 52. 17.1. vitres

17.1.1. forme générale
- 17.1.1.1. circulaire
- 17.1.1.2. elliptique
- 17.1.1.3. portion de cercle
- 17.1.1.4. portion d'ellipse
- 17.1.1.5. polygonale*
  - 17.1.1.5.1. rectangulaire
  - 17.1.1.5.2. carrée
  - 17.1.1.5.3. triangulaire
  - 17.1.1.5.4. rhomboïdale
  - 17.1.1.5.5. trapézoïdale
  - 17.1.1.5.6. autre polygonale

  (17.1.1.5.–17.1.1.5.6.:)
  1. à angle tronqué
  2. à angles tronqués
  3. à angle arrondi
  4. à angles arrondis
  5. à un angle tronqué et les autres arrondis
  6. à angles tronqués et un arrondi
  7. à angles tronqués et arrondis
- 17.1.1.6. autre
- 17.1.1.7. irrégulière
- 17.1.1.8. impossible à déterminer
- 17.1.1.9. absence de données

17.1.2. voisinage du bord
- 17.1.2.1. plat
- 17.1.2.2. recourbé
- 17.1.2.3. impossible à déterminer
- 17.1.2.4. absence de données

  (17.1.2.1.–17.1.2.4.:)
  1. sans bordure
  2. avec bordure
     - 2.1. creux
     - 2.2. plein

17.1.3. bord**
- 17.1.3.1. unique
- 17.1.3.2. multiples
  - 17.1.3.2.1. premier
  - 17.1.3.2.2. deuxième
  - 17.1.3.2.3. troisième
  - 17.1.3.2.4. quatrième
  - 17.1.3.2.5. cinquième
  - 17.1.3.2.6. sixième
  - 17.1.3.2.7. au-delà du sixième
  - 17.1.3.2.8. impossible à déterminer
  - 17.1.3.2.9. absence de données

  (17.1.3.1.–17.1.3.2.7.:)
  1. à arête vive
     - 1.1. d'un côté
     - 1.2. des deux côtés
  2. polygonal
  3. convexe
     - 3.1. d'un côté
     - 3.2. des deux côtés
  4. arrondi
     - 4.1. d'un côté
     - 4.2. des deux côtés
  5. convexe et polygonal
  6. arrondi et polygonal
  7. plat
  8. concave
     - 8.1. d'un côté
     - 8.2. des deux côtés
  9. autre
  10. impossible à déterminer
  11. absence de données

  (1.–11.:)
  1. uniforme
  2. inégal
- 17.1.3.3. impossible à déterminer
- 17.1.3.4. absence de données

17.1.4. impossible à déterminer
17.1.5. absence de données

17.2. verres à vitraux***

17.2.1. forme générale
- 17.2.1.1. géométrique
  - 17.2.1.1.1. circulaire
  - 17.2.1.1.2. elliptique
  - 17.2.1.1.3. portion de cercle
  - 17.2.1.1.4. portion d'ellipse

---

* On introduit le terme supplémentaire „polygonal" pour décrire les vitres dont le fragment conservé ne permet pas de définir la forme de l'objet entier (p.ex. carré, rectangulaire).

** On ne décrit que les bords originaux.

*** On décrit aussi bien des éléments de vitraux que des vitraux composés d'un élément (p.ex. disques à ornement en relief médiévaux de Géorgie; cf. Čchatarašvili 1978, p. 95, Pl. VIII, IX).

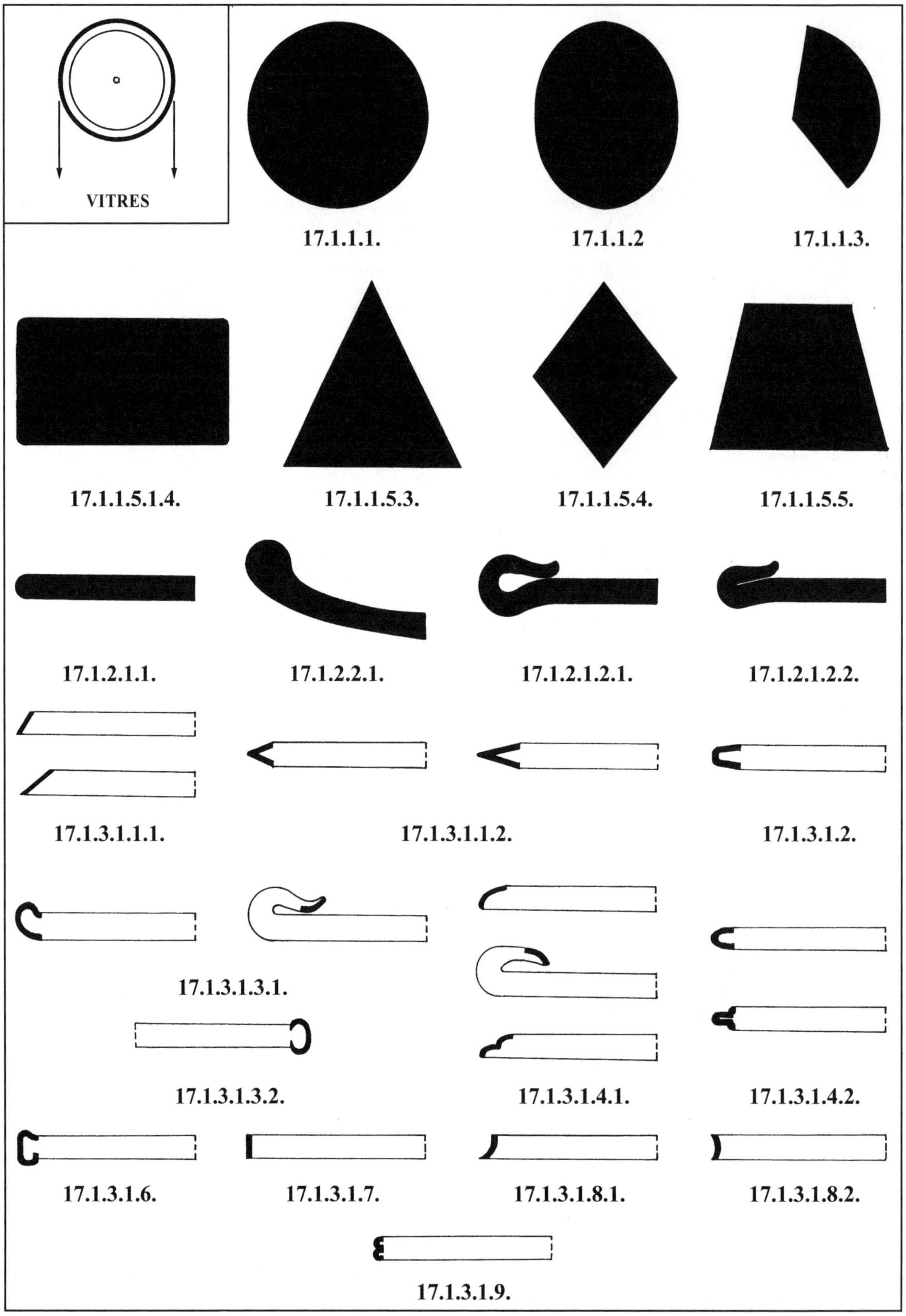

Fig. 52. Forme. 17.1. Vitres.
Élaboration J. Ščapova et M. Dekówna; dessins E.A. Kručina, M. Dekówna et J. Nowakowski

17.2.1.1.5. polygonal*
17.2.1.1.5.1. rectangulaire
17.2.1.1.5.2. carré
17.2.1.1.5.3. triangulaire
17.2.1.1.5.4. rhomboïdal
17.2.1.1.5.5. trapézoïdal
17.1.1.1.5.6. autre polygonal
17.2.1.1.6. forme courbe irrégulière
17.1.1.1.7. autre
17.1.1.1.8. irrégulier
17.1.1.1.9. impossible à déterminer
17.1.1.1.10. absence de données
17.2.1.2. représentant un sujet
17.2.1.2.1. anthropomorphe
17.2.1.2.2. zoomorphe
17.2.1.2.3. phytomorphe
17.2.1.2.4. astral
17.2.1.2.5. représentant un objet
17.2.1.2.6. autre
17.2.1.2.7. impossible à déterminer
17.2.1.2.8. absence de données
17.2.1.3. impossible à déterminer
17.2.1.4. absence de données
17.2.2. voisinage du bord
17.2.2.1. plat
17.2.2.2. recourbé
17.2.2.3. impossible à déterminer
17.2.2.4. absence de données

(17.2.2.1.–17.2.2.4.:)
1. sans bordure
2. avec bordure
2.1. pleine
2.2. creuse

17.2.3. bord**
17.2.3.1. unique
17.2.3.2. multiples
17.2.3.2.1. premier
17.2.3.2.2. deuxième
17.2.3.2.3. troisième
17.2.3.2.4. quatrième
17.2.3.2.5. cinquième
17.2.3.2.6. sixième
17.2.3.2.7. au-delà du sixième
17.2.3.2.8. impossible à déterminer
17.2.3.2.9. absence de données

(17.2.3.1.–17.2.3.2.7.:)
1. à arête vive
1.1. d'un côté
1.2. des deux côtés
2. polygonal
3. convexe
3.1. d'un côté
3.2. des deux côtés
4. arrondi
4.1. d'un côté
4.2. des deux côtés
5. convexe et polygonal
6. arrondi et polygonal
7. plat
8. concave
8.1. d'un côté
8.2. des deux côtés
9. impossible à déterminer
10. absence de données

(1.–10.:)
1. uniforme
2. inégal

17.2.3.3. impossible à déterminer
17.2.3.4. absence de données
17.2.4. impossible à déterminer
17.2.5. absence de données
17.3. impossible à déterminer
17.4. absence de données

(M.D., J.O., J.Š.)

* On introduit le terme supplémentaire „polygonal" pour décrire les verres à vitraux dont le fragment conservé ne permet pas de définir la forme de l'objet entier (p.ex. carré, rectangulaire).
** On ne décrit que les bords originaux.

Fig. 53. 18. Cubes de mosaïque

- 18.1. corps – forme générale
  - 18.1.1. sphéroïdal
  - 18.1.2. ellipsoïdal
  - 18.1.3. portion de sphéroïde
  - 18.1.4. portion d'ellipsoïde
  - 18.1.5. cylindrique
  - 18.1.6. semi-cylindrique
  - 18.1.7. conique
    - 18.1.7.1. tronconique
  - 18.1.8. semi-conique
    - 18.1.8.1. à sommet tronqué
  - 18.1.9. cubique
  - 18.1.10. prismatique
  - 18.1.11. pyramidal
    - (18.1.9.–18.1.11.) 1. à angles tronqués / 2. à angles arrondis / 3. à angles tronqués et arrondis
  - 18.1.12. circulaire plat
  - 18.1.13. elliptique plat
  - 18.1.14. semi-circulaire plat
  - 18.1.15. semi-elliptique plat
  - 18.1.16. rectangulaire plat
  - 18.1.17. carré plat
  - 18.1.18. triangulaire plat
  - 18.1.19. rhomboïdal plat
  - 18.1.20. trapézoïdal plat
  - 18.1.21. polygonal plat
  - 18.1.22. autre plat
  - 18.1.23. irrégulier plat
    - (18.1.16.–18.1.23.) 1. à angle tronqué / 2. à angles tronqués / 3. à angle arrondi / 4. à angles arrondis / 5. à un angle tronqué et les autres arrondis / 6. à angles tronqués et un arrondi / 7. à angles tronqués et arrondis
  - 18.1.24. volume à formes courbes irrégulières
  - 18.1.25. autre
  - 18.1.26. irrégulier
  - 18.1.27. impossible à déterminer
  - 18.1.28. absence de données

- 18.2. bord
  - 18.2.1. unique
  - 18.2.2. multiples
    - 18.2.2.1. premier
    - 18.2.2.2. deuxième
    - 18.2.2.3. troisième
    - 18.2.2.4. quatrième
    - 18.2.2.5. cinquième
    - 18.2.2.6. sixième
    - 18.2.2.7. septième
    - 18.2.2.8. huitième
    - 18.2.2.9. neuvième
    - 18.2.2.10. dixième
    - 18.2.2.11. onzième
    - 18.2.2.12. douzième
    - 18.2.2.13. au-delà du douzième
    - 18.2.2.14. tous les bords
      - (18.2.1.–18.2.2.14.) 1. à arête vive / 2. convexe (2.1. d'un côté / 2.2. des deux côtés) / 3. arrondi / 4. impossible à déterminer / 5. absence de données
        - (1.–3.) 1. plat / 2. convexe / 3. concave / 4. impossible à déterminer / 5. absence de données
          - (1.–5.) 1. uniforme / 2. inégal
    - 18.2.2.15. impossible à déterminer
    - 18.2.2.16. absence de données
  - 18.2.3. impossible à déterminer
  - 18.2.4. absence de données

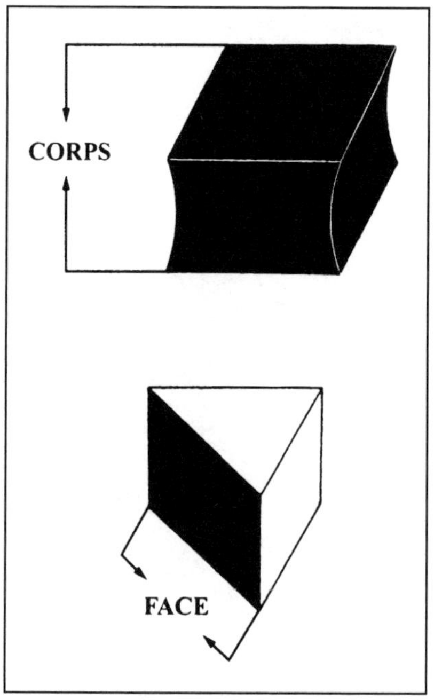

Fig. 53. Forme.
18. Cubes de mosaïque —
— morphologie.

Élaboration M. Dekówna;
dessins M. Dekówna et J. Nowakowski

18.3. face
- 18.3.1. unique
- 18.3.2. multiples
  - 18.3.2.1. première
  - 18.3.2.2. deuxième
  - 18.3.2.3. troisième
  - 18.3.2.4. quatrième
  - 18.3.2.5. cinquième
  - 18.3.2.6. sixième
  - 18.3.2.7. au-delà de la sixième
  - 18.3.2.8. toutes les faces
  - 18.3.2.9. impossible à déterminer
  - 18.3.2.10. absence de données
- 18.3.3. impossible à déterminer
- 18.3.4. absence de données

18.4. impossible à déterminer
18.5. absence de données

(18.3.1. – 18.3.2.8.):
1. perpendiculaire
2. oblique
3. convexe
   - 3.1. pleine
   - 3.2. creuse
4. concave
5. impossible à déterminer
6. absence de données

(1. – 4.):
1. uniforme
2. inégale
3. impossible à déterminer
4. absence de données

(1. – 2.):
1. supérieure*
2. latérale
3. inférieure

(M.D., J.O., J.Š.)

19. Autres objets**

D. Ornement

1. Emplacement de l'ornement***
- 1.1. en surface
  - 1.1.1. toute la surface
    - 1.1.1.1. extérieure
    - 1.1.1.2. intérieure
    - 1.1.1.3. extérieure et intérieure
    - 1.1.1.4. impossible à déterminer
    - 1.1.1.5. absence de données
  - 1.1.2. localement
    - 1.1.2.1. à l'extérieur
    - 1.1.2.2. à l'intérieur
    - 1.1.2.3. à l'extérieur et à l'intérieur
    - 1.1.2.4. impossible à déterminer
    - 1.1.2.5. absence de données
- 1.2. à l'intérieur du verre
  - 1.2.1. dans tout le volume
  - 1.2.2. localement
  - 1.2.3. impossible à déterminer
  - 1.2.4. absence de données
- 1.3. impossible à déterminer
- 1.4. absence de données

(1.1. – 1.4.):
1. sur le bord
   - 1.1. du récipient
   - 1.2. du chaton
   - 1.3. du canal
     - 1.3.1. unique
     - 1.3.2. multiples
       - 1.3.2.1. premier
       - 1.3.2.2. deuxième
       - 1.3.2.3. troisième
       - 1.3.2.4. quatrième
       - 1.3.2.5. au-delà du quatrième
       - 1.3.2.6. tous les canaux
       - 1.3.2.7. impossible à déterminer
       - 1.3.2.8. absence de données
     - 1.3.3. impossible à déterminer
     - 1.3.4. absence de données

(1.1. – 1.2.):
1. unique
2. multiples
   - 2.1. premier
   - 2.2. deuxième
   - 2.3. troisième
   - 2.4. quatrième
   - 2.5. au-delà du quatrième
   - 2.6. tous
   - 2.7. impossible à déterminer
   - 2.8. absence de données
3. impossible à déterminer
4. absence de données

(1.3.1. – 1.3.4.):
1. sur un bord
2. sur l'autre bord
3. sur les deux bords

---

* Ce segment du schéma de description s'applique uniquement lorsqu'il est possible d'identifier la face supérieure.
** Voir chapitre I.4.
***Lorsque l'objet n'est décrit que selon la deuxième colonne du schéma (1.1. – 1.4.), cela signifie que la déscription concerne tout l'objet, p.ex. toute la perle ornée d'une feuille métallique.

1.4. du chaton ou du canal
    1.4.1. unique
    1.4.2. multiples
        1.4.2.1. premier
        1.4.2.2. deuxième
        1.4.2.3. troisième
        1.4.2.4. quatrième
        1.4.2.5. au-delà du quatrième
        1.4.2.6. tous
        1.4.2.7. impossible à déterminer
        1.4.2.8. absence de données
    1.4.3. impossible à déterminer
    1.4.4. absence de données
1.5. impossible à déterminer
1.6. absence de données

2. sur la lèvre 3. sur le col 4. sur la panse* 5. sur le corps** 6. sur le fond	1. unique 2. multiples 2.1. première 2.2. deuxième 2.3. troisième 2.4. quatrième 2.5. au-delà du quatrième 2.6. tous 2.7. impossible à déterminer 2.8. absence de données 3. impossible à déterminer 4. absence de données	1. sur toute la surface 2. dans la partie supérieure 3. dans la partie médiane 4. dans la partie inférieure 5. à la base 6. sur le bord

7. sur la bordure***
8. à la base

9. sur la préhension 9.1. sur l'anse 9.2. sur le manche 9.3. sur le tenon 9.4. impossible à déterminer 9.5. absence de données 10. sur la jambe 11. sur le pied 11.1. sur la panse 11.2. sur la bordure 11.3. sur le fond 11.4. impossible à déterminer 11.5. absence de données	1. unique 2. multiples 2.1. première 2.2. deuxième 2.3. troisième 2.4. quatrième 2.5. au-delà de quatrième 2.6. tous (toutes) 2.7. impossible à déterminer 2.8. absence de données 3. impossible à déterminer 4. absence de données	1. sur toute la surface 2. dans la partie supérieure 3. dans la partie médiane 4. dans la partie inférieure 5. à la base 6. sur le bord

12. sur le bouton****

13. sur le bec 14. sur le canal	1. unique 2. multiples 2.1. premier 2.2. deuxième 2.3. troisième 2.4. quatrième 2.5. au-delà du quatrième 2.6. tous 2.7. impossible à déterminer 2.8. absence de données 3. impossible à déterminer 4. absence de données	1. sur toute la surface 2. dans la partie supérieure 3. dans la partie médiane 4. dans la partie inférieure 5. à la base 6. sur le bord

* Concerne les récipients.
** Concerne les pendeloques, perles, pièces d'applique, boutons, fusaïoles et pendentifs.
*** Ne concerne que les couvercles.
**** Concerne le „bouton" dans la partie inférieure de la lampe.

15. sur la baguette* ←
- 1. unique
- 2. sur les baguettes multiples
  - 2.1. première
  - 2.2. deuxième
  - 2.3. troisième
  - 2.4. quatrième
  - 2.5. cinquième
  - 2.6. sixième
  - 2.7. au-delà de la sixième
  - 2.8. sur toutes les baguettes
  - 2.9. impossible à déterminer
  - 2.10. absence de données
- 3. impossible à déterminer
- 4. absence de données

→
- 1. sur toute la surface
- 2. dans la partie supérieure
- 3. dans la partie médiane
- 4. dans la partie inférieure
- 5. à la base
- 6. sur le bord

16. sur la monture

17. sur la plaque ←
- 1. sur plaque unique
- 2. sur les plaques multiples
  - 2.1. première
  - 2.2. deuxième
  - 2.3. troisième
  - 2.4. quatrième
  - 2.5. au-delà de la quatrième
  - 2.6. sur toutes les plaques
  - 2.7. impossible à déterminer
  - 2.8. absence de données
- 3. impossible à déterminer
- 4. absence de données

→
- 1. sur toute la surface
- 2. dans la partie médiane
- 3. à la base

18. sur l'intaille

19. sur l'embout ←
- 1. sur embout unique
- 2. sur les embouts multiples
  - 2.1. premier
  - 2.2. deuxième
  - 2.3. les deux
  - 2.4. impossible à déterminer
  - 2.5. absence de données
- 3. impossible à déterminer
- 4. absence de données

→
- 1. sur toute la surface
- 2. dans la partie supérieure
- 3. dans la partie médiane
- 4. dans la partie inférieure
- 5. à la base
- 6. sur la base
- 7. sur le bord

20. sur la tête
21. sur le chas
22. sur la tige**
23. sur le poids
24. sur le pion de jeu
25. sur la vitre
26. sur la plaque de vitrail
27. sur le cube de mosaïque
28. sur d'autres éléments

→ (20–28)
- 1. sur toute la surface
- 2. dans la partie supérieure
- 3. dans la partie médiane
- 4. dans la partie inférieure
- 5. à la base
- 6. sur la base
- 7. sur le bord

29. impossible à déterminer
30. absence de données

Fig. 54.

2. Éléments d'ornement
- 2.1. géométriques
  - 2.1.1. point
    - 2.1.1.1. simple
    - 2.1.1.2. multiple

---

* Ne concerne que les bracelets et les ronds.

** Concerne les baguettes, épingles, styles et aiguilles.

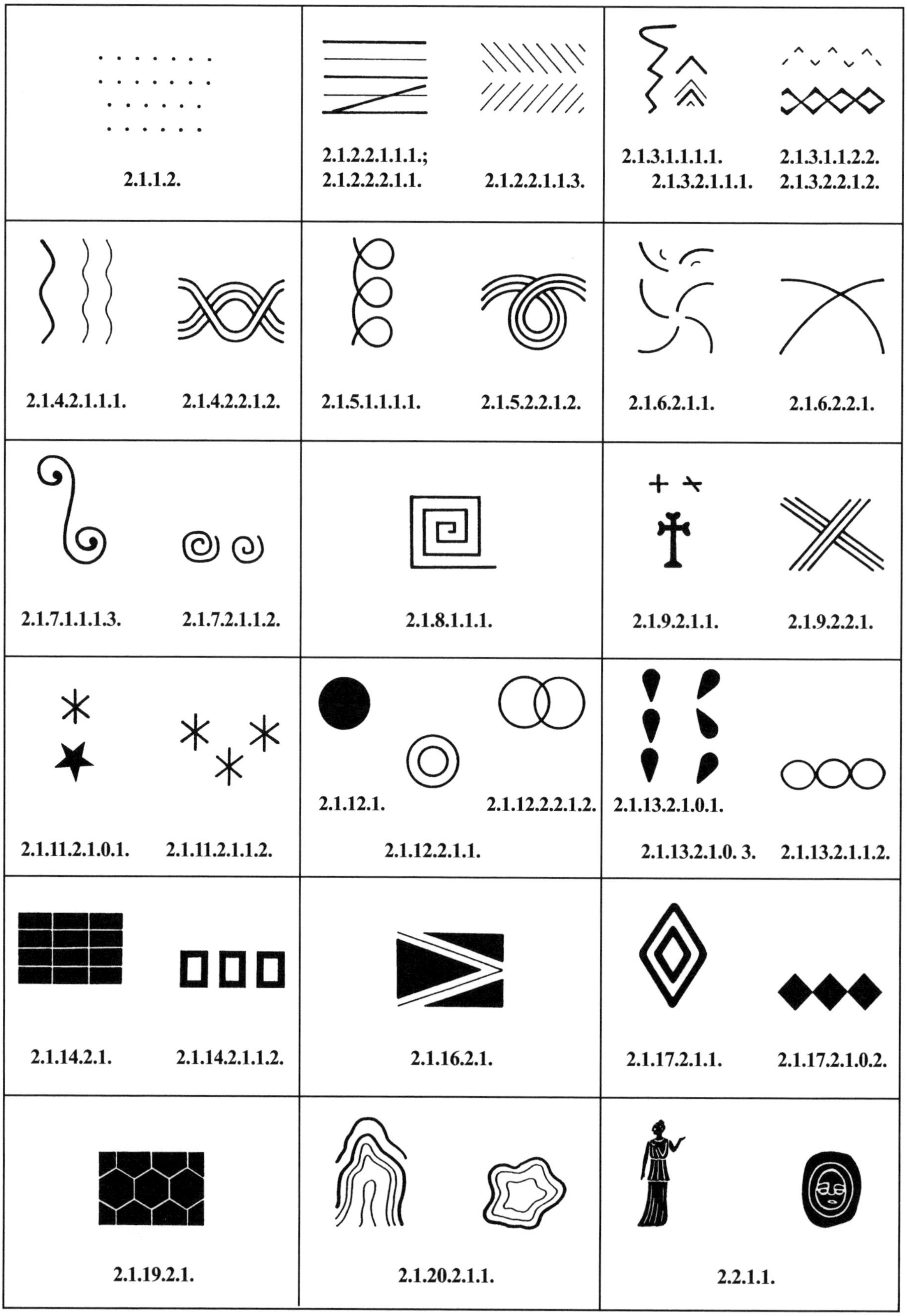

Fig. 54. Forme. Ornement — éléments d'ornement.
Élaboration M. Dekówna; dessins Z. L'vova, M. Dekówna et B. Kamińska

Fig. 54 (suite)

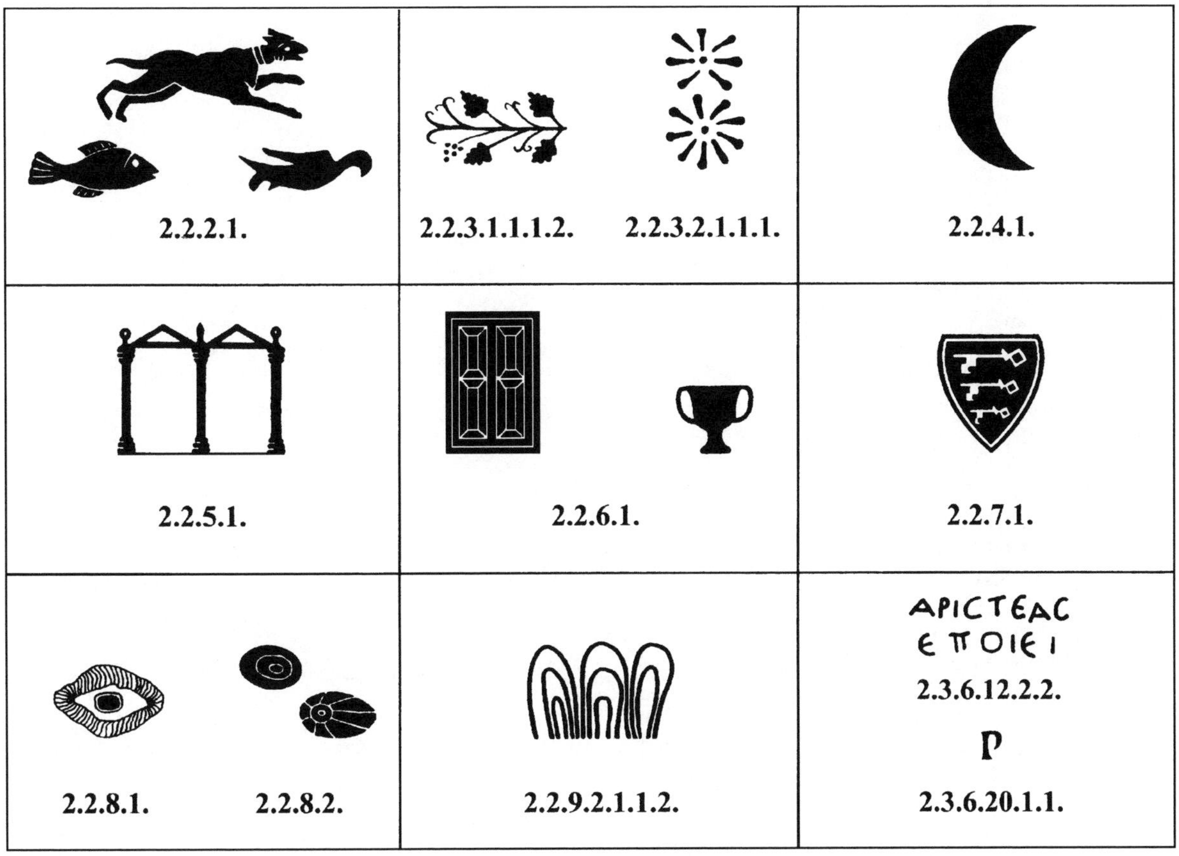

2.1.2. ligne droite
  2.1.2.1. simple
  2.1.2.2. multiple
2.1.3. ligne brisée
  2.1.3.1. simple
  2.1.3.2. multiple
2.1.4. ligne ondulée
  2.1.4.1. simple
  2.1.4.2. multiple
2.1.5. ligne spirale
  2.1.5.1. simple
  2.1.5.2. multiple
2.1.6. ligne arquée
  2.1.6.1. simple
  2.1.6.2. multiple
2.1.7. ligne courbe
  2.1.7.1. simple
  2.1.7.2. multiple
2.1.8. méandre
  2.1.8.1. simple
  2.1.8.2. multiple
2.1.9. croix
  2.1.9.1. simple
  2.1.9.2. multiple
2.1.10. croix gammée
  2.1.10.1. simple
  2.1.10.2. multiple

1. non entrecroisé(e)s
2. entrecroisé(e)s
3. impossible à déterminer
4. absence de données

1. continu(e)s
  1.1. longitudinaux, -ales
  1.2. transversaux, -ales
  1.3. obliques
  1.4. impossible à déterminer
  1.5. absence de données
2. discontinu(e)s
  2.1. longitudinaux, -ales
  2.2. transversaux, -ales
  2.3. obliques
  2.4. impossible à déterminer
  2.5. absence de données
3. impossible à déterminer
4. absence de données

1. sur tout le pourtour
2. sur une partie du pourtour

2.1.11. étoile*
    2.1.11.1. simple
    2.1.11.2. multiple
2.1.12. cercle
    2.1.12.1. simple
    2.1.12.2. multiple
2.1.13. ellipse
    2.1.13.1. simple
    2.1.13.2. multiple
2.1.14. rectangle
    2.1.14.1. simple
    2.1.14.2. multiple
2.1.15. carré
    2.1.15.1. simple
    2.1.15.2. multiple
2.1.16. triangle
    2.1.16.1. simple
    2.1.16.2. multiple
2.1.17. rhombe
    2.1.17.1. simple
    2.1.17.2. multiple
2.1.18. trapèze
    2.1.18.1. simple
    2.1.18.2. multiple
2.1.19. polygone
    2.1.19.1. simple
    2.1.19.2. multiple
2.1.20. autre
    2.1.20.1. simple
    2.1.20.2. multiple
2.1.21. irrégulier
    2.1.21.1. simple
    2.1.21.2. multiple
2.1.22. impossible à déterminer
2.1.23. absence de données

2.2. Représentant un sujet
    2.2.1. anthropomorphe
    2.2.2. zoomorphe
    2.2.3. phytomorphe
    2.2.4. astral
    2.2.5. architectonique
    2.2.6. representant un objet
    2.2.7. héraldique
    2.2.8. „ocellé"
    2.2.9. „plume d'oiseau"
    2.2.10. autre
    2.2.11. indéterminé

1. simple
2. multiple
3. impossible à déterminer
4. absence de données

1. non entrecroisé(e)s
2. entrecroisé(e)s
3. impossible à déterminer
4. absence de données

1. continu(e)s
    1.1. longitudinaux, -ales
    1.2. transversaux, -ales
    1.3. obliques
    1.4. impossible à déterminer
    1.5. absence de données
2. discontinu(e)s
    2.1. longitudinaux, -ales
    2.2. transversaux, -ales
    2.3. obliques
    2.4. impossible à déterminer
    2.5. absence de données
3. impossible à déterminer
4. absence de données

1. sur tout le pourtour
2. sur une partie du pourtour

    2.2.12. impossible à déterminer
    2.2.13. absence de données

2.3. Écriture**
    2.3.1. cunéiforme
    2.3.2. hiéroglyphique
    2.3.3. pictographique
    2.3.4. linéaire
    2.3.5. idéographique

---

* Forme rapellant une étoile composée d'éléments géométriques.

** Le schéma de description ne proposant que le choix des principaux types d'écriture a été élaboré à partir de l'ouvrage: Diringer 1972.

- 2.3.6. alphabetique
  - 2.3.6.1. arabe
  - 2.3.6.2. hébraïque
  - 2.3.6.3. phénicienne
  - 2.3.6.4. punique
  - 2.3.6.5. araméenne
  - 2.3.6.6. syrienne
  - 2.3.6.7. pehlvie
  - 2.3.6.8. kök türk*
  - 2.3.6.9. ouïgoure
  - 2.3.6.10. arménienne
  - 2.3.6.11. géorgienne
  - 2.3.6.12. grecque
  - 2.3.6.13. copte
  - 2.3.6.14. gothique
  - 2.3.6.15. cyrillique
  - 2.3.6.16. glagolitique
  - 2.3.6.17. étrusque
  - 2.3.6.18. runique
  - 2.3.6.19. ogamique
  - 2.3.6.20. latine
  - 2.3.6.21. autre
    - 1. lettres
      - 1.1. séparées
      - 1.2. quelques lettres
    - 2. mots
      - 2.1. séparés
      - 2.2. quelques mots
    - 3. impossible à déterminer
    - 4. absence de données
  - 2.3.6.22. impossible à déterminer
  - 2.3.6.23. absence de données
- 2.4. impossible à déterminer
- 2.5. absence de données

3. Caractéristiques de l'ornement
   - 3.1. Relief
     - 3.1.1. convexe
     - 3.1.2. plat
     - 3.1.3. plat-convexe
     - 3.1.4. concave
     - 3.1.5. plat-concave
     - 3.1.6. plat-convexe-concave
     - 3.1.7. impossible à déterminer
     - 3.1.8. absence de données
   - 3.2. Matériau
     - 3.2.1. verre
     - 3.2.2. émail
     - 3.2.3. verre et émail
     - 3.2.4. métal
     - 3.2.5. verre et métal
     - 3.2.6. émail et métal
     - 3.2.7. verre, émail et métal
     - 3.2.8. peinture
     - 3.2.9. verre et peinture
     - 3.2.10. émail et peinture
     - 3.2.11. verre, émail et peinture
     - 3.2.12. métal et peinture
     - 3.2.13. verre, métal et peinture
     - 3.2.14. émail, métal et peinture
     - 3.2.15. verre, émail, métal et peinture
     - 3.2.16. impossible à déterminer
     - 3.2.17. absence de données
   - 3.3. impossible à déterminer
   - 3.4. absence de données
4. impossible à déterminer
5. absence de données

(Ensemble des auteurs)

*Ancien turc.

12. FIGURE

Remarques générales

L'objet publié sur la fiche est illustré par un dessin ou une photographie. L'illustration ne peut pas dépasser le cadre destiné à cet effet sur la fiche.

Le dessin devrait comporter, dans la mesure du possible, deux plans et une section de l'objet et être muni de l'échelle linéaire. L'échelle doit aussi figurer sur la photographie. En cas d'absence d'échelle, ce qui peut arriver lorsque toutes les données sur l'objet viennent de la littérature, dans la rubrique *Figure*, après deux points, on donnera l'information: „absence d'échelle" ou, lorqu'il manque l'illustration — „absence de données".

Les informations insérées dans cette rubrique ne sont ni codées ni classées.

(M.D.)

13. DIMENSIONS

Remarques générales

L'importante quantité de genres d'objets en verre et la diversité de leurs formes, surtout en ce qui concerne les récipients, souvent très complexes, avec de nombreux éléments de construction, font qu'un éventuel programme détaillé de description de leurs dimensions élaboré dans le système décimal de classement comporterait environ deux mille positions. Dans son ampleur, il serait donc plus vaste que les schémas de description, p.ex., de la forme de certains types d'objets. Pour ce qui est du contenu thématique, les proportions entre les différents chapitres du présent ouvrage seraient déséquilibrées. Par ailleurs, il serait certainement difficile de manier un programme si développé. C'est pourquoi nous proposons de remplacer le schéma construit entièrement sur le système décimal par un schéma simplifié composé de lettres et de chiffres.

Les dimensions de chaque objet ou de sa partie seront décrites selon les principes suivants:

1. En premier temps, dans le schéma de description de *C. Objet brut* ou *D. Ornement* correspondant à l'objet on choisira l'élément chiffré et verbal respectif, p.ex. 12.1. (Lissoirs, Manche) ou 2.1.2.1. (ligne droite simple). En donnant les dimensions de l'objet envisagé, on tiendra compte de tous ses éléments et ceci dans le même odre qu'ils figurent dans la rubrique *Forme*, y compris les codes.
2. En deuxième étape, les types et localisation de la mensuration seront déterminés au moyen de lettres et de chiffres (code alphanumérique) pris dans le *Schéma de description* figurant ci–après.
3. En dernier lieu, après chaque symbole alphanumérique et en laissant un espace vide, on inscrira les mensurations en centimètres.

Ainsi, la transcription complète des dimensions du manche de lissoir serait comme suit: 12.1. D1 — 2,8 x 2,9 cm; H1 — 9,8 cm (voir aussi Fig. 4a).

Dans certains cas particuliers, p.ex. lorsque de tout l'objet il ne subsiste qu'un petit éclat, ce qui exclut toute possibilité de mensuration, ou que l'objet est connu uniquement de la littérature et en absence de toute information sur ses dimensions, nous inscrivons respectivement: SX ou SY, ou encore dans le cas de certaines dimensions, p.ex.: LX ou LY.

Schéma de description

1. Objet			
1.1. objet brut	D – diamètre	1. maximum	
1.2. ornement	E – épaisseur*	2. minimum	
1.3. impossible à déterminer	Ev – épaisseur**	3. extérieur	
1.4. absence de données	H – hauteur	4. intérieur	1. minimum
	L – longueur	5. dans la partie supérieure	2. maximum
	P – profondeur	6. au milieu	
	R – largeur	7. dans la partie inférieure	
	S – dimensions	8. impossible à déterminer	
	X – impossible à déterminer	9. absence de données	
	Y – absence de données		

(M.D., J.O.)

* Concerne des objets massifs ou leurs parties.

** Concerne la paroi d'objet vide à l'intérieur, p.ex. récipient ou perle exécutés par soufflage.

14. TRACES D'OPÉRATIONS TECHNIQUES

Schéma de description

1. Emplacement*
   - 1.1. Sur l'objet brut
     - 1.1.1. sur tout l'objet
     - 1.1.2. par endroits ←
     - 1.1.3. impossible à déterminer
     - 1.1.4. absence de données
   - 1.2. Sur l'ornement
     - 1.2.1. sur tout l'ornement
     - 1.2.2. par endroits ←
     - 1.2.3. impossible à déterminer
     - 1.2.4. absence de données
   - 1.3. Sur l'objet brut et sur l'ornement
     - 1.3.1. sur l'ensemble de l'objet et de l'ornement
     - 1.3.2. par endroits ←
     - 1.3.3. impossible à déterminer
     - 1.3.4. absence de données
   - 1.4. Impossible à déterminer
   - 1.5. Absence de données

1. sur le bord
   - 1.1. du récipient
   - 1.2. du chaton
     - 1. unique
     - 2. premier
     - 3. deuxième
     - 4. troisième
     - 5. quatrième
     - 6. au-delà du quatrième
     - 7. tous les récipients/ /les chatons
     - 8. impossible à déterminer
     - 9. absence de données
   - 1.3. du canal ←
     - 1. unique
     - 2. premier
     - 3. deuxième
     - 4. troisième
     - 5. quatrième
     - 6. au-delà du quatrième
     - 7. tous
     - 8. impossible à déterminer
     - 9. absence de données
       - 1. sur un bord
       - 2. sur le deuxième bord
       - 3. sur les deux bords
   - 1.4. du chaton ou du canal
   - 1.5. impossible à déterminer
   - 1.6. absence de données
     - 1. unique
     - 2. premier
     - 3. deuxième
     - 4. troisième
     - 5. quatrième
     - 6. au-delà du quatrième
     - 7. tous les chatons/ /les canaux
     - 8. impossible à déterminer
     - 9. absence de données
2. sur la lèvre
3. sur le col
4. sur la panse
5. sur le corps
6. sur le fond
   - 1. unique
   - 2. premier/première
   - 3. deuxième
   - 4. troisième
   - 5. quatrième
   - 6. au-delà du quatrième
   - 7. tous les chatons/ /les canaux
     - 1. sur toute la surface
     - 2. dans la partie supérieure
     - 3. dans la partie médiane
     - 4. dans la partie inférieure
     - 5. à la base
     - 6. sur le bord
   - 8. impossible à déterminer
   - 9. absence de données

* Les désignations „sur l'objet brut" (1.1.), „sur l'ornement" (1.2.) et „sur l'objet brut et sur l'ornement" (1.3.) portent une information générale concernant la partie de l'objet où sont repérables les traces d'opérations techniques. Tandis que le mode de description des détails relatifs à l'emplacement des traces est donné dans le segment 2. et 3. et les suivants du présent schéma. Lorsque l'objet n'est décrit que selon la deuxième colonne du programme (1.1.–1.5.), cela signifie que la description concerne l'objet dans sa totalité. Si, en revanche, on ne décrit qu'une partie de l'objet, il convient de signaler sur la fiche la position „par endroits" (1.1.2., ou 1.2.2., ou 1.3.2.) et plus loin les positions respectives de la colonne 2 (1.–29.) et des colonnes latérales qui suivent.

- 7. sur la bordure
- 8. sur la base
  - 1. sur toute la surface
  - 2. dans la partie supérieure
  - 3. dans la partie médiane
  - 4. dans la partie inférieure
- 9. sur la préhension
  - 9.1. sur l'anse
  - 9.2. sur le manche
  - 9.3. sur le tenon
  - 9.4. impossible à déterminer
  - 9.5. absence de données
- 10. sur la jambe
  - 1. unique
  - 2. premier/première
  - 3. deuxième
  - 4. troisième
  - 5. quatrième
  - 6. au-delà du/de la quatrième
  - 7. tous/toutes
    - 1. sur toute la surface
    - 2. dans la partie supérieure
    - 3. dans la partie médiane
    - 4. dans la partie inférieure
    - 5. à la base
    - 6. sur le bord
  - 8. impossible à déterminer
  - 9. absence de données
- 11. sur le pied
  - 11.1. sur la panse
  - 11.2. sur la bordure
  - 11.3. sur le fond
  - 11.4. impossible à déterminer
  - 11.5. absence de données
    - 1. sur toute la surface
    - 2. dans la partie supérieure
    - 3. dans la partie médiane
    - 4. dans la partie inférieure
    - 5. à la base
    - 6. sur le bord
- 12. sur le bouton
- 13. sur le bec
  - 13.1. sur la lèvre
  - 13.2. sur la panse
  - 13.3. impossible à déterminer
  - 13.4. absence de données
- 14. sur le canal
  - 1. unique
  - 2. premier/ /première
  - 3. deuxième
  - 4. troisième
  - 5. quatrième
  - 6. au-delà du/de la quatrième
  - 7. tous/toutes
    - 1. sur toute la surface
    - 2. dans la partie supérieure
    - 3. dans la partie médiane
    - 4. dans la partie inférieure
    - 5. à la base
    - 6. sur le bord
  - 8. impossible à déterminer
  - 9. absence de données
- 15. sur la baguette ←
  - 1. unique
  - 2. première
  - 3. deuxième
  - 4. troisième
  - 5. quatrième
  - 6. cinquième
  - 7. sixième
  - 8. au-delà de la sixième
  - 9. toutes
  - 10. impossible à déterminer
  - 11. absence de données
- 16. sur la monture
- 17. sur la plaque ←
  - 1. unique
  - 2. première
  - 3. deuxième
  - 4. troisième
  - 5. quatrième
  - 6. au-delà de la quatrième
  - 7. toutes
    - 1. sur toute la surface
    - 2. dans la partie médiane
    - 3. à la base
  - 8. impossible à déterminer
  - 9. absence de données

- 18. sur l'intaille
- 19. sur l'embout
  - 1. sur l'un
  - 2. sur le deuxième
  - 3. sur les deux
    - 1. sur toute la surface
    - 2. dans la partie supérieure
    - 3. dans la partie médiane
    - 4. dans la partie inférieure
    - 5. à la base
    - 6. sur le bord
  - 4. impossible à déterminer
  - 6. absence de données
- 20. sur la tête
- 21. sur le chas
- 22. sur la tige
- 23. sur le poids
- 24. sur le pion de jeu
- 25. sur le verre à vitrail
- 26. sur une face du cube de mosaïque
- 27. sur d'autres éléments
- 28. impossible à déterminer
- 29. absence de données
  - 1. sur toute la surface
  - 2. dans la partie supérieure
  - 3. dans la partie médiane
  - 4. dans la partie inférieure
  - 5. à la base
  - 6. sur la base
  - 7. sur le bord

2. Répartition de la masse de verre
   - 2.1. Régulière
   - 2.2. Irrégulière
     - 1. longitudinale
     - 2. transversale
     - 3. oblique
     - 4. concentrique
     - 5. en spirale
     - 6. chaotique
     - 7. autre

     (par rapport à l'axe de l'objet)
   - 2.3. Impossible à déterminer
   - 2.4. Absence de données

3. Surface – aspect général
   - 3.1. Surface extérieure
     - 3.1.1. toute la surface
     - 3.1.2. par endroits
     - 3.1.3. impossible à déterminer
     - 3.1.4. absence de données
   - 3.2. Surface intérieure
     - 3.2.1. toute la surface
     - 3.2.2. par endroits
     - 3.2.3. impossible à déterminer
     - 3.2.4. absence de données
   - 3.3. Surface extérieure et intérieure
     - 3.3.1. toute la surface
     - 3.3.2. par endroits
     - 3.3.3. impossible à déterminer
     - 3.3.4. absence de données
   - 3.4. Impossible à déterminer
   - 3.5. Absence de données
     - 1. mate
     - 2. brillante
     - 3. mate et brillante
     - 4. impossible à déterminer
     - 5. absence de données
       - 1. lisse
       - 2. rugueuse
       - 3. lisse et rugueuse
       - 4. poreuse
       - 5. lisse et poreuse
       - 6. rugueuse et poreuse
       - 7. lisse, rugueuse et poreuse

4. Traces sur la surface
   - 4.1. Extérieure
   - 4.2. Intérieure
   - 4.3. Extérieure et intérieure
   - 4.4. Impossible à déterminer
   - 4.5. Absence de données
     - 1. un côté du fil/de la bande de verre non incorporé
     - 2. les deux côtés du fil/de la bande de verre non incorporés
     - 3. l'extremité du fil/de la bande de verre non incorporée
     - 4. les deux extremités du fil/de la bande de verre non incorporées
     - 5. soudure
       - 5.1. unique
       - 5.2. première
       - 5.3. deuxième
       - 5.4. troisième
       - 5.5. quatrième
       - 5.6. au-delà de la quatrième
         - 1. saillante
           - 1.1. bout à bout
           - 1.2. à recouvrement
         - 2. plate
           - 2.1. bout à bout
           - 2.2. à recouvrement
         - 3. concave
       - 1. trace de pontil
       - 2. trace de moule
       - 3. trace de couteau
       - 4. trace de ciseaux
       - 5. trace de pince
       - 6. trace de pincette
       - 7. trace de burin
       - 8. trace de pointe
       - 9. trace de perçage
       - 10. trace de fletteuse
       - 11. trace de plaque
       - 12. cavernes gazeuses
       - 13. empreintes de sable
       - 14. empreintes de bois
       - 15. autres

6. rugosités
7. aplatissements
8. enfoncements
9. autres
10. impossible à déterminer
11. absence de données

3.1. bout à bout
3.2. à recouvrement
4. impossible à déterminer
5. absence de données

5. Traces à l'intérieure du verre
   5.1. Inclusions gazeuses
      5.1.1. bulles
         5.1.1.1. dans tout le volume
         5.1.1.2. par endroits
         5.1.1.3. impossible à déterminer
         5.1.1.4. absence de données

1. rondes
2. ellipsoïdales
3. irrégulières
4. impossible
5. à déterminer
6. absence de données

1. parallèles
2. perpendiculaires
3. obliques
4. concentriques
5. en spirale
6. chaotiques
7. impossible à déterminer
8. absence de données

1. par rapport à l'axe de l'objet
2. par rapport à elles mêmes

      5.1.2. capillares
         5.1.2.1. dans tout le volume
         5.1.2.2. par endroits
         5.1.2.3. impossible à déterminer
         5.1.2.4. absence de données

1. parallèles
2. perpendiculaires
3. obliques
4. concentriques
5. en spirale
6. impossible à déterminer
7. absence de données

1. par rapport à l'axe de l'objet
2. par rapport à eux-mêmes

      5.1.3. impossible à déterminer
      5.1.4. absence de données
   5.2. Inclusions solides
      5.2.1. vitreuses
      5.2.2. non vitreuses
      5.2.3. vitreuses et non vitreuses
      5.2.4. impossible à déterminer
      5.2.5. absence de données
6. Traces de réparation
   6.1. De soudure
   6.2. De perçage
      6.2.1. d'un côté
      6.2.2. des deux côtés
      6.2.3. impossible à déterminer
      6.2.4. absence de données
   6.3. De coupe
   6.4. De polissage
   6.5. D'autres
   6.6. Impossible à déterminer
   6.7. Absence de données
7. Traces d'adaptation de l'objet à l'usage secondaire
   7.1. Soudure
   7.2. Perçage
      7.2.1. d'un côté
      7.2.2. des deux côtés
      7.2.3. impossible à déterminer
      7.2.4. absence de données
   7.3. Coupe
   7.4. Polissage
   7.5. Autres
   7.6. Impossible à déterminer
   7.7. Absence de données
8. Impossible à déterminer
9. Absence de données

(M.D., J.O., N.S., J.Š., N.U.)

15. TECHNIQUE DE FABRICATION DE L'OBJET

Remarques générales

En parlant de la technique de fabrication de l'objet, il faut tenir compte de ses deux composantes, à savoir: techniques de base, autrement dit techniques d'exécution de l'objet brut, et techniques complémentaires qui comprennent: 1. différents modes de traitement de l'objet brut (techniques de finition) et 2. techniques d'exécution de la décoration. Ces dernières font l'objet du chapitre suivant (16.). Dans le présent chapitre, nous présentons les techniques de base et les techniques de finition.

La présence parmi les verres anciens d'objets exécutés selon une technique très complexe, qui suppose de nombreuses opérations, nous a amenés à développer considérablement le schéma de description de manière à ce que de tels objets puissent être, eux aussi, décrits au moyen de cette grille. Ainsi, dans le schéma que nous proposons, le même ensemble de techniques est repris plusieurs fois (deuxième colonne et colonnes successives de droite: 1. Étirage .... 23.), car, dans le cas de certains objets, on a pu avoir recours à une même technique d'exécution à différentes étapes de leur fabrication. Pour illustrer ce propos, rappelons les récipients exécutés selon une des techniques de mosaïque. Or, des baguettes étirées multicolores étaient tout d'abord liées par les côtés afin de constituer une tige plus grosse. Ces baguettes étaient préalablement disposées de manière à former un dessin visible à la section transversale de la tige. Toute la tige était ensuite coupée en tranches. Disposées dans un moule et chauffées, les tranches se liaient par les côtés, pendant que l'ensemble de l'appareil subissait un pressage. Cette opération permettait d'obtenir un récipient de forme voulue. L'objet brut qui en sortait était ensuite soumis à un traitement complémentaire (p.ex. polissage) qui avait pour but de faire disparaître les traces desdites opérations techniques de base.

Dans ce cas concret, la notation du processus de fabrication de l'objet brut au moyen du code chiffré se présentera comme suit: 1.1.; 2.4.1.8.2.16.8.2.7.2.

Pour des raisons techniques, il est impossible de multiplier dans le schéma de description les colonnes avec le relevé de modes de fabrication. C'est pourquoi, dans une même notation continue, on ne peut pas tenir compte de techniques complémentaires utilisées pour la finition des objets qui nécessitent le recours à différentes méthodes complexes de fabrication. Dans ces cas–là, nous proposons de séparer par un point–virgule les éléments de description de techniques de base des éléments de description de techniques complémentaires. La description de techniques complémentaires devrait se faire au moyen des termes empruntés à la dernière ou aux dernières colonnes utilisées pour la description de techniques de base, tandis qu'une note spéciale devrait préciser à quelles colonnes les données en question ont été empruntées.

Ainsi, pour revenir à l'exemple déjà cité, nous proposons la notation suivante de toutes les techniques (techniques de base et techniques complémentaires) utilisées pour la fabrication du récipient en question: 1.1.; 2.4.1.8.2.16.8.2.7.2.; 18. (note: le dernier élément de la description vient de la dernière colonne de droite).

Quant aux objets dont la fabrication a nécessité beaucoup moins d'opérations techniques que la fabrication de l'objet cité, on procèdera à une notation continue qui tiendra compte aussi biens de techniques de base que de techniques de traitement de l'objet brut.

(M.D.)

Schéma de description

1. Objet
   - 1.1. Objet simple*
   - 1.2. Objet complexe
   - 1.3. Impossible à déterminer
   - 1.4. Absence de données

(1.2.–1.4.:)
1. partie principale de l'objet**
2. base
3. préhension
   - 3.1. anse
     - 3.1.1. unique
     - 3.1.2. première
     - 3.1.3. deuxième
     - 3.1.4. troisième
     - 3.1.5. quatrième
     - 3.1.6. au-delà de la quatrième
     - 3.1.7. toutes
     - 3.1.8. impossible à déterminer
     - 3.1.9. absence de données
   - 3.2. manche
     - 3.2.1. unique
     - 3.2.2. premier
     - 3.2.3. deuxième
     - 3.2.4. troisième
     - 3.2.5. quatrième
     - 3.2.6. au-delà du quatrième
     - 3.2.7. tous
     - 3.2.8. impossible à déterminer
     - 3.2.9. absence de données
   - 3.3. tenon
     - 3.3.1. unique
     - 3.3.2. premier
     - 3.3.3. deuxième
     - 3.3.4. au-delà du deuxième
     - 3.3.5. tous
     - 3.3.6. impossible à déterminer
     - 3.3.7. absence de données
   - 3.4. impossible à déterminer
   - 3.5. absence de données
4. jambe
5. pied
6. bouton
7. bec
8. bracelet
9. rond
10. intaille
11. perle
12. pièce d'applique
13. bouton
14. fusaïole
15. poid
16. pion de jeu

(3.–16.:)
1. exécuté/exécutée séparement
2. exécuté/exécutée avec partie principale de l'objet

* On tient pour objets simples: certains types de récipients et de couvercles, bracelets, ronds, intailles, fusaïoles, poids, pions de jeu et cubes de mosaïque.
** On désigne de ce terme soit la partie principale de l'objet (a) soit l'objet même (b). a. — Pour les récipients — le tronc (sans les éléments additionnels tels que bases, manches, jambes), pour les bagues — l'anneau, pour les pendentifs — le pendeloque, pour les lissoirs — le corps, et pour les baguettes, les épingles, les styles et les aiguilles — le tige. b. Bracelets, ronds, intailles, perles, pièces d'appliques, boutons, fusaïoles, poids, pions de jeu, vitrages et cubes de mosaïque.

17. vitrage
17.1. vitre
17.2. fragment de vitraux
17.3. impossible à déterminer
17.4. absence de données
18. cube de mosaïque
19. anneau
20. pendeloque
21. corps
22. tige
23. plaque
24. chaton
25. monture
26. canal
27. embout
28. bordure
29. autre
30. impossible à déterminer
31. absence de données

2. Mode de fabrication
2.1. Façonnage libre
2.2. Coulage
2.2.1. sur le plan
2.2.2. en moule
2.3. Soufflage
2.3.1. libre
2.3.2. en moule
2.4. Étirage
2.4.1. de la baguette
2.4.2. du tuyau
2.5. Rotation
2.6. Enroulement
2.6.1. autour du cœur
2.6.2. autour de l'instrument
2.6.3. autour de son propre axe
2.7. Autres
2.8. Impossible à déterminer
2.9. Absence de données
3. Impossible à déterminer
4. Absence de données

1. étirage
1.1. de la baguette
1.2. du tuyau
2. rotation
3. enroulement
3.1. autour du cœur
3.2. autour de l'instrument
3.3. autour de son propre axe
4. enveloppement
4.1. en une seule fois
4.2. en plusieurs fois
5. torsion
6. pliage
7. pressage
7.1. sur le plan
7.2. en moule
8. frittage
8.1. des morceaux de verre
8.2. des éléments formés
8.3. de la poudre
9. soudage
9.1. des morceaux de verre
9.2. des éléments formés
10. tordage
11. crevaison
12. déroulage
13. rodage
14. polissage thermique
15. traitement à la pince
16. taille
17. meulage

1. étirage
1.1. de la baguette
1.2. du tuyau
2. rotation
3. enroulement
3.1. autour du cœur
3.2. autour de l'instrument
3.3. autour de son propre axe
4. enveloppement
4.1. en une seule fois
4.2. en plusieurs fois
5. torsion
6. pliage
7. pressage
7.1. sur le plan
7.2. en moule
8. frittage
8.1. des morceaux de verre
8.2. des éléments formés
8.3. de la poudre
9. soudage
9.1. des morceaux de verre
9.2. des éléments formés
10. tordage
11. crevaison
12. déroulage
13. rodage
14. polissage thermique
15. traitement à la pince
16. taille
17. meulage

1. étirage
1.1. de la baguette
1.2. du tuyau
2. rotation
3. enroulement
3.1. autour du cœur
3.2. autour de l'instrument
3.3. autour de son propre axe
4. enveloppement
4.1. en une seule fois
4.2. en plusieurs fois
5. torsion
6. pliage
7. pressage
7.1. sur le plan
7.2. en moule
8. frittage
8.1. des morceaux de verre
8.2. des éléments formés
8.3. de la poudre
9. soudage
9.1. des morceaux de verre
9.2. des éléments formés
10. tordage
11. crevaison
12. déroulage
13. rodage
14. polissage thermique
15. traitement à la pince
16. taille
17. meulage

1. étirage
1.1. de la baguette
1.2. du tuyau
2. rotation
3. enroulement
3.1. autour du cœur
3.2. autour de l'instrument
3.3. autour de son propre axe
4. enveloppement
4.1. en une seule fois
4.2. en plusieurs fois
5. torsion
6. pliage
7. pressage
7.1. sur le plan
7.2. en moule
8. frittage
8.1. des morceaux de verre
8.2. des éléments formés
8.3. de la poudre
9. soudage
9.1. des morceaux de verre
9.2. des éléments formés
10. tordage
11. crevaison
12. déroulage
13. rodage
14. polissage thermique
15. traitement à la pince
16. taille
17. meulage

18. polissage	18. polissage	18. polissage	18. polissage
19. perçage	19. perçage	19. perçage	19. perçage
19.1. unilatéral	19.1. unilatéral	19.1. unilatéral	19.1. unilatéral
19.2. bilatéral	19.2. bilatéral	19.2. bilatéral	19.2. bilatéral
20. broyage	20. broyage	20. broyage	20. broyage
21. autres	21. autres	21. autres	21. autres
22. impossible à déterminer	22. impossible à déterminer	22. impossible à déterminer	22. impossible à déterminer
23. absence de données	23. absence de données	23. absence de données	23. absence de données

(M.D., Z.L., J.O., N.S., J.Š., N.U.)

16. TECHNIQUE D'EXÉCUTION DE L'ORNEMENT

Schéma de description

1. Mode d'exécution de l'ornement
   - 1.1. En même temps et avec l'objet brut
     - 1.1.1. sur l'ébauche
     - 1.1.2. sur l'objet*
     - 1.1.3. impossible à déterminer
     - 1.1.4. absence de données
   - 1.2. Séparément
     - 1.2.1. sur l'ébauche
     - 1.2.2. sur l'objet
     - 1.2.3. impossible à déterminer
     - 1.2.4. absence de données
   - 1.3. Impossible à déterminer
   - 1.4. Absence de données

---

1. moulage
   - 1.1. sur le plan
   - 1.2. en moule
   - 1.3. sur l'ébauche
   - 1.4. sur l'objet
2. étirage
   - 2.1. de la baguette
   - 2.2. du tuyau
3. enroulement
4. application
   - 4.1. d'éléments du décor
   - 4.2. de la couche de verre
   - 4.3. de plusieurs couches de verre
5. soufflage
   - 5.1. à l'air libre
   - 5.2. en moule
6. pressage
   - 6.1. en moule
7. torsion
8. traitement à la pince
9. traitement à la pointe
10. pose du relief
    - 10.1. déroulage
    - 10.2. étampage
    - 10.3. laminage
11. taille
12. gravure
13. meulage
14. craquelage
15. peinture
    - 15.1. de l'extérieur
    - 15.2. de l'intérieur
    - 15.3. de l'ensemble
16. revêtements métalliques
    - 16.1. avec couche de protection
    - 16.2. ouverts

---

1. moulage
   - 1.1. sur le plan
   - 1.2. en moule
   - 1.3. sur l'ébauche
   - 1.4. sur l'objet
2. étirage
   - 2.1. de la baguette
   - 2.2. du tuyau
3. enroulement
4. roulage
5. application
   - 5.1. d'éléments du décor
   - 5.2. de la couche de verre
   - 5.3. de plusieurs couches de verre
6. soufflage
   - 6.1. à l'air libre
   - 6.2. en moule
7. rotation
8. pressage
   - 8.1. sur le plan
   - 8.2. en moule
9. torsion
10. traitement à la pince
11. traitement à la pointe
12. pose du relief
    - 12.1. déroulage
    - 12.2. étampage
    - 12.3. laminage
13. taille
14. gravure
15. meulage
16. craquelage
17. peinture
    - 17.1. de l'extérieur
    - 17.2. de l'intérieur
    - 17.3. de l'ensemble
18. revêtements métalliques

---

1. moulage
   - 1.1. sur le plan
   - 1.2. en moule
   - 1.3. sur l'ébauche
   - 1.4. sur l'objet
2. étirage
   - 2.1. de la baguette
   - 2.2. du tuyau
3. enroulement
4. roulage
5. application
   - 5.1. d'éléments du décor
   - 5.2. de la couche de verre
   - 5.3. de plusieurs couches de verre
6. soufflage
   - 6.1. à l'air libre
   - 6.2. en moule
7. rotation
8. pressage
   - 8.1. sur le plan
   - 8.2. en moule
9. torsion
10. traitement à la pince
11. traitement à la pointe
12. pose du relief
    - 12.1. déroulage
    - 12.2. étampage
    - 12.3. laminage
13. taille
14. gravure
15. meulage
16. craquelage
17. peinture
    - 17.1. de l'extérieur
    - 17.2. de l'intérieur
    - 17.3. de l'ensemble
18. revêtements métalliques

---

* La description de la technique d'exécution de l'ornement des objets fabriqués selon la technique de mosaïque se limite aux informations de la première colonne. Les informations plus détaillées sont données dans la description de la technique de fabrication de l'objet (15.).

17. introduction du tuyau métallique dans le canal 18. injection de poudre 19. frittage 19.1. de morceaux de verre 19.2. d'éléments formés 19.3. de poudre 20. soudage 20.1. de morceaux de verre 20.2. d'éléments formés 21. broyage 22. autres 23. impossible à déterminer 24. absence de données	18.1. avec couche de protection 19. introduction du tuyau métallique dans le canal 20. injection de poudre 21. frittage 21.1. de morceaux de verre 21.2. d'éléments formés 21.3. de poudre 22. soudage 22.1. de morceaux de verre 22.2. d'éléments formés 23. broyage 24. autres 25. impossible à déterminer 26. absence de données	18.1. avec couche de protection 19. introduction du tuyau métallique dans le canal 20. injection de poudre 21. frittage 21.1. de morceaux de verre 21.2. d'éléments formés 21.3. de poudre 22. soudage 22.1. de morceaux de verre 22.2. d'éléments formés 23. broyage 24. autres 25. impossible à déterminer 26. absence de données

(M.D., Z.L., J.O., J.Š., N.U.)

17. ÉTAT DE CONSERVATION DU VERRE

Remarques générales

Le schéma de description de l'état de conservation du verre que nous proposons ne se rapporte qu'aux objets dont le degré de détérioration a été défini après l'examen macroscopique. Dans le cas des verres dont les détériorations ont été étudiés au laboratoire par un conservateur spécialiste, on reporte brièvement les résultats de ces analyses dans une note (dans la rubrique 36. Notes sur la fiche).

Schéma de description

1. Objet 1.1. de l'objet brut 1.2. de l'ornement 1.3. impossible à déterminer 1.4. absence de données	1. bon 2. irisation 3. corrosion 3.1. structure à grain fin („grains de sable") 3.2. plaques minces („écailles") 3.3. piqûres de corrosion 4. dévitrification 5. bon et irisation 6. bon et corrosion 6.1. structure à grain fin („grains de sable") 6.2. plaques minces („écailles") 6.3. piqûres de corrosion 7. bon et dévitrification 8. irisation et corrosion 8.1. structure à grain fin („grains de sable") 8.2. plaques minces („écailles") 8.3. piqûres de corrosion 9. irisation et dévitrification 10. corrosion et dévitrification 10.1. structure à grain fin („grains de sable") 10.2. plaques minces („écailles") 10.3. piqûres de corrosion 11. bon, irisation et corrosion 11.1. structure à grain fin („grains de sable") 11.2. plaques minces („écailles") 11.3. piqûres de corrosion 12. impossible à déterminer 13. absence de données	1. en surface 1.1. par endroits 1.2. totale 2. dans tout le volume 2.1. partielle 2.2. totale

(M.D., J.O.)

18. DÉFAUTS DE LA MASSE DE VERRE

Remarques générales

Nous appelons „défaut de la masse de verre" toute altération locale de l'homogénéité physique et chimique de la masse de verre. Les altérations en question sont dûes à des inclusions qui peuvent être très variées, tout comme les causes de leur formation.

Les défauts de la masse de verre se laissent diviser en trois groupes principaux: 1. Inclusions gazeuses (p.ex. bulles et capillaires), 2. Inclusions solides vitreuses (p.ex. stries et fils) et 3. Inclusions solides non vitreuses (p.ex. pierres et cristaux).

La formation de ce type de défauts est en rapport direct avec, d'une part, le régime technique de la fusion du verre et, de l'autre, le traitement et le façonnage d'objets fabriqués à partir de ce verre. En réalité, il n'existe point de masse vitreuse totalement homogène. Ainsi, la masse de verre fabriquée dans des fours industriels contemporains, de même que celle issue d'ateliers anciens présente toujours, selon sa qualité, une structure plus ou moins hétérogène.

Les verres anciens fabriqués dans des officines ayant une longue tradition et une grande expérience, qui utilisaient en plus des matières premières d'excellente qualité, vont contenir beaucoup moins d'inclusions, autrement dit présenter beaucoup moins de défauts de la masse de verre, que les produits issus d'ateliers primitifs situés dans des centres à industrie verrière moins développée. Aussi notre tentative d'analyse et de classement des défauts que contiennent les verres anciens peut–elle constituer un apport considérable à la connaissance du niveau technique de leurs fabricants.

La présente proposition des méthodes de définition et de classement des défauts de la masse de verre ne tient compte que des défauts les plus importants et les plus fréquents observés dans la verrerie ancienne. Les méthodes que nous proposons se veulent relativement simples et facilement accessibles.

Il est souvent bien difficile de déterminer l'origine de tel ou tel défaut du verre, même lorsqu'il s'agit du verre contemporain pour lequel la plupart des paramètres techniques sont connus, p.ex. type et granulation des matières premières ou température de fusion. La difficulté vient entre autres du fait que les mêmes défauts de la masse de verre peuvent se produire à différentes étapes du processus de fabrication et que les raisons de ces incidents peuvent être très diverses. Ainsi, p.ex., la formation du „brouillard" dans le verre peut être dûe soit à la présence de déchets de décomposition du mélange vitrifiable soit à la dissociation secondaire des restes des sels non décomposés, causée par les variations de température dans le four.

Pour ce qui est des verres anciens, l'étude de la masse de verre est souvent rendue difficile par le mauvais état de la surface corrodée. Dans certains objets anciens, les altérations locales de la masse de verre provoquées par la corrosion sont si profondes qu'il est pratiquement impossible de déterminer avec certitude l'origine du changement, autrement dit de répondre à la question de savoir si l'altération s'est produite au cours de la fabrication ou si elle est apparue plus tard comme effet de la corrosion du verre.

La présente étude se fixe pour objectif de présenter quelques principes de définition et de classement des défauts de la masse de verre formés pendant le processus de fabrication de l'objet et non pas dûs à des altérations et déformations survenues ultérieurement. Compte tenu de ce fait, dans certains cas, l'étude du défaut ne sera possible qu'après un traitement préalable de la surface de l'échantillon du verre ancien analysé. Cette remarque concerne avant tout les défauts appartenant au 3e groupe (inclusions solides non vitreuses). Ainsi, l'étude de ce type d'inclusions demandera soit un meulage et un polissage préalables de la surface de l'échantillon soit l'exécution d'une plaquette mince qui sera examinée au microscope, ou mieux encore — au microscope polarisant. La distinction au moyen du microscope de toutes les riches formes cristallines qui peuvent apparaître dans le verre ainsi que l'identification précise de ces formes nécessitent, certes, de bonnes connaissances en pétrographie. Dans de nombreux cas, afin de pouvoir mener à bien l'identification des inclusions de ce type, il faudra recourir à des analyses par microdiffraction.

1. Inclusions gazeuses — caractéristiques et causes principales de leur formation

Dans la masse de verre, les gaz apparaissent soit sous forme invisible dissoute, soit comme inclusions gazeuses ou bulles que l'on peut observer à l'oeil nu ou avec un léger grossissement.

Le schéma ci–dessous propose une répartition des inclusions gazeuses qui apparaissent dans le verre en deux groupes: bulles et capillaires. Par „capillaires" on entend des bulles étirées au moment de la formation des objets, lesquelles ont plus de 5 mm de longueur.

Les causes principales de la formation de bulles dans le verre sont: corrosion de la matière réfractaire au contact de la masse en fusion; atmosphère réductrice du four; mauvais affinage (trop court et à la température trop basse); cueillage incorrect du verre ou désintégration du sulfate. Les bulles de corps étrangers, souvent de couleur brune, se forment à partir de produits gazeux des réactions chimiques qui ont lieu lorsqu'un objet de fer entre en contact avec la masse en fusion.

2. Inclusions solides vitreuses — caractéristiques et causes principales de leur formation

Appartiennent à ce groupe les altérations de la masse de verre visibles sous forme de stries, de filandres ou de fils etc. qui, tout comme la masse principale, présentent une forme vitreuse mais s'en distinguent par leur composition chimique. Toute modification de la composition chimique de ces inclusions entraîne un changement des propriétés telles que degré de transparence, viscosité et, parfois, coloration.

Parmi les inclusions de ce type on distingue les formes suivantes: stries plates — bandes larges et plates dont la lagreur dépasse 5 mm; fils — inclusions vitreuses de moins de 5 mm de largeur; filandres — inclusions vitreuses d'une largeur de 5 mm environ; noeuds — inclusions vitreuses dont la forme rappelle celle de noeuds tordus; gouttes — inclusions vitreuses ressemblant à des gouttes.

Les causes principales de la formation de ce type de défauts sont: composition incorrecte du mélange vitrifiable, usage de matières difficilement fusibles ou mal pulverisées; hétérogénéité du mélange vitrifiable; fusion irrégulière ou trop lente; maclage insuffisant; corrosion des matières qui entrent en contact avec le verre fondu.

3. Inclusions solides non vitreuses — caractéristiques et causes principales de leur formation

Par „inclusions solides non vitreuses" on entend des cristaux qui se forment dans la masse de verre, généralement comme effet de la dévitrification, et des pierres. Les premières de ces inclusions sont l'effet d'une cristallisation secondaire qui se produit dans la masse de verre en fusion suite au non respect du régime technique. Quant aux pierres, ce sont des corps étrangers, extérieurs au mélange vitrifiable ou non, qui, incorporés à la masse de verre, n'ont pas fondu pendant la fusion.

A ce type de défauts appartiennent des cristaux de composés chimiques de différentes formes et dimensions qui, par leur présence, atlèrent l'homogénéité de la masse de verre*.

* Pour les informations plus détaillées concernant les défauts de la masse de verre, cf. Kitajgorodskij 1961, p. 176–185; Fanderlik 1963; Spravočnik 1963, p. 407–431; Technologia szkła 1972, p. 281–301; Appen 1974, p. 12–14.

Schéma de description

Fig. 55.

1. Emplacement
   - 1.1. Dans l'objet brut
   - 1.2. Dans l'ornement
   - 1.3. Dans l'objet brut et dans l'ornement
   - 1.4. Impossible à déterminer
   - 1.5. Absence de données

1. inclusions gazeuses
   - 1.1. bulles*
     - 1.1.1. dans tout le volume
       - 1.1.1.1. isolées
         - 1.1.1.1.1. grandes
           - 1.1.1.1.1.1. fermées
           - 1.1.1.1.1.2. ouvertes
         - 1.1.1.1.2. petites
           - 1.1.1.1.2.1. fermées
           - 1.1.1.1.2.2. ouvertes
         - 1.1.1.1.3. grandes et petites
           - 1.1.1.1.3.1. fermées
           - 1.1.1.1.3.2. ouvertes
           - 1.1.1.1.3.3. fermées et ouvertes
       - 1.1.1.2. nombreuses
         - 1.1.1.2.1. grandes
           - 1.1.1.2.1.1. fermées
           - 1.1.1.2.1.2. ouvertes
         - 1.1.1.2.2. petites
           - 1.1.1.2.2.1. fermées
           - 1.1.1.2.2.2. ouvertes
         - 1.1.1.2.3. grandes et petites
           - 1.1.1.2.3.1. fermées
           - 1.1.1.2.3.2. ouvertes
           - 1.1.1.2.3.3. fermées et ouvertes
     - 1.1.2. par endroits
       - 1.1.2.1. isolées
         - 1.1.2.1.1. grandes
           - 1.1.2.1.1.1. fermées
           - 1.1.2.1.1.2. ouvertes
         - 1.1.2.1.2. petites
           - 1.1.2.1.2.1. fermées
           - 1.1.2.1.2.2. ouvertes
         - 1.1.2.1.3. grandes et petites
           - 1.1.2.1.3.1. fermées
           - 1.1.2.1.3.2. ouvertes
           - 1.1.2.1.3.3. fermées et ouvertes
       - 1.1.2.2. nombreuses
         - 1.1.2.2.1. grandes
           - 1.1.2.2.1.1. fermées
           - 1.1.2.2.1.2. ouvertes
         - 1.1.2.2.2. petites
           - 1.1.2.2.2.1. fermées
           - 1.1.2.2.2.2. ouvertes
         - 1.1.2.2.3. grandes et petites
           - 1.1.2.2.3.1. fermées
           - 1.1.2.2.3.2. ouvertes
           - 1.1.2.2.3.3. fermées et ouvertes
     - 1.1.3. impossible à déterminer
     - 1.1.4. absence de données
   - 1.2. capillaires**
     - 1.2.1. dans tout le volume
       - 1.2.1.1. isolés

* On adopte les définitions suivantes du nombre et des dimensions de bulles de gaz. Nombre au cm^2 — isolées, nombreuses: plus de 2. Grandeur (dans le cas de bulles ellipsoïdales on donne leur diamètre le plus grand) — petites: diamètre jusqu'à 1 mm (inclus), grandes: diamètre de plus d'un milimètre.

** On adopte les définitions suivantes du nombre et des dimensions de capillaires. Nombre calculé sur 2 cm^2 — isolés, nombreux: plus de 2. Longueur — petits: 5–10 mm (inclus), grands: plus de 10 mm.

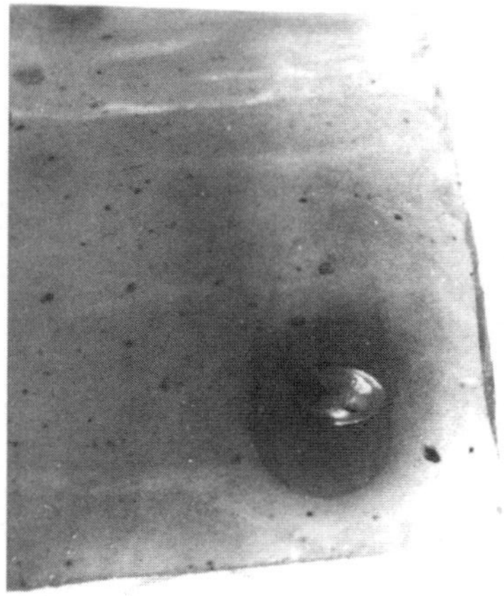

1.1.1.1.2.1.1.1.

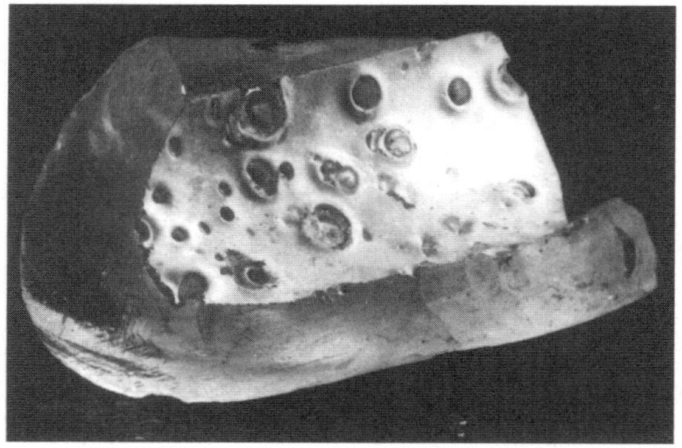

1.1.1.1.2.2.3.2.

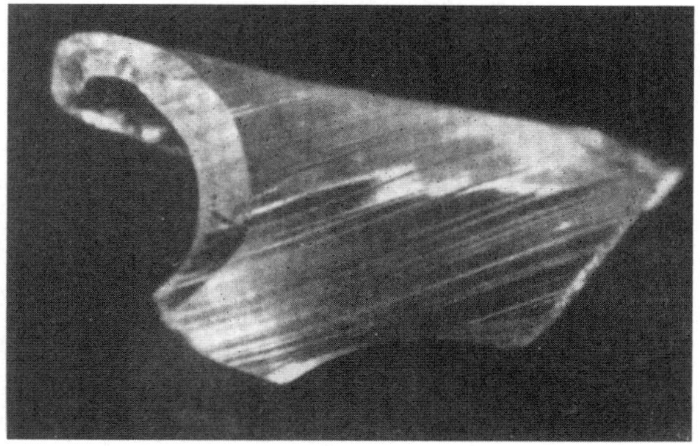

1.1.1.2.1.2.1.1.

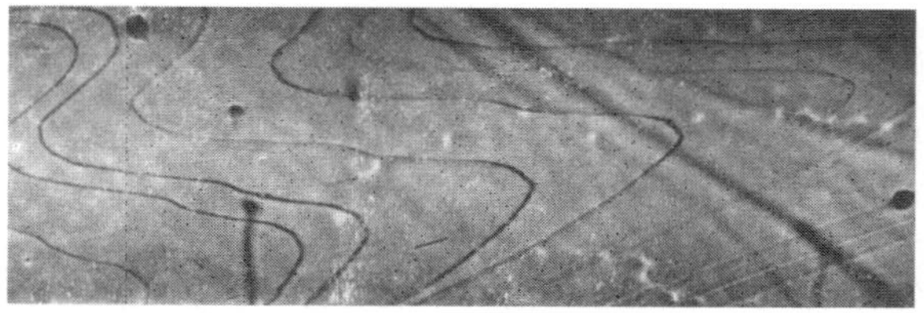

1.1.2.1.2.

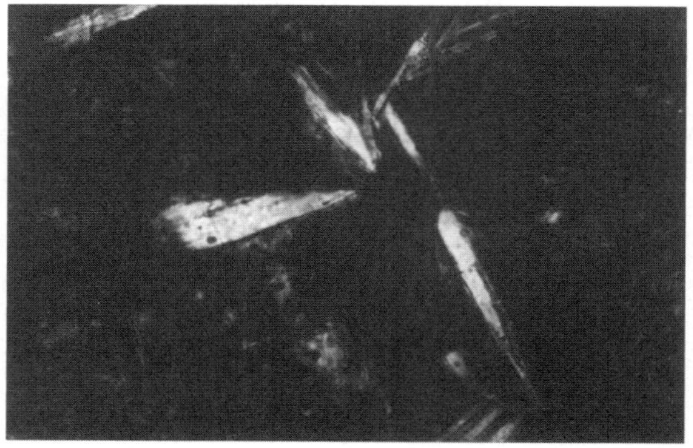

1.1.3.1.1.2.2.

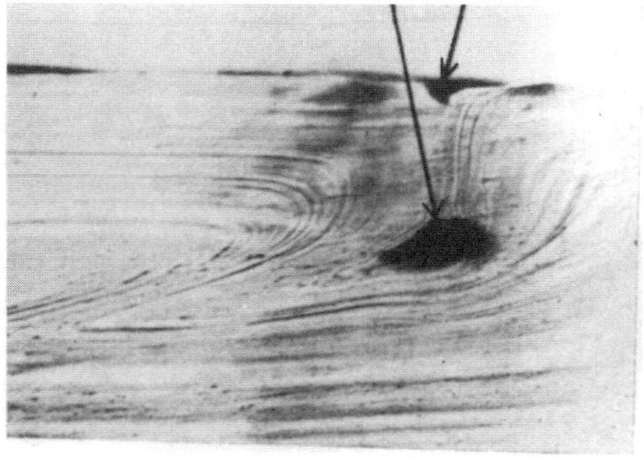

1.1.3.2.2.1.1.

Fig. 55. Défauts de la masse de verre.
Élaboration A. Girdwoyń; photographies S. Biniewski

1.2.1.1.1. grands
1.2.1.1.1.1. fermés
1.2.1.1.1.2. ouverts
1.2.1.1.2. petits
1.2.1.1.2.1. fermés
1.2.1.1.2.2. ouverts
1.2.1.1.3. grands et petits
1.2.1.1.3.1. fermés
1.2.1.1.3.2. ouverts
1.2.1.1.3.3. fermés et ouverts
1.2.1.2. nombreux
1.2.1.2.1. grands
1.2.1.2.1.1. fermés
1.2.1.2.1.2. ouverts
1.2.1.2.2. petits
1.2.1.2.2.1. fermés
1.2.1.2.2.2. ouverts
1.2.1.2.3. grands et petits
1.2.1.2.3.1. fermés
1.2.1.2.3.2. ouverts
1.2.1.2.3.3. fermés et ouverts
1.2.2. par endroits
1.2.2.1. isolés
1.2.2.1.1. grands
1.2.2.1.1.1. fermés
1.2.2.1.1.2. ouverts
1.2.2.1.2. petits
1.2.2.1.2.1. fermés
1.2.2.1.2.2. ouverts
1.2.2.1.3. grands et petits
1.2.2.1.3.1. fermés
1.2.2.1.3.2. ouverts
1.2.2.1.3.3. fermés et ouverts
1.2.2.2. nombreux
1.2.2.2.1. grands
1.2.2.2.1.1. fermés
1.2.2.2.1.2. ouverts
1.2.2.2.2. petits
1.2.2.2.2.1. fermés
1.2.2.2.2.2. ouverts
1.2.2.2.3. grands et petits
1.2.2.2.3.1. fermés
1.2.2.2.3.2. ouverts
1.2.2.2.3.3. fermés et ouverts
1.2.3. impossible à déterminer
1.2.4. absence de données
2. inclusions vitreuses*
2.1. dans tout le volume
2.1.1. isolées
2.1.2. nombreuses
2.2. par endroits
2.2.1. isolées
2.2.2. nombreuses
2.3. impossible à déterminer
2.4. absence de données
3. inclusions non vitreuses
3.1. claires
3.1.1. dans tout le volume
3.1.1.1. isolées

* On adopte les définitions suivantes du nombre et des dimensions d'inclusions vitreuses et non vitreuses. Nombre calculé sur 2 cm^2 — isolées, nombreuses: plus de 2. Grandeur — petites: diamètre jusqu'à 1 mm (inclus), grandes: plus de 1 mm.

3.1.1.1.1. grandes
3.1.1.1.2. petites
3.1.1.1.3. grandes et petites
3.1.1.2. nombreuses
3.1.1.2.1. grandes
3.1.1.2.2. petites
3.1.1.2.3. grandes et petites
3.1.2. par endroits
3.1.2.1. isolées
3.1.2.1.1. grandes
3.1.2.1.2. petites
3.1.2.1.3. grandes et petites
3.1.2.2. nombreuses
3.1.2.2.1. grandes
3.1.2.2.2. petites
3.1.2.2.3. grandes et petites
3.1.3. impossible à déterminer
3.1.4. absence de données
3.2. foncées
3.2.1. dans tout le volume
3.2.1.1. isolées
3.2.1.1.1. grandes
3.2.1.1.2. petites
3.2.1.1.3. grandes et petites
3.2.1.2. nombreuses
3.2.1.2.1. grandes
3.2.1.2.2. petites
3.2.1.2.3. grandes et petites
3.2.2. par endroits
3.2.2.1. isolées
3.2.2.1.1. grandes
3.2.2.1.2. petites
3.2.2.1.3. grandes et petites
3.2.2.2. nombreuses
3.2.2.2.1. grandes
3.2.2.2.2. petites
3.2.2.2.3. grandes et petites
3.2.3. impossible à déterminer
3.2.4. absence de données

(A.G.)

19. MÉTHODE D'ANALYSE

Remarques générales

Dans les études sur la composition chimique des verres anciens on a recours à différentes méthodes: jusqu'à il n'y a pas très longtemps, on utilisait surtout des méthodes chimiques (voie humide) — la méthode dite classique, les méthodes micro– ou semi–microchimiques et les méthodes spectrographiques. Depuis quelques décennies, les verres anciens sont analysés aussi par d'autres méthodes: microsondage électronique (EPMA), absorption atomique (AA et AAS) et méthodes non destructrices telles que: analyse par fluorescence X ou analyse par fluorescence à rayons ultra–violets (cf. p.ex. Kociszewski 1966; Henderson 1989, p. 57–58; Kunicki–Goldfinger, Kierzek, Kasprzak, Małożewska–Bućko 1999, p. 10–14). Le descriptif plus détaillé de ces méthodes dépasserait le cadre du présent travail.

C'est pourquoi, dans les paragraphes qui suivent, nous proposons seulement une brève présentation des méthodes d'analyse utilisées dans les trois plus grands laboratoires spécialisés dans les études du verre ancien: laboratoire de la Faculté d'Histoire de l'Université d'État M. V. Lomonosov de Moscou, laboratoire du Musée d'État de Géorgie à Tblilisi et celui de l'Institut d'Archéologie et d'Ethnologie (ancien Institut d'Histoire de la Culture Matérielle) de l'Académie Polonaise des Sciences à Varsovie, donc dans les laboratoires des centres de recherche de l'Europe centrale et orientale et de la Transcaucasie, régions qui ont livré le matériel archéologique ayant servi de base à l'élaboration des principes de description des verres anciens qui font l'objet du présent travail. Les laboratoires en question ont fourni un très grand nombre de résultats des analyses de la composition chimique du verre, lesquels ont été et continuent à être exploités dans de nombreuses études portant sur l'histoire de la verrerie dans différentes régions.

Les procédés d'analyse utilisés dans ces laboratoires ont été décrits et publiés il y a déjà bien longtemps. Cependant, ces publications peuvent être aujourd'hui difficilement accessibles. C'est pourquoi, dans les pages qui suivent, nous présentons une brève information sur ces méthodes en signalant pour chacune d'entre elles les positions bibliographiques à consulter.

En revanche, nous n'allons pas décrire les techniques d'analyse utilisées dans d'autres laboratoires où l'on a effectué des examens de la composition chimique des verres anciens, entre autres au laboratoire de l'ancienne filiale de l'Institut d'Archéologie de l'Académie des Sciences de l'ex–USSR à Saint–Pétersbourg où l'on pratiquait la méthode d'analyse spectrale quantitative (la présentation de cette méthode voir: Naumov 1962). En effet, ces études ont parfois été faites dans des laboratoires qui ne s'occupent qu'occasionnellement de ce genre d'analyses (p.ex. laboratoires industriels) et qui ont recours à des méthodes identiques ou analogues à celles qui sont utilisées dans les trois centres en question. Le lecteur trouvera parfois des informations sur ces méthodes dans les publications qui contiennent les résultats des analyses (cf. p.ex. Chmielowska 1960, p. 119, 120). Dernièrement, V. A. Galibin (2001) a publié un vaste ensemble de résultats des analyses des verres anciens datant de différentes époques mis au jour dans différentes régions d'Europe et d'Asie. Son ouvrage contient des commentaires concernant quelques–unes parmi les méthodes d'analyse utilisées dans ces examens.

Il n'en reste pas moins que, compte tenu de l'absence d'informations dans les publications, pour un nombre important de verres, nous ne sommes pas à même d'identifier précisément les méthodes d'analyse qui ont permis de déterminer leur composition chimique. Dans certains cas, les résultats des analyses nous autorisent seulement à penser que la teneur en tel ou tel élément a été déterminée avec différentes méthodes chimiques alors que la teneur en tels autres éléments — avec des méthodes spectrographiques, ou bien que la teneur de tous les éléments a été déterminée par des méthodes chimiques (p.ex. Bezborodov 1956; 1969; Kaźmierczyk 1966, p. 92, 93, 107; 1970, p. 191 note 24, p. 206, 207).

(M.D.)

Analyse spectrale qualitative appliquée par le Laboratoire Archéologique de la Faculté d'Histoire de l'Université d'État M. V. Lomonosov de Moscou

La métode d'analyse spectrale qualitative utilisée par ce laboratoire pour déterminer la composition des verres anciens est une adaptation de la plus simple analyse qualitative pour les besoins définis par les problèmes que soulève l'histoire du verre.

Le source de l'émission est le générateur à arc DG–1; le spectre que l'on reçoit à l'aide du spectrographe à quartz ISP–30 est enregistré sur des plaques photographiques (spectrales du type 2 ou diapositives).

Les spectrogrammes sont interprétés sur le projecteur de spectres DSP–I à l'aide de l'atlas des lignes spectrales (Kalinin, Javnel', Alekseeva, Morzuvanov, Najmark 1959). L'excitation de la matière analysée et la prise du spectre se font dans un arc activé de courant alternatif de 6A, pendant 60 secondes, à diaphragme 0,5 et à fente 0,919 mm. Le spectre du fer Armco est relevé avec le même diaphragme et la même fente au bout de 30 secondes.

L'échantillon, sous forme de petit éclat de verre d'environ 2–3 mg, est placé dans le cratère de l'électrode inférieure à carbone, l'électrode supérieure revêtant la forme tronconique. La prise de photos du spectre commence après 15 secondes d'exposition (pendant ce temps le fragment de verre prend la forme d'une goutte).

La plaque photographique est traitée en pleine obscurité dans des révélateurs et fixateurs standard, selon les recommandations données par le fabricant des produits utilisés.

L'interprétation des spectrogrammes poursuit deux objectifs: premièrement, il s'agit de déterminer la composition qualitative du verre d'après la liste des éléments utilisée dans la pratique internationale de l'analyse des verres anciens; deuxièmement, il est question d'évaluer approximativement la teneur des éléments entrant dans la composition de l'échantillon étudié. L'évaluation de la teneur se fait selon le système de sept degrés: le premier degré correspond au degré supérieur, le septième — au degré inférieur de concentration de chaque élément dans l'échantillon.

Les informations sur le type chimique du verre, sur l'espèce de colorant, de décolorant et sur les opacifiants sont indispensables dans toute étude historique. En d'autres termes, ce qui est mis au premier plan dans cette recherche, c'est la détermination des caractéristiques qualitatives de la composition chimique, comprenant des donnés quantitatives concrètes, transformées et généralisées.

Il est possible de recevoir une caractérisation approximative mais assez sûre, statistiquement représentative, de la composition chimique du verre ancien, si l'on présente de façon quantitative les concentrations de divers éléments dans l'échantillon d'après le spectrogramme exprimant sa composition qualitative.

Il se trouve que, presque pour tous les éléments, on a distingué par convention 7 degrés de noircissement des lignes spectrales analytiques (suivant la progression ascendante): 7e degré — traces de traces (seuil de sensiblité de l'appareil), 6e degré — traces, 5e degré — très faible concentration, 4e degré — petite concentration, 3e degré — concentration significative, 2e degré — grande concentration et 1er degré — très grande concentration.

La composition des éléments est déterminée d'après les dernières lignes spectrales. Les dernières lignes sont les plus sensibles: même une très faible concentration de l'élément, proche du seuil de sensibilité de l'appareil, suffit pour que ces lignes apparaissent. ISP–30 enregistre les dernières lignes même quand les teneurs sont proches de quelques millièmes de pour cent.

Selon la concentration de l'élément, chaque ligne spectrale possède sa largeur, son intensité et son degré de noircissement. Nous utilisons la largeur de la ligne et le degré de noircissement pour évaluer, dans la première approche, la concentration de l'élément dans l'échantillon.

La dernière ligne, à peine visible, présente le degré minimum de noircissement que nous désignons du chiffre „7", ce qui correspond à la concentration minimum de l'élément, proche du seuil de sensibllité de l'appareil.

La dernière ligne bien visible, présentant le plus grand degré de noircissement correspond à la plus grande concentration de l'élément et s'exprime par le chiffre „5". Le degré de noircissement occupant la position intermédiaire est désigné du chiffre „6".

Les chiffres de „4" à „1", suivant la progression ascendante, désignent le degré de noircissement des autres lignes. Les règles de l'évaluation sont différentes pour chaque élément (Ščapova 1960). L'évaluation des traces et des faibles concentrations (5e–7e degrés) n'est pas difficile. Elle est beaucoup plus compliquée pour les plus fortes concentrations et exige le respect de certaines conditions.

Le p o t a s s i u m est évalué d'après les deux lignes 4044,2Å et 4047,2Å. La ligne 3446,3Å est utilisée comme supplémentaire. Le 4e degré correspond à la situation où, dans la partie du spectre à ondes longues, l'intervalle entre les lignes 4044,2Å et 4047,2Å est nettement marqué et la largeur de cette dernière ligne est égale à celle de la ligne 4045,8Å dans le spectre du fer Armco (dans les conditions de l'émission signalées plus haut). La ligne 3446,3Å du potastium n'est pas révélée. Le 3e degré: l'intervalle entre les lignes à ondes longues 4044,2Å et 4047,2Å se dessine à peine, la ligne à ondes longues 3446,3Å est faiblement révélée. Le 2e degré: les deux lignes à ondes longues du potassium se réunissent, le 1er degré: une auréole est visible autour des lignes réunies.

La s o d i u m est évalué d'après les deux lignes 3303,0Å et 3302,3Å. Le 4e degré: la largeur des deux lignes ne dépasse pas 2 mm; un intervalle est visible entre ces lignes. Le 3e degré: la largeur des lignes est de 2–3 mm. Le 2e degré: les lignes sont plus larges; dans ce cas, les lignes du sodium sont presque égales par leur largeur à celles du potassium correspondant au 2e degré. Le 1er degré: les lignes sont unies avec une auréole autour d'elles.

Le c a l c i u m est évalué d'après les lignes 3933,7Å et 3968,5Å. Lorsque la ligne 3933,7Å est égale par sa largeur à la ligne 3969,2Å dans le spectre du fer, cela correspond au 4e degré. La largeur de la ligne 3968,5Å égale à 1,5 mm correspond au 3e degré, la ligne 3933,7Å étant de 1 mm. Le 2e degré: les lignes ont respectivement 3 et 2 mm de largeur, les lignes plus larges du calcium correspondant au 1er degré.

Le m a g n é s i u m est évalué d'après la ligne 2852,3Å, la ligne 3096,9Å est utilisée comme supplémentaire. La largeur de la ligne jusqu'à 1 mm correspond au 4e degré, la ligne supplémentaire n'est pas révélée. La largeur allant jusqu'à 2 mm correspond au 3e degré, la ligne supplémentaire étant révélée. La largeur de la ligne allant jusqu'à 3,5 mm correspond au 2e degré, alors que la largeur de plus de 3,5 mm correspond au 1er degré (suivant le degré de noircissement).

L' a l u m i n i u m est évalué d'après la ligne 3961,5Å, la ligne 3964,0Å étant supplémentaire. Le 4e degré: le noircissement de la ligne d'aluminium est égal au noircissement et à la largeur de la ligne du fer 3969,2Å. Le 3e degré: la dernière ligne d'aluminium est égale par le noircissement et la largeur à celle du fer 4045,8Å, la ligne supplémentaire ayant la largeur de 1,5–2 mm. Le 2e degré: la largeur de la dernière ligne dépasse 1,5 mm. Le 1er degré: la largeur de la ligne dépasse 2,5 mm.

Le p l o m b est évalué d'après les lignes 4057,8Å et 2833,1Å. Le 4e degré: la largeur de la première ligne ne dépasse pas 1,5 mm, de la deuxième — 1 mm. Le 3e degré: la largeur de la première ligne ne dépasse pas 4 mm, la deuxième — 2 mm de largeur. Le 2e degré: la largeur de la première ligne dépasse 4 mm et la deuxième ligne présente la largeur d'au moins 2 mm, n'a pas la capacité de s'absorber et borne la zone d'une bande de 0,5 mm de largeur. Le 1er degré: la largeur de la première ligne dépasse 8 mm; la deuxième ligne a la largeur de 4 mm tandis que la zone de l'autoabsorption est égale à 1 mm.

Le m a n g a n è s e est évalué d'après les lignes 4030,8Å, 4033,1Å, 4034,5Å. Quand on peut voir ces lignes séparément, leurs noircissement et intensité correspondent au 4e degré, si, au contraire, elles sont réunies et se chevauchent, cela correspond au 3e degré. Les lignes plus fortes à l'auréole visible correspondent au 2e degré.

Le c u i v r e est évalué d'après les lignes 3247,5Å et 3274,0Å. Le degré de noircissement, lorsque la largeur des deux lignes ne dépasse pas 1 mm, correspond au 4e degré. Le 2e degré: la largeur de la première ligne dépasse 4 mm et de la deuxième — 3 mm. Les noircissements intermédiaires correspondent au 3e degré.

L' é t a i n est évalué d'après la ligne 3175,0Å. La largeur de la ligne ne dépassant pas 1 mm correspond au 4e degré. Lorsque la largeur de la ligne dépasse 3 mm (à la prise de mesures on exclut la largeur de la pénombre), il s'agit du 2e degré. Les notations intermédiaires des noircissements correspondent au 3e degré.

Le noircissement des dernières lignes des éléments tels que c o b a l t, a n t i m o i n e, a r g e n t sort rarement en dehors des limites du 5e degré.

On commence à tenir compte du f e r à partir du 3e degré de noircissement, c'est–à dire quand le groupe de lignes dans le domaine 3392Å–3490Å apparaît dans le spectre de l'échantillon examiné. Les concentrations de fer plus faibles ne sont pas évaluées.

Pour nous faire une idée de la composition chimique du verre ancien d'après le spectrogramme qualitatif, nous avons suivi la règle suivante: les principaux composants vitrificateurs: sodium, potassium, calcium, magnésium, aluminium et plomb étaient mis en formule à partir du 3e degré de noircissement.

De même, à partir du 3e degré, les noircissements des lignes spectrales du cuivre et de l'étain sont considérés comme significatifs.

Une autre règle a été établie pour l'argent et le fer: leur rôle dans la composition n'est pas évalué, mais leur présence est signalée. L'arsenic, l'or, l'antimoine et le cobalt révèlent leurs propriétés de colorants, de décolorants ou d'opacifiants à partir de faibles concentrations (5e degré). La teneur en éléments tels que: nickel, baryum, vanadium, zinc, chrome, titanium dépasse rarement les valeurs faibles, c'est pourquoi aucun système spécial d'évaluation de ces éléments n'a été élaboré.

Avec le temps, il a paru nécessaire de confronter la signification des degrés définis à partir de l'examen du noircissement des lignes spectrales avec la teneur en tel élément dans l'échantillon. Les résultats d'une confrontation de ce type ont été publiés (Szczapowa 1973, p. 55–57). Lors de la préparation du présent travail, une comparaison a été effectuée entre les résultats des analyses faites dans deux laboratoires: celui de l'Université de Moscou et celui de l'Institut d'Histoire de la Culture Matérielle de l'Académie Polonaise des Sciences à Varsovie.

La confrontation des résultats des analyses quantitatives et qualitatives (les résultats de 68 analyses ont fait l'objet de cette étude) avait été précédée par la division en degrés des concentrations de tous les éléments entrant dans la composition de la masse de verre. En fonction de leur rôle dans le verre, les éléments ont été répartis en groupes suivants: principaux composants vitrificateurs, colorants, opacifiants et décolorants. Les principes de division en degrés des composants vitrificateurs ont été publiés et illustrés par une série d'exemples (Szczapowa 1973, p. 21–59).

Dans certains cas, il a été nécessaire de corriger les degrés établis, à cause de certains facteurs qui n'avaient pas été pris en considération dans le modèle. Parfois, il a été utile de laisser des „zones d'indétermination" qui signifiaient que l'on n'avait pas pu attribuer avec certitude l'échantillon en question à tel ou autre degré voisin.

(J.Š.)

Méthodes d'analyse de la composition chimique appliquées par le Laboratoire de Chimie et de Restauration du Musée d'État de Géorgie à Tbilisi

Dans ce laboratoire sont effectuées des analyses quantitatives chimiques, ainsi que des analyses spectrales quantitatives et semi–quantitatives. Ces dernières sont appliquées dans tous les cas, tandis que la méthode de l'analyse spectrale quantitative est utilisée seulement dans les cas où l'on dispose d'un très petit échantillon.

Les échantillons dont le poids dépasse 2 g sont examinés selon la méthode d'analyse chimique quantitative, à l'aide de laquelle on détermine la teneur des composants suivants: SiO_2, CaO, MgO, Al_2O_3, Fe_2O_3, Na_2O, K_2O, PbO et Mn_2O_3. Les colorants, décolorants, opacifiants et autres composants sont déterminés par des méthodes spectrales quantitatives et semi–quantitatives.

Pour déterminer les quantités des composants ci–dessus mentionnés, on a recours aux méthodes proposées par I.M. Kol'tgof et E.B. Sendel (1951), mais aussi à celle élaborée par A.I. Ponomarev (1951) et à celles proposées par l'Institut Scientifique du Verre MPSM de l'ex–URSS.

Détermination des composants

1. S i l i c e. Une pesée de 0,5–1,0 g de verre est fondue avec une sextuple–octuple quantité de carbonate anhydre de sodium. On dissout l'alliage obtenu dans le l'eau contenant de l'acide chlorhydrique, puis, par évaporation, on fait dégager l'acide silicique H_2SiO_3 qui, après grillage à 1000–1200 °C, donne le SiO_2.

2. A l u m i n i u m, f e r, t i t a n e, c a l c i u m, m a g n é s i u m. Une autre pesée de 0,5–1,0 g de verre est décomposée par le mélange d'acide fluorhydrique HF et d'acide sulfurique H_2SO_4; le SiO_2 est dégagé par évaporation sous forme de SiF_4, tandis que les oxydes d'aluminium, de fer, de titane, de calcium, de magnésium ainsi que les métaux alcalins sont convertis en sulfates. Au reste obtenu par la décomposition on ajoute de l'eau et de l'acide chlorhydrique, ce qui entraîne la dissolution des sulfates, à l'exception des sulfates de baryum ($BaSO_4$), de calcium ($CaSO_4$) et de plomb ($PbSO_4$). Dans la solution ainsi obtenue, on repère successivement:

a. Les oxydes d'alluminium, de fer et de titane sont précipités ensemble sous forme d'hydroxydes par addition d'une solution d'ammoniac (pH=6,5–7,5). Les hydroxydes ainsi déposés sont grillés à la température 1000^0–1200^0 C. Ensuite, le précipité de $Fe_2O_3 + Al_2O_3 + TiO_2$, grillé et pesé, est fondu dans un creuset en platine avec une petite quantité de pyrosulfate de potassium. L'alliage est ensuite dissous dans de l'eau chaude avec quelques gouttes d'acide sulfurique. La solution ainsi obtenue est versée dans une fiole jaugée de 100 ml.

b. Le calcium, précipité sous forme de sel d'acide oxalique, est titré au moyen de la solution de permanganate de potassium.

c. Le magnésium est précipité sous forme de phosphate d'ammoniac ($MgNH_4PO$), puis, après grillage à 1000^0–1050^0 C, on en obtient le pyrophosphate de magnésium qui est pesé. Le filtrat, après élimination de l'acide silicique, est réduit à une petite quantité par évaporation. On y ajoute 5–7 ml d'acide chlorhydrique (α=1,19). Ensuite, en le faisant chauffer à la température 80^0–90^0 C, on y ajoute par gouttes une solution d'étain bivalent jusqu'à la disparition de la coloration jaune dûe à la présence du fer trivalent. Puis, on dilue la solution avec de l'eau froide jusqu'à 100–120 ml, en y ajoutant rapidement une solution de sublimé et en la laissant reposer pendant 5 min. Après avoir dilué la solution avec de l'eau froide jusqu'au volume de 300–350 ml, on y ajoute 25 ml de solution de Reinhardt et on titre lentement avec une solution de permanganate de potassium 0,1 N jusqu'à l'apparition de la coloration rose qui se maintient pendant 30 sec.

3. Les concentrations des éléments alcalins de sodium et de potassium sont déterminées par photométrie à flamme.

4. Dans les verres dans lesquels la teneur en manganèse dépasse 1%, on la détermine à partir d'une pesée spéciale. 0,5 g d'échantillon sec à l'air est placé dans une capsule de platine, on y ajoute 1 ml d'acide sulfurique (1:1) et environ 10 ml d'acide fluorhydrique, puis, on fait évaporer le mélange jusqu'à l'apparition de fumées blanches SO_3. Ensuite, on y ajoute 2 ml d'acide nitrique concentré, on filtre le mélange en y ajoutant 1 ml d'acide sulfurique, 2 ml d'acide orthophosphorique, une solution 1% de nitrate d'argent et du persulfate cristallisé. La fiole est chauffée jusqu'à l'ébullition de la mixture, puis refroidie à l'eau courante. On titre la solution avec une solution 0,01 N d'hyposulfite. Mais au préalable, 1 ml de solution 1% de chlorure de sodium est ajouté à la solution titrée. On titre la solution jusqu'à la décoloration. 1 ml 0,01 N de solution d'hyposulfite = 0,00088 g de manganèse.

5. Détermination du plomb à partir d'une pesée spéciale.

On fait évaporer 0,5–1,0 g d'échantillon sec à l'air avec 1 ml d'acide sulfurique H_2SO_4 (1:1) et 10–15 ml d'acide fluorhydrique dans une capsule de platine jusqu'à l'apparition de fumées blanches SO_3. Ensuite, après refroidissement, on fait réchauffer la solution diluée avec 25 ml d'eau jusqu'à l'ébullition en y ajoutant encore 50 ml d'eau. Puis, on laisse reposer 1 heure. Le précipité obtenu est ensuite filtré et lavé avec de l'acide sulfurique H_2SO_4 froid et dilué (1:20), puis grillé à 500^0–600^0 C jusqu'au poids constant.

(R.B.)

Méthodes d'analyse de la composition chimique des verres anciens appliquées par le Laboratoire Central de l'Institut d'Histoire de la Culture Matérielle (actuellement Département des Sciences Auxiliaires de l'Institut d'Archéologie et d'Ethnologie) de l'Académie Polonaise des Sciences à Varsovie

Le Laboratoire Central de l'IHCM a effectué des analyses de verres anciens par spectrographie et phonométrie à flamme. La teneur de la majorité des composants est déterminée par la méthode spectrale quantitative élaborée par Mme H. Pawłowska, tandis que les concentrations des éléments alcalins de sodium et de potassium sont déterminées par la photométrie à flamme et la perte par calcination — par la pesée. La teneur en silice est calculée par la différence (jusqu'à 100).

Comme la méthode d'analyse spectrographique appliquée dans notre laboratoire a déjà fait l'objet de publications (Pawłowska 1954, p. 5–20; 1976, p. 75–87; Pawłowska, Łachnik 1965, p. 161–167; Dekówna, Pawłowska 1967, p. 119–126), dans le présent travail nous allons nous limiter à en rappeler les points principaux.

Sur les verres qui doivent être examinés on prélève des échantillons de 0,5 g ou un peu moins. La surface des échantillons est préalablement nettoyée afin d'éliminer toute trace de corrosion, puis les échantillons sont rincés dans une solution d'acide chlorhydrique à 10% et dans de l'eau distillée. Les échantillons sous forme pulvérisée sont placés dans les cratères des électrodes de graphite et excités dans l'arc de courant alternatif. Les photographies de spectres sont prises sur le spectrographe à quartz ISP–28 à moyenne dispersion.

Afin de déterminer la teneur des éléments–traces, les spectres sont projetés sur des plaques spectrographiques ORWO WU–2. Dans l'évaluation de la concentration des éléments principaux, la prise de spectres se fait sur des plaques spectrographiques ORWO WU–3.

Le Laboratoire Central dispose de 10 étalons de verre préparés et analysés par l'Institut du Verre et de la Céramique à Varsovie. La composition chimique de ces verres a été élaborée de manière à se rapprocher le plus possible du plus grand nombre des types de verres anciens.

Les principaux éléments des verres soumis à l'examen sont déterminés par la méthode de standards internes et la mensuration photométrique des noircissements des lignes spectrales de différents éléments.

Comme standards internes on utilise le carbonate de strontium et l'oxyde de cobalt, avec une addition de poudre de graphite comme tampon spectroscopique. Dans cet objectif, tous les échantillons sont „dilués" par addition d'une même quantité de poudre de graphite qui stabilise l'émission de source (arc) et améliore considérablement les résultats de l'analyse quantitative.

Les concentrations des éléments–traces contenus dans les verres anciens sont évaluées par la confrontation avec les étalons correspondants, sans addition de standards internes ni de poudre de graphite.

Dans le cas de certains verres, il est impossible d'effectuer les analyses quantitatives complètes de tous les éléments. Les causes en sont les suivantes: quantité insuffisante de matière pour l'analyse, concentration de tel ou autre élément est plus faible ou plus forte que les concentrations observées dans les étalons, concentration de l'élémént composant est proche de la limite de détection de la méthode. Dans des cas semblables, les concentrations des composants sont évaluées approximativement ou ne sont pas évaluées du tout. Lorsque, pour une des raisons évoquées, la teneur en tel ou en tels éléments contenus dans le verre en quantités notables n'est pas déterminée, la teneur en silice n'y est pas évaluée non plus.

(A.G.)

Schéma de description

1. analyse spectrale
   1.1. qualitative
   1.2. quantitative
   1.3. qualitative et quantitative
2. analyse chimique
3. analyse spectrale et chimique
   3.1. spectrale qualitative et chimique
   3.2. spectrale quantitative et chimique
   3.3. spectrale qualitative et quantitative et chimique
4. analyse par rayons X
5. autre
6. absence de données

(M.D.)

20. AUTEUR D'ANALYSE

Remarques générales

Le prénom et le nom de l'auteur de l'analyse seront donnés, sans les titres scientifiques, selon le protocole de remise des résultats de l'analyse. On peut y ajouter le nom du laboratoire (version complète) où les analyses ont été effectuées et la date.

Les informations de la rubrique 20 ne sont pas codées. Aucun schéma de description n'a été prévu pour présenter cette caractéristique. Dans le cas où le résultat de l'analyse a été pris dans la littérature qui ne fournit aucune information à ce sujet ou que les informations sont incomplètes, la rubrique 20 portera respectivement la formule: „absence de données".

(M.D.)

21. RÉSULTAT D'ANALYSE

Remarques générales

Les résultats des analyses quantitatives sont donnés sous forme d'oxydes, tandis que les résultats des analyses qualitatives au moyen du code chiffré (voir supra, chapitre 19. *Méthode d'analyse*). On utilise en plus les notations suivantes:
+ — le composant est présent dans l'échantillon mais sa quantité ne peut pas être définie avec précision;
non constaté — la présence du composant n'a pas été constatée;
non déterminé — la présence du composant n'a pas fait l'objet d'analyse;
absence de données — lorsque l'ouvrage consulté par l'auteur de la fiche contient l'infomation selon laquelle la composition du verre ou la présence de tel ou autre composant ont été étudiées mais le résultat de ces analyses n'y figure pas.

Les résultats des analyses ne sont pas codés. Compte tenu de la nature particulière de cette caractéristique des verres anciens, on ne propose aucun schéma de description.

(R.B., M.D., A.G., J.O., J.Š.)

22. N° D'ANALYSE

Remarques générales

Dans cette rubrique on fera figurer les numéros attribués à l'analyse que l'on publie dans la fiche par le laboratoire qui l'a effectuée. Si le numéro se compose de deux parties, celles–ci seront séparées par deux points, p.ex. 362:5. Une telle notation sera pratiquée lorsqu'un numéro se rapporte au cliché ou au descriptif et l'autre — aux spectres du cliché ou aux différentes analyses figurant dans le descriptif.

Avant le numéro, il convient de placer l'abréviation du nom du laboratoire où ont été effectuées les analyses de l'objet publié (cf. Fig. 4b). Cette consigne concerne la situation où le chercheur prépare une longue série de fiches. Dans ce cas–là, il serait nécessaire qu'il établisse une liste spéciale des abréviations utilisées sur ses fiches. S'il remplit les fiches isolées, au lieu de donner l'abréviation du nom du laboratoire, il peut donner sa version complète.

Si, en revanche, il existe des difficultés à établir le nom du laboratoire ou le numéro de l'analyse, il faudra recourir à la formule: „impossible à déterminer" ou „absence de données", en précisant cependant auquel des deux éléments elle se rapporte (au numéro ou/et au nom du laboratoire).

Les informations de cette rubrique ne sont pas codées.

Nous donnons ci–dessous, à titre d'exemple, une brève liste des abréviations de certains laboratoires qui effectuent les analyses de grandes séries de verres anciens découverts en Europe centrale et orientale, dans le Sud–Est de l'Europe et en Transcaucasie:

AL — Laboratoire archéologique de la Faculté d'Histoire de l'Université d'État M. V. Lomonosov de Moscou;

CL — Laboratoire Central de l'Institut d'Histoire de la Culture Matérielle (aujourd'hui Département des Sciences Auxiliaires de l'Institut d'Archéologie et d'Ethnologie) de l'Académie Polonaise des Sciences à Varsovie;

CRL — Laboratoire de Chimie et de Restauration du Musée d'État de Géorgie à Tbilisi;

SN — Section de Chimie des Matières Inorganiques de l'École Polytechnique de Łódź;

ST — Section de Technologie du Verre de l'Académie des Mines et de la Métallurgie de Cracovie.

(M.D., J.O.)

23. TYPE CHIMIQUE DU VERRE

Remarques générales

Une des définitions du verre (Technologia 1972, p. 59) le caractérise comme produit amorphe (non cristallisé) dans sa masse principale, obtenu de substrats après la fonte et le refroidissement à la température inférieure à la température de cristallisation détectable. Le présent travail concerne les verres silicatés inorganiques appelés brièvement „verres" dont le composant principal est l'oxyde de silicium (silice).

La silice fond dans la haute température, environ 1700^0 C, mais, mélangée dans certaines proportions à des matières premières contenant des composés des éléments tels que p.ex. sodium, potassium, calcium, magnésium et plomb crée des mélanges appelés „mélanges vitrifiables" qui fondent dans la température beaucoup plus basse. De cette façon naissent les verres de diverses compositions chimiques et de diverses propriétés en fonction de la nature et des proportions des matières premières.

La matière de base pour la fonte du verre, la même aujourd'hui que celle d'autrefois, est le sable qui introduit le composant principal — la silice. Pour ce qui est des verres de plomb, la matière première, outre le sable, sont des oxydes de plomb.

Dans le passé, les principales sources des composants alcalins de sodium et potassium étaient les cendres de certaines plantes et le carbonate de sodium naturel (natron). Les oxydes de calcium et de magnésium présents dans les verres anciens, qui amélioraient les propriétés de ces verres, pouvaient être ajoutés aux matières de base sous forme de matières calcaires, dolomitiques ou autres, ou pénétrer dans le verre avec le sable ou la cendre. En ajoutant ces matières, on introduisait dans le verre d'autres composants de ces matières p.ex. des composés d'alluminium, de phosphore, de chlore, de fer, de soufre, etc.

Certains de ces composants apparaissaient en quantités capables d'exercer une influence négative sur le processus de fabrication du verre et sur la qualité des produits, mais les moyens techniques de l'époque ne permettaient pas de les identifier afin d'épurer et de préparer suffisamment bien les matières premières.

Il en résulte que la composition chimique des verres anciens est très variée par rapport à celle des verres contemporains. Les verres anciens contiennent en effet aussi bien des composants ajoutés de manière délibérée que des éléments qui s'y sont trouvés fortuitement comme impuretés contenues dans les matières utilisées.

La grande diversité des compositions chimiques de verres anciens se manifeste tant par la variabilité qualitative que par les différences quantitatives dans les proportions des composants. Ces phénomènes font depuis longtemps l'objet d'intérêt de la part des historiens de la verrerie. Les résultats de leurs études ont permis de noter l'existence de certaines régularités dans l'apparition de ces différences et de formuler une conclusion, à savoir que certaines concentrations de certains composants et les proportions dans lesquelles ils apparaissent dans le verre résultent d'un emploi intentionnel ou non intentionnel de telle matière pour sa fabrication et que, dans la plupart des cas, ils ont une influence sur ses caractéristiques. Il jouent aussi parfois le rôle d'indicateurs chronologiques ou géographiques. Pour ce qui est de certains d'entre eux, malgré que la répétabilité de leur présence dans la composition de certains verres ait été confirmée, on n'a point réussi jusqu'à présent à déterminer leur impact sur les propriétés du verre.

En raison de toutes ces circonstances et pour les besoins de la recherche, il est indispensable de procéder en outre au classement de ladite caractéristique des verres anciens, c'est-à-dire au classement de la composition chimique. Comme critères de distinction il faut envisager les concentrations et les proportions des composants qui, pour les raisons signalées plus haut, ont de l'importance pour l'étude de ces verres. Plusieurs chercheurs ont travaillé sur la définition des critères de classement (Matson 1951, p. 82–87; Forbes 1957; Sayre, Smith 1961, p. 1824–1826; Sayre 1963, p. 263–281; Bezborodov 1969; Ščapova 1973, p. 15–72; 1975a, p. 134–155; 1975b, p. 33–48; 1977, p. 95–106; Galibin 2001, p. 72–96), cependant les travaux ne sont pas avancés au point de permettre d'affirmer aujourd'hui qu'il existe un ensemble de critères uniformisés de classement de la composition chimique des verres anciens de tous les genres.

Toutefois, afin de rendre possible la systématisation des verres, nous avons établi certains critères qui pourraient servir de base à notre classement. Il s'agissait en outre de procéder à un classement préliminaire qui pourrait constituer un point de départ pour les études ultérieures dans ce domaine.

Les critères que nous avons admis devaient être d'une part très souples et très généraux pour ne pas contenir d'éléments qui puissent prêter à des controverses et, de l'autre, très rigoureux de sorte que l'on puisse répartir selon un seul principe tous les verres en groupes bien distincts.

Sans rapporter dans le présent ouvrage les résultats publiés des recherches sur les méthodes de classement des verres anciens, que le lecteur trouvera sans peine dans différents travaux, ct sans lcs discuter, car ce n'est pas l'objectif de notre travail, pour les besoins du classement préliminaire de la composition chimique des verres, nous proposons d'adopter des critères quantitatifs de leur distinction que sont les concentrations définies de certains composants. Dans l'élaboration de ces critères, nous avons été guidés par les résultats des études faites par d'autres chercheurs et, plus précisément, par les résultats qui ont été confirmés par une plus vaste pratique de recherche, par notre propre expérience et par l'expérience de la verrerie contemporaine. Nous avons adoptés certains de ces critères par convention.

Ainsi, le type chimique du verre est défini par une formule conventionnelle qui tient compte des composants suivants: silice qui constitue le composant principal du verre (SiO_2), oxydes basiques R_2O (Na_2O et K_2O), certains oxydes du groupe RO (CaO et MgO), oxyde d'alluminium (Al_2O_3) et oxyde de plomb (PbO). La formule est établie d'après le résultat de l'analyse de la composition chimique du verre examiné. Le tableau 2. présente les quantités minimum des composants vitrificateurs du verre qui — comme il a été convenu — vont déterminer l'appellation du type chimique du verre. Le tableau tient compte de six parmi les composants énumérés plus haut, à l'exeption du SiO_2 qui — comme il a été dit — constitue l'élément de base de tous les verres anciens. Les critères figurant dans le tableau concernent seulement les verres dont la composition chimique a été déterminée par des méthodes qualitatives. Les principes de définition du type chimique des verres examinés par la méthode spectrale quantitative dans la version proposée par J. L. Ščapova sont présentés par l'auteur dans chapitre 19. qui contient le descriptif de cette méthode.

Tableau 2. Critères quantitatifs de distinction de la composition chimique du verre

Composant	Limite inférieure de concentration en %
Na_2O	3
K_2O	4
CaO	3
MgO	2
Al_2O_3	2
PbO	5

Les composés ci–dessus mentionnés déterminent l'appellation du type chimique du verre seulement quand leur concentration est égale ou supérieure à celle donnée par le tableau. Leur position dans la formule est la suivante: en première position sont donnés les oxydes basiques R_2O: Na_2O et K_2O (la concentration décide de l'ordre: vient d'abord celui dont la concentration est plus importante); en deuxième position viennent les oxydes du groupe RO: CaO et MgO (dans l'ordre de leur teneur: de la plus forte à la plus faible); puis sont donnés les Al_2O_3 et PbO, et, en dernière position, le SiO_2. Chaque élément de la formule est séparé du suivant par un point situé à la mi–hauteur de la ligne.

La liste, présentée ci–après, des types chimiques du verre a été établie selon le nombre des composants: du plus petit au plus grand.

(R.B., M.D., A.G., D.N.)

Schéma de description

1. $PbO \cdot SiO_2$
2. $Na_2O \cdot CaO \cdot SiO_2$
3. $K_2O \cdot CaO \cdot SiO_2$
4. $Na_2O \cdot PbO \cdot SiO_2$
5. $K_2O \cdot PbO \cdot SiO_2$
6. $CaO \cdot PbO \cdot SiO_2$
7. $Na_2O \cdot K_2O \cdot CaO \cdot SiO_2$
8. $K_2O \cdot Na_2O \cdot CaO \cdot SiO_2$
9. $Na_2O \cdot CaO \cdot MgO \cdot SiO_2$
10. $Na_2O \cdot MgO \cdot CaO \cdot SiO_2$
11. $K_2O \cdot CaO \cdot MgO \cdot SiO_2$
12. $K_2O \cdot MgO \cdot CaO \cdot SiO_2$
13. $Na_2O \cdot K_2O \cdot PbO \cdot SiO_2$
14. $K_2O \cdot Na_2O \cdot PbO \cdot SiO_2$
15. $Na_2O \cdot CaO \cdot PbO \cdot SiO_2$
16. $K_2O \cdot CaO \cdot PbO \cdot SiO_2$
17. $CaO \cdot MgO \cdot PbO \cdot SiO_2$
18. $MgO \cdot CaO \cdot PbO \cdot SiO_2$
19. $Na_2O \cdot K_2O \cdot CaO \cdot MgO \cdot SiO_2$
20. $K_2O \cdot Na_2O \cdot CaO \cdot MgO \cdot SiO_2$
21. $Na_2O \cdot K_2O \cdot MgO \cdot CaO \cdot SiO_2$
22. $K_2O \cdot Na_2O \cdot MgO \cdot CaO \cdot SiO_2$
23. $Na_2O \cdot K_2O \cdot CaO \cdot PbO \cdot SiO_2$
24. $K_2O \cdot Na_2O \cdot CaO \cdot PbO \cdot SiO_2$
25. $Na_2O \cdot K_2O \cdot MgO \cdot PbO \cdot SiO_2$
26. $K_2O \cdot Na_2O \cdot MgO \cdot PbO \cdot SiO_2$
27. $Na_2O \cdot CaO \cdot MgO \cdot PbO \cdot SiO_2$
28. $Na_2O \cdot MgO \cdot CaO \cdot PbO \cdot SiO_2$
29. $K_2O \cdot CaO \cdot MgO \cdot PbO \cdot SiO_2$
30. $K_2O \cdot MgO \cdot CaO \cdot PbO \cdot SiO_2$
31. $Na_2O \cdot K_2O \cdot CaO \cdot MgO \cdot PbO \cdot SiO_2$
32. $Na_2O \cdot K_2O \cdot MgO \cdot CaO \cdot PbO \cdot SiO_2$
33. $K_2O \cdot Na_2O \cdot CaO \cdot MgO \cdot PbO \cdot SiO_2$
34. $K_2O \cdot Na_2O \cdot MgO \cdot CaO \cdot PbO \cdot SiO_2$
35. $Al_2O_3 \cdot PbO \cdot SiO_2$
36. $Na_2O \cdot CaO \cdot Al_2O_3 \cdot SiO_2$
37. $K_2O \cdot CaO \cdot Al_2O_3 \cdot SiO_2$
38. $Na_2O \cdot Al_2O_3 \cdot PbO \cdot SiO_2$
39. $K_2O \cdot Al_2O_3 \cdot PbO \cdot SiO_2$
40. $CaO \cdot Al_2O_3 \cdot PbO \cdot SiO_2$
41. $Na_2O \cdot K_2O \cdot CaO \cdot Al_2O_3 \cdot SiO_2$
42. $K_2O \cdot Na_2O \cdot CaO \cdot Al_2O_3 \cdot SiO_2$
43. $Na_2O \cdot CaO \cdot MgO \cdot Al_2O_3 \cdot SiO_2$
44. $Na_2O \cdot MgO \cdot CaO \cdot Al_2O_3 \cdot SiO_2$
45. $K_2O \cdot CaO \cdot MgO \cdot Al_2O_3 \cdot SiO_2$
46. $K_2O \cdot MgO \cdot CaO \cdot Al_2O_3 \cdot SiO_2$
47. $Na_2O \cdot K_2O \cdot Al_2O_3 \cdot PbO \cdot SiO_2$
48. $K_2O \cdot Na_2O \cdot Al_2O_3 \cdot PbO \cdot SiO_2$
49. $Na_2O \cdot CaO \cdot Al_2O_3 \cdot PbO \cdot SiO_2$
50. $K_2O \cdot CaO \cdot Al_2O_3 \cdot PbO \cdot SiO_2$
51. $CaO \cdot MgO \cdot Al_2O_3 \cdot PbO \cdot SiO_2$
52. $MgO \cdot CaO \cdot Al_2O_3 \cdot PbO \cdot SiO_2$
53. $Na_2O \cdot K_2O \cdot CaO \cdot MgO \cdot Al_2O_3 \cdot SiO_2$
54. $K_2O \cdot Na_2O \cdot CaO \cdot MgO \cdot Al_2O_3 \cdot SiO_2$
55. $Na_2O \cdot K_2O \cdot MgO \cdot CaO \cdot Al_2O_3 \cdot SiO_2$
56. $K_2O \cdot Na_2O \cdot MgO \cdot CaO \cdot Al_2O_3 \cdot SiO_2$
57. $Na_2O \cdot K_2O \cdot CaO \cdot Al_2O_3 \cdot PbO \cdot SiO_2$
58. $K_2O \cdot Na_2O \cdot CaO \cdot Al_2O_3 \cdot PbO \cdot SiO_2$
59. $Na_2O \cdot K_2O \cdot MgO \cdot Al_2O_3 \cdot PbO \cdot SiO_2$
60. $K_2O \cdot Na_2O \cdot MgO \cdot Al_2O_3 \cdot PbO \cdot SiO_2$
61. $Na_2O \cdot CaO \cdot MgO \cdot Al_2O_3 \cdot PbO \cdot SiO_2$
62. $Na_2O \cdot MgO \cdot CaO \cdot Al_2O_3 \cdot PbO \cdot SiO_2$
63. $K_2O \cdot CaO \cdot MgO \cdot Al_2O_3 \cdot PbO \cdot SiO_2$
64. $K_2O \cdot MgO \cdot CaO \cdot Al_2O_3 \cdot PbO \cdot SiO_2$
65. $Na_2O \cdot K_2O \cdot CaO \cdot MgO \cdot Al_2O_3 \cdot PbO \cdot SiO_2$
66. $Na_2O \cdot K_2O \cdot MgO \cdot CaO \cdot Al_2O_3 \cdot PbO \cdot SiO_2$
67. $K_2O \cdot Na_2O \cdot CaO \cdot MgO \cdot Al_2O_3 \cdot PbO \cdot SiO_2$
68. $K_2O \cdot Na_2O \cdot MgO \cdot CaO \cdot Al_2O_3 \cdot PbO \cdot SiO_2$

(S.Ž.)

24. COULEUR DU VERRE

Remarques générales

Nous proposons de définir la couleur du verre par référence à l'*Atlas des couleurs* élaboré par les auteurs des *Principes...* et publié à la fin du présent volume. Nous y tenons compte de vingt couleurs chromatiques (N°s 2. — 21.) et de deux couleurs achromatiques (N°s 1. et 22.). Le degré d'intensité de chacune des vingt couleurs chromatiques du verre est défini au moyen de huit caractéristiques de 1. fort foncé à 8. faible clair (troisième colonne du *Schéma de description*).

Afin de définir la couleur du verre étudié, celui–ci devrait être rapproché systématiquement des rectangles de couleur figurant sur les planches de l'*Atlas...* jusqu'à ce qu'on trouve la teinte qui correspond à la couleur du verre. La description des couleurs chromatiques devrait comporter deux notations, p.ex. rouge–orange, moyen clair: 4.6. Dans le cas des couleurs achromatiques, une seule notation sera employée, p.ex. blanc: 1., noir: 22.

Dans leur travail sur le nombre et l'ordre des couleurs figurant dans l'*Atlas*..., les auteurs se sont abstenus de consulter les ouvrages spécialisés de référence, préférant mettre à contribution leurs propres expérience et estimations.

L'*Atlas des couleurs* pourra être utilisé surtout pour la définition de la couleur des verres étudiés de nature. Il sera d'une utilité beaucoup moindre dans l'étude des verres connus uniquement par le biais des publications. Il arrive souvent, en effet, qu'une même couleur soit désignée de termes différents par divers auteurs. De même, l'intensité de la couleur des verres est le plus souvent définie dans la littérature par deux adjectifs seulement: clair ou foncé.

Schéma de description

1. Objet
   - 1.1. objet brut
   - 1.2. ornement
   - 1.3. impossible à déterminer
   - 1.4. absence de données

- 1. blanc
- 2. pourpre
- 3. rouge
- 4. rouge-orange
- 5. orange
- 6. orange-jaune
- 7. beige
- 8. jaune
- 9. vert-jaune
- 10. olivâtre
- 11. jaune-vert
- 12. vert
- 13. vert-bleu-primaire
- 14. gris-bleu-primaire
- 15. turquois
- 16. bleu
- 17. violet-bleu
- 18. violet
- 19. rouge-brun
- 20. brun
- 21. gris
- 22. noir
- 23. impossible à déterminer
- 24. absence de données

- 1. fort foncé
- 2. moyen foncé
- 3. fort
- 4. fort clair
- 5. moyen
- 6. moyen clair
- 7. faible
- 8. faible clair

(M.D., J.O., J.Š.)

25. COLORANTS

Les résultats des analyses de la composition chimique de la majorité des verres anciens ne permettent pas toujours d'établir précisément le colorant qui a entraîné la coloration de ces verres, telle qui est observée actuellement. Les raisons de ces difficultés sont différentes. Évoquons, à titre d'exemple, quelques–unes parmi ces raisons:

1. Dans certains cas, les analyses des verres anciens sont incomplètes, par conséquent, nous ignorons la présence de certains composants qui peuvent avoir joué un rôle important pour la couleur définitive du verre examiné. Ainsi, p.ex. la plupart des résultats des analyses ne contiennent pas la mention du contenu de soufre qui, lié à des éléments tels que le fer ou l'antimoine, a une influence considérable sur la coloration de la masse de verre.

2. La coloration de verres anciens observée actuellement diffère souvent de la couleur d'origine; elle est parfois difficile à déterminer à cause des modifications dûes à la corrosion.

3. Dans beaucoup de verres, la couleur définitive est le résultat de l'action simultanée de quelques éléments colorants. Certains d'entre eux ont pu être ajoutés intentionnellement par le fabricant, d'autres se sont trouvés dans la masse de verre fortuitement, comme impuretés contenues dans les matières premières.

4. Certaines circonstances accompagnant le processus de fonte sont inconnues: composition du mélange vitrifiable, atmosphère du four, durée de la fonte et d'autres encore qui peuvent jouer un rôle important dane le processus de coloration. Certains éléments se comportent différemment en fonction des conditions de la fonte et de la composition des matières premières; ils peuvent devenir aussi bien colorants que décolorants, tels p.ex. le manganèse, l'antimoine et le cobalt, d'autres font colorer la masse de verre différemment selon les paramètres techniques, tels p.ex. le cuivre et le fer.

Malgré l'existence de paramètres inconnus, les résultats de la majorité des analyses ainsi que la couleur actuelle des verres permettent d'identifier d'une manière satisfaisante les éléments responsables de la coloration de la masse de verre des verres anciens.

Partant de l'analyse des données techniques contemporaines, nous présentons dans le tableau 3. les limites inférieures de concentration des principaux colorants responsables de la coloration des verres anciens. Le tableau ne tient pas compte des verres de lait blanc opaques, car la couleur de ces verres est dûe à l'action d'un opacifiant (Sb, Sn et autres) et non à celle d'un colorant.

Les colorants sont présentés sous forme d'oxydes, car c'est sous cette forme qu'ils apparaissent dans la majorité des analyses.

Si, dans la composition chimique du verre, un ou plusieurs éléments cités apparaissent dans les concentrations plus grandes que celles figurant dans ce tableau, nous pensons qu'il faut les signaler dans la rubrique 25. de la fiche comme colorants de ce verre*.

(A.G.)

---

* Le lecteur trouvera des données plus détaillées sur les colorants dans les travaux suivants: Kitajgorodskij 1961, p. 454–458; Spravočnik 1963; Bezborodov 1969, p. 60–72; Nowotny 1969; Technologia 1972, p. 183–194; Newton 1978.

Tableau 3. Colorants — limites inférieures de leurs concentrations responsables de la coloration du verre

Colorants des verres sous forme d'oxydes	Colorants sous forme de composés chimiques colorant le verre	Limite inférieure de concentration en %	Couleur du verre						
			rouge	orange	jaune	vert	bleu	bleu foncé	violet
CuO ou Cu_2O	CuO	> 0,1					x	x	
	Cu_2O	> 0,1	x	x					
Fe_2O_3 ou FeO	Fe_2O_3 ou FeS	> 0,1			x				
	FeO	> 0,1				x	x		
MnO ou Mn_2O_3	Mn_2O_3	> 1							x
Sb_2O_3	Sb_2O_3 plus $Pb_2Sb_2O_7$	> 0,1			x				
CoO	CoO	> 0,005					x	x	
Ag_2O	Ag_2O	> 0,01			x				
Autre									
Impossible à déterminer									
Absence de données									

Le „x" signifie que le verre peut être coloré par le colorant indiqué pour la couleur donnée.

Remarque: quand le verre est de couleur orange, il peut y avoir dans sa composition, simultanément, deux substances colorantes: l'une qui cause la coloration rouge et l'autre responsable de la coloration jaune. La couleur verte peut être dûe à la présence simultanée de deux colorants: „jaune" et „bleu". Le verre noir et brun foncé est obtenu par l'addition de quantités considérables (de l'ordre de quelques %) de sulfure ferreux, de composés de plomb ou d'autres composants. Le verre de lait blanc est obtenu par la présence dans le verre incolore de certaines substances opacifiantes ou d'autres facteurs opacifiants comme p.ex. une grande quantité de bulles. Cette couleur peut être aussi dûe à l'effet de cristallisation (cf. infra, chapitre 28. *Opacifiants*).

(R.B., A.G., D.N.)

26. DÉCOLORANTS

Les matières premières employées pour la fonte du verre comportent des impuretés qui colorent la masse de verre d'une façon qui n'est pas toujours voulue par le fabricant. C'est pourquoi, le problème de décoloration du verre est toujours très important.

Il existe deux manières de décolorer le verre:

1. Décoloration chimique par addition au mélange vitrifiable d'éléments chimiques qui entraîneront la réduction ou la disparition des propriétés colorantes des impuretés. Les décolorants de ce type sont dans la plupart des cas des substances aux propriétés oxydantes: pyrolusite, oxydes d'arsine et d'antimoine, azotates et sulfites.

2. Décoloration physique consiste en l'addition au mélange vitrifiable d'éléments colorants qui provoquent l'apparition d'une couleur complémentaire à la couleur causée par les impuretés, procédé qui permet de réduire ou d'éliminer la coloration non désirée de la masse de verre. À ce groupe de décolorants appartient entre autres le cobalt qui donne au verre la couleur bleu foncé, complémentaire au jaune provoqué par la présence des impuretés de composés de fer. Les résultats des analyses de la composition chimique des verres anciens, tout comme dans le cas de la coloration, ne permettent pas toujours d'établir les facteurs résponsables de la modification de la couleur ou de la décoloration de la masse examinée. Les causes en sont les suivantes:

a. Certaines parmi les analyses des verres anciens ne contiennent pas l'ensemble des données concernant les éléments décolorants.

b. La détermination précise des limites inférieures de concentration des composants ayant de l'importance dans la décoloration des verres anciens est très compliquée, à cause de plusieurs facteurs, souvent mal connus, qui ont une influence sur le processus de fonte. Dans le processus de décoloration de la masse de verre, outre le type et la concentration du décolorant, un rôle non négligeable revient aux facteurs suivants: composition originale du mélange vitrifiable, atmosphère et température de fonte, quantité des colorants dont l'action sur la couleur finale doit être neutralisée.

C'est la raison pour laquelle une même quantité de décolorant dans un verre est capable de décolorer la masse, mais dans un autre verre celle–ci est insuffisante. En outre, dans les verres anciens on observe souvent plus d'un facteur qui décolore la masse. Compte tenu des difficultés que rencontre l'identification des plus basses concentrations des décolorants qui jouent un rôle dans le processus de fabrication, en nous basant sur la littérature et sur l'expérience accumulée pendant notre travail sur les verres anciens, dans le présent ouvrage nous avons adopté les valeurs présentées dans le tableau 4. Ce tableau tient compte des oxydes les plus fréquents dans les verres anciens*.

---

* Le lecteur trouvera des données plus détaillées sur les décolorants dans les travaux suivants: Kitajgorodskij 1961, p. 451–454; Nowotny 1969, p. 164–171; Technologia 1972, p. 196; Newton 1978.

Tableau 4. Compositions qui décolorent la masse de verre — limites inférieures de leurs concentrations responsables de la décoloration du verre

Décolorant	Limite inférieure de concentration en %	Remarques
MnO	> 0,5	apparaît sporadiquement dans les verres anciens comme composant qui colore en rose violet
Sb_2O_3	> 0,1	se présente sporadiquement dans le verre comme composant qui teint en couleur de rubis
AS_2O_3	> 0,1	
CoO	> 0,005	se montre le plus souvent dans les verres anciens aussi comme colorant
Autre		
Impossible à déterminer		
Absence de données		

(R.B., A.G.)

27. TRANSPARENCE DU VERRE

Remarques générales

La définition exacte du degré de transparence du verre rencontre souvent d'importantes difficultés. En effet, dans de nombreux cas, l'aspect primitif du verre a changé suite à l'action négative du milieu dans lequel l'objet, parfois enterré, s'est trouvé pendant une longue période, action qui a bien souvent entraîné l'irisation ou la dévitrification du verre (voir chapitre 17. *État de conservation du verre*). Il arrive donc souvent que la définition du degré de transparence se rapporte non pas à l'état d'origine mais bien à l'état actuel, secondaire de l'objet. De même, nous sommes parfois dans l'impossibilité de répondre sans équivoque à la question de savoir si les inégalités de sa transparence (caractère zoné) constituent un trait primitif ou secondaire.

Il est possible d'éliminer en partie ces difficultés en procédant à des analyses du verre au microscope.

Cependant, en procédant à l'identification du degré de transparence des verres étudiés par observations macroscopiques, il faut tenir compte des critères suivants: le verre est transparent — s'il laisse passer les rayons lumineux sans les diffuser; le verre est translucide — si les rayons passent mais sont réfractés et diffus par le verre; le verre est non–transparent ou opaque — lorsque la surface de l'objet réfléchit la lumière. Le terme „non–transparent" se rapporte aux verres où cette particularité est dûe à l'épaisseur du verre foncé, alors que les verres opaques sont ceux où l'opacité a été obtenue par l'addition d'agents opacifiants à la masse de verre.

Schéma de description

1. Objet 1.1. objet brut 1.2. ornement 1.3. impossible à déterminer 1.4. absence de données	1. transparent 2. translucide 3. non-transparent 4. opaque 5. transparent et translucide 6. transparent et non-transparent 7. transparent et opaque 8. translucide et non-transparent 9. translucide et opaque 10. transparent, translucide et non-transparent 11. transparent, translucide et opaque 12. translucide, non-transparent et opaque 13. transparent, translucide, non-transparent et opaque 14. impossible à déterminer 15. absence de données	1. zoné

(M.D., J.O.)

28. OPACIFIANTS

Les verres non transparents appelés „opaques" sont obtenus par addition de substances opacifiantes au mélange vitrifiable. Insolubles ou difficilement solubles dans la masse fondue, ces substances créent une suspension de particules cristallines ou de bulles gazeuses dont l'effet optique est l'opacité du verre.

Au groupe des plus anciens composants produisant cet effet et les plus fréquents dans les verres anciens appartiennent les composés d'étain et d'antimoine. Dans les verres brun rouge, l'opacité est dûe principalement à la présence de l'oxyde cuivreux et du cuivre métallique, difficilement solubles dans la masse de verre. D'autres composés opacifiants, p.ex. phosphates et fluorures, ne sont déterminés que sporadiquement dans les analyses des verres anciens.

Il convient de souligner le fait que l'opacité du verre n'est pas toujours dûe à l'usage de matières spéciales. En effet, d'autres facteurs peuvent y jouer un rôle déterminant, p.ex. le mélange n'est pas entièrement fondu, si bien que seulement une partie des matières passent en phase amorphe et les autres restent sous forme cristalline produisant l'effet d'opacité.

Il existe des verres anciens très foncés, non transparents, qui n'ont pas dans leur composition de substances ajoutées spécialement pour rendre le verre opaque. Ces verres contiennent entre autres de grandes quantités de composés colorants tels que le Fe_2O_3 et le Mn_2O_3. Dans des couches minces, ces verres se distinguent des verres opaques par le degré de transparence.

Le tableau 5. présente les plus basses limites de concentration des composants responsables de l'opacité du verre ancien étudié.

Lorsque le verre est opacifié, coloré en blanc ou autrement coloré, et que dans sa composition apparaissent les composants figurant dans le tableau mais en concentrations plus importantes que celles qui sont indiquées, il faut signaler ces composants sur la fiche comme facteurs opacifiants.

Le tableau contient les éléments présentés sous forme d'oxydes. C'est la forme la plus souvent utilisée dans la terminologie analytique. Nous ne faisons que signaler, sans donner la valeur limite de leur concentration, les composés rarement identifiés dans la composition des verres anciens*.

Tableau 5. Opacifiants — limites inférieures de leurs concentrations responsables de l'opacité du verre

Composants opacifiants	Limite inférieure de concentration en %	Remarques
SnO_2	$\geq$ 0,1	
Sb_2O_3	$\geq$ 0,1	
Cu_2O	$\geq$ 1	
Composés de fluor		concerne les verres rouges opaques dans lesquels les facteurs opacifiants sont les mélanges de Cu_2O et Cu
Composés de phosphate		
Autres composés		
Impossible à déterminer		
Absence de données		

(R.B., A.G., D.N.)

* Le lecteur trouvera des données plus détaillées sur les opacifiants dans les travaux suivants: Turner, Rooksby 1959; Kitajgorodskij 1961, p. 458–460, 699–701; Bezborodov 1969, p. 60–72; Bimson, Werner 1969; Nowotny 1969, p. 176–189; Technologia 1972, p. 194–195.

29. TEMPÉRATURE DE FONTE

Remarques générales

La méthode et les résultats des analyses sont donnés selon les termes du protocole de remise. L'auteur de la fiche sera libre de choisir la forme qu'il voudra donner à ces informations. Les informations de la rubrique 29 ne sont pas codées. Aucun schéma de description n'a été prévu pour présenter cette caractéristique.

Dans les cas où la littérature fournit une information sur les analyses effectuées mais les données sont incomplètes, il faut le signaler au moyen de la formule: „absence de données" en signalant dans la note (rubrique 36) quels sont les éléments de l'analyse que cette remarque concerne.

(M.D).

30. N° D'EXPERTISE

Remarques générales

Cette rubrique doit être remplie selon les mêmes principes que la rubrique 22.

(M.D.)

31. AUTEUR D'EXPERTISE

Remarques générales

Cette rubrique doit être remplie selon les mêmes principes que la rubrique 20.

(M.D.)

32. AUTRES ANALYSES

Remarques générales

Cette rubrique contiendra l'information sur toutes les autres analyses de laboratoire (à l'exceptions de celles de la composition chimique du verre et la température de fonte dont les résultats sont donnés respectivement dans les rubriques 21 et 29) dont l'objet décrit a fait l'objet. Il s'agira de différents examens des propriétées physiques du verre et de sa structure, p.ex. exécution de plaquettes minces et leur examen au microscope. Si les résultats de ces analyses ont été déjà publiés, il faudra signaler (rubrique 35) la position bibliographique respective, sinon, on donnera une brève information sur les résultats de ces analyses dans la note (rubrique 36).

Etant donné que les examens de ce type sont effectués rarement, nous n'avons pas prévu de système de codage pour la description de leurs résultats. En cas de besoin, l'auteur de la fiche peut néanmoins utiliser les formules adoptées pour la descriptions d'autres caractéristiques: „impossible à déterminer" et „absence de données".

(M.D.)

33. PROVENANCE

Remarques générales

Cette rubrique contiendra les informations relatives à la provenance de l'objet, comprise au sens large. En règle générale, on distingue quatre sources qui peuvent fournir des objets d'étude: 1. recherche archéologique, donc p.ex. prospection archéologique, fouille archéologique (fouille de sauvetage, fouilles systématiques), mais aussi trouvailles isolées (p.ex. trouvailles faites dans la masse de terre du chantier archéologique, certaines trouvailles sous–marines); 2. collections de musées composées d'objets acquis par dons ou par achats; 3. temples, trésors de temple, exceptionnellement collections appartenant à des particuliers ou a des organisations, que les objets en question ont intégrées souvent il y a bien longtemps suite à différentes circonstances; 4. trouvailles dites fortuites.

Pour ce qui est des trois premières sources, et surtout de la première, il existe un très grand nombre de possibilités.

L'information sur les modalités d'acquisition de l'objet doit être suivie de la date d'acquisition et, si l'objet n'a pas été publié, d'autres détails tels que, dans le cas d'objets provenant de fouilles archéologiques, le nom de l'explorateur et celui de la mission ou de l'institution chargée des travaux. Si l'objet a été mentionné ou commenté dans les publications, il faut mettre une référence à la rubrique 35 dans laquelle on placera les données bibliographiques de l'ouvrage qui présente l'objet de la manière la plus complète.

L'auteur de la fiche est libre de choisir la forme de rédaction de cette rubrique, car pour ces données–là, nous n'avons prévu aucun schéma de description. Il doit néanmoins fournir toutes les données importantes sur les modalités d'acquisition de l'objet. Il est également conseillé d'utiliser, en cas de besoin, les notations adoptées dans la descriptions d'autres caractéristiques: „impossible à déterminer" et „absence de données".

(M.D.)

34. COLLECTION

Remarques générales

Cette rubrique doit contenir le nom de l'institution qui abrite actuellement l'objet décrit, suivi de son numéro d'inventaire. Pour les trouvailles qui n'ont pas été publiées, il est conseillé de faire figurer l'information sur le lieu où toute la documentation concernant l'objet est conservée, avec références. Si l'objet et sa documentation ont changé de lieu de conservation, on peut donner les noms des établissements qui les abritaient auparavant.

Les informations contenues dans cette rubrique ne font pas l'objet de codage. Néanmoins, nous proposons que l'auteur de la fiche, surtout quand il a à décrire toute une série d'objets en verre et qu'il prépare une grande série de fiches, emploie les abréviations des noms des institutions qu'il aura préalablement proposées. Comme dans le cas des autres rubriques, il est conseillé d'utiliser, en cas de besoin, les notations adoptées: „impossible à déterminer" et „absence de données".

(M.D.)

35. LITTÉRATURE

Remarques générales

Cette rubrique comportera la bibliographie des plus importants ouvrages dans lesquels l'objet décrit et/ou les données le concernant et figurant sur la fiche ont été présentés de la manière la plus complète. Si l'ouvrage mentionné ne contient que certaines de ces données, il faut mettre, dans la rubrique correspondante, un astérisque (*) qui renvoie à l'ouvrage cité dans la rubrique 35. Compte tenu de la présence dans différentes rubriques de la fiche de nombreuses informations munies de code numérique, afin d'éviter d'éventuelles erreurs, dans la présente rubrique il ne faut recourir à aucune notation chiffrée.

La rubrique 35 doit renfermer uniquement les références des ouvrages concernant les données contenues dans les rubriques de la fiche. Les références des ouvrages cités dans les chapitres des *Principes...* sont réunies dans la bibliographie à la fin du volume.

(M.D.)

36. NOTES

Remarques générales

Dans cette rubrique se trouveront, rédigées d'une manière brève, les informations complémentaires indispensables concernant les données contenues dans les autres rubriques de la fiche. Les données en question, de même que les notes qui leur correspondent, doivent être munies d'un renvoi sous forme d'astérisque (*). Compte tenu de la présence dans différentes rubriques de la fiche d'informations munies de code numérique, afin d'éviter d'éventuelles erreurs, il ne faut recourir à aucune notation chiffrée.

(M.D.)

37. AUTEUR DE FICHE

Remarques générales

Cette rubrique doit contenir, dans leur forme complète, le prénom et le nom du chercheur qui est l'auteur de la description.

(M.D.)

WYKAZ PODPISÓW POD RYCINY

BIBLIOGRAPHIE DES OUVRAGES CITÉS

Abdul–Hak S.

1965 *Contribution d'une découverte archéologique récente à l'étude de la verrerie syrienne à l'époque romaine*, Journal of Glass Studies, vol. 7, pp. 26–34.

Abdurazakov A.A., Bezborodov M.A., Zadneprovskij J.A.

1963 *Steklodelije Srednej Azii v drevnosti i srednevekov'e,* Taškent.

Alekseeva E.M.

1970 *Klassifikacija antičnych bus*, dans: *Statistiko–kombinatornye metody v archeologii*, Moskva, pp. 59–82.

Appen A.A.

1974 *Chimija stekla*, Leningrad.

Bachtadze R.A.

1954 *Izučenie chimiceškogo sostava stekljannych izdelij najdennych v Samtavrskom mogilnike*, Vestnik Gosudarstvennogo Muzeja Gruzii, vol. 18–B, pp. 268–280.

1960 *K issledovaniju stekol feodalnoj Gruzii,* Vestnik Gosudarstvennogo Muzeja Gruzii, vol. 20–A, pp. 11–31.

1964 *K izučeniju gruzinskich archeologičeskich stekol*, Tbilisi.

Baluta C.

1978 *Conssiderations sur la production et la diffusion du verre dans la Dacie Supérieure*, dans: *Annales du 7e Congrès de l'Association Internationale pour l'Histoire du Verre*, Liège, pp. 97–109.

Barovier R.

1974 *Roman Glassware in the Museum of Murano and the Muranese Revival of the Nineteeth Century*, Journal of Glass Studies, vol. 16, pp. 111–119.

Berger L.

1960 *Römische Gläser aus Vindonissa*, dans: *Veröffentlichungen der Gesellschaft Pro Vindonissa*, vol. 4, Basel.

Bezborodov M.A.

1956 *Steklodelie v drevnej Rusi*, Minsk.

1959 *Technologija proizvodstva stekljannych bus v drevnosti,* dans: *Očerki po istorii russkoj derevni X–XIII v.v.*, Trudy Gosudarstvennogo istoričeskogo muzeja, vol. 33, Moskva, pp. 225–233.

1969 *Chimija i technologija drevnich i srednevekovych stekol*, Minsk.

Bezbarodau M.A. (Bezborodov M.A.), Marynau M.R. (Marinov M.R.)

1958 *Chimika — technalagičnae dasledavanne škla z staražytnabalgarskich stalic Pliski i Preslava (IX– –XIII stst.)*, Vesci Akademii Navuk Belaruskaj SSR. Seryja fizika — techničnych navuk, n° 4, pp. 72–81.

Bezborodov M.A., Marinov M.R.

1961a *Chimiko–technologičeskoe izučenie drevnebolgarskich stekol i ogneuporov iz Preslav IX–X vv.*, Izvestija na Archeologičeskija Institut, vol. 24, pp. 89–92.

1961b *Issledovanie mozaičnych stekol iz dvorca „Carevec" i cerkvy „Sv. Paraskevy" — Pjatnicy v Tyrnovo XII–XIV v.v.*, Izvestija na Archeologičeskija Institut, vol. 24, pp. 93–96.

Biezborodow M.A., Olczak J.
1964 *Chemiczno–technologiczna i petrograficzna charakterystyka domniemanego surowca szklarskiego z wczesnośredniowiecznej Kruszwicy*, Slavia Antiqua, vol. 11, pp. 361–374.

Bimson M., Werner A. E.
1969 *Two Problems an Ancient Glass: Opacifiers and Egyptian Core Material*, dans: *Annales du 4e Congrès des „Journées Internationales du Verre"*, Liège, pp. 262–266.

Blavatskij V.D.
1953 *Istorija antičnoj raspisnoj keramiki*, Moskva.

Caley E.R.
1962 *Analyses of Ancient Glasses*. 1970–1957, Corning.

Callmer J.
1977 *Trade Beads and Bead Trade in Scandinavia ca. 800–1000 A.D.*, Acta Archaeologica Lundensia, Series in 4°, n° 11, Bonn–Lund.

Calvi M.C.
1969 *Die römischen Gläser, Museum von Aquileja*, Aquileja.

Chanenko B.N. et V.I.
1902 *Drevnosti Pridneprov'ja*, vol. 5, Èpocha slavjanskaja (VI–XIII v.v.*)*, Kiev.

Chmielowska A.
1960 *Wyroby szklarskie z X–XIII wieku na stanowisku 1 w Gdańsku*, dans: *Gdańsk Wczesnośredniowieczny*, vol. 3, Gdańsk, pp. 105–158.

Chojnovskij I.A.
1893 *Raskopki velikoknjažeskogo dvora drevnego grada Kieva proizvedennye vesnoju 1892*, Kiev.

Čchatarašvili M.N.
1978 *Okonnoe steklo najdennoe v Gruzii,* dans*: Archeologičeskie pamjatniki feodal'noj Gruzii*, vol. 3, Tbilisi, pp. 69–97.

Daremberg Ch. et Saglio E.
1877–1919 *Dictionnaire des antiquités grecques et romaines d'après les textes et les monuments,* Paris.

Davidson–Weinberg G.
1963 *A Parallel to the Highdown Hill Glass*, Journal of Glass Studies, vol. 5, pp. 25–28.

Dąbrowski K.
1961 *Wczesnośredniowieczne witraże z Kalisza,* Kwartalnik Historii Kultury Materialnej, vol. 9, n° 3, pp. 395–406.

Dąbrowski K., Karwowska J.
1954 *Metoda konserwacji szkła rzymskiego na przykładzie kielicha ze wsi Piwonice, pow. Kalisz*, Wiadomości Archeologiczne, vol. 20, n° 2, pp. 179–185.

Dekówna M.
1962 *Naczynia szklane pochodzenia obcego na ziemiach polskich we wczesnym średniowieczu (X w.–połowa XIII w.)*, Slavia Antiqua, vol. 9, pp. 219–254.
1978 *Les verres de Haithabu. Rapport préliminaire*, dans: *Annales du 7e Congrès de l'Association Internationale pour l'Histoire du Verre,* Liège, pp. 167–188.

1980 *Szkło w Europie wczesnośredniowiecznej*, Wrocław.

Dekówna M., Pawłowska H.
1967 *Résultats de l'analyse spectrale d'emission de deux verres anciens de l'église St. Jean l'Évangéliste à Ravenne*, Felix Ravenna, n° 45, pp. 119–126.

Diringer D.
1972 *Alfabet czyli klucz do dziejów ludzkości*, Warszawa.

Dončeva–Petkova L., Zlatinova Ž.
1978 *Staklarska rabotilnica kraj zapadnata krepostna stena v Pliska*, Archeologija, vol. 20, n° 4, pp. 37–48.

Doppelfeld O.
1966 *Römisches und fränkisches Glas in Köln*, Köln.

Dvoreckij I.Ch.
1958 *Drevnegrečesko–russkij slovar'*, vol. 1–2, Moskva.
1976 *Latinsko–russkij slovar'*, Moskva.

Džanpoladjan R.M.
1955 *Stekljannyj sosud iz Dvina*, Kratkie soobščenija Instituta Istorii Material'noj Kultury AN SSSR, vol. 160, pp. 120–124.

Džingov G. (Djingov G.Chr.)
1960 *Za proizvodstvoto na staklo v srednovekovna Balgarija*, Archeologija, vol. 2, n° 4, pp. 1–8.
1963 *Srednovekovna staklarska rabotilnica v Patlejna*, Izvestija na Archeologičeskija Institut, vol. 26, pp. 47–69.
1966 *Le verre dans l'Atiquité et au Moyen Âge en Bulgarie*, dans: *Annales du 3e Congrès des 'Journées Internationales du Verre'*, Liège, pp. 104–115.
1975 *Sur l'origine de la verrerie en Bulgarie au Moyen Âge,* dans: *Srednjovekovno staklo na Balkanu (V–XV vek)*, Beograd, pp.109–114.

Ebert M. (ed.)
1924–1932 *Reallexikon der Vorgeschichte*, vol. 1–15, Berlin.

Eisen G.
1927 *Glass*, vol. 1–2, New York.

Fanderlik M.
1963 *Vady skla*, Praha.

Filarska B.
1952 *Szkła starożytne*, Warszawa.

Forbes R.J.
1957 *Studies in Ancient Technology*, vol. 5, Leiden.

Fossing P.
1940 *Glass Vessels before Glass–Blowing*, Copenhagen.

Fremersdorf F.
1938 *Römischer Gläser mit buntgefleckter Oberfläche*, dans: *Festschrift für August Oxé*, Darmstadt, pp. 116–121.

Galanina L.K.
1970 *Stekljannye sosudy iz Kurdžipskogo Kurgana*, Archeologičeskij Sbornik, vol. 12, pp. 35–44.

Galibin V.A.
2001 *Sostav stekla kak archeologičeskij istočnik*, Sankt–Peterburg.

Gardin J.–C.
1976 *Code pour l'analyse des formes de poteries*, Paris.

Geografia Powszechna
1965 *Geografia Powszechna*, vol. 3, ed. A. Wrzosek, Warszawa.

Gurevič F.D., Džanpoladjan R.M., Malevskaja M.V.
1968 *Vostočnoe steklo v drevnej Rusi*, Leningrad.

Guščina I.I.
1962 *Nachodki iz Krasnodarskogo Kraja*, Sovetskaja archeologija, vol. 2, pp. 206–210.

Haevernick Th.E.
1978 *Medioli*, Glastechnische Berichte, vol. 52, pp. 328–330.

Harden D.B.
1935 *Roman–Syrian Glasses with Mould–Blown Inscriptions*, Journal of Roman Studies, vol. 25, pp. 163–186.
1936 *Roman Glass from Karanis*, dans: *University of Michigan Studies. Humanistic Series*, vol. 41, Ann Arbor, Michigan.
1959 *The Highdown Hill Glass Goblet with Greek Inscription*, Sussex Archaeological Collections, vol. 97, pp. 3–20.
1969 *Ancient Glass, partie I: Pre–Roman*, The Archaeological Journal, vol. 125, pp. 46–72.
1970 *Ancient Glass, partie II: Roman*, The Archaeological Journal, vol. 126, pp. 44–77.

Hayes J.W.
1975 *Roman and Pre–Roman Glass in the Royal Ontario Museum*. A Catalogue, Toronto.

Henderson J.
1989 *The Scientific Analysis of Ancient Glass and its Archaeological Interpretation*, dans: *Scientific Analysis in Archaeology and its Interpretation*, ed. J. Henderson, Oxford, pp. 30–62.

Hilgers W.
1969 *Lateinische Gefäßnamen. Beziechungen, Funktion und Form römischer Gefäße nach antiken Schriftquellen*, dans: *Beihefte zu „Bonner Jahrbücher"*, Düsseldorf.

Isings C.
1957 *Roman Glass from Dated Finds*, dans: *Archaeologia Traiectina*, vol. 2, Groningen–Djakarta.

Kačalov N.
1959 *Steklo*, Moskva.

Kalinin S.K., Javnel' A.A., Alekseeva A.I., Morzuvanov V.L., Najmark L.È.
1959 *Atlas spektral'nych linij dlja kvarcevogo spektrografa*, Moskva.

Kaźmierczyk J.
1966 *Wrocław lewobrzeżny we wczesnym średniowieczu*, partie 1, Wrocław.
1970 *Wrocław lewobrzeżny we wczesnym średniowieczu*, partie 2, Wrocław.

Kisa A.
1908 *Das Glas im Altertume*, parties 1–3, Leipzig.

Kitajgorodskij I.I.
1961 *Technologija stekla*, Moskva.

Kociszewski I.I.
1966 *Metody laboratoryjne badania przedmiotów zabytkowych ze szkła*, Studia z dziejów rzemiosła i przemysłu, vol. 6, pp. 49–75.

Kol'tgof I.M., Sendel E.B.
1951 *Količestvennyj analiz*, Moskva.

Kovalevskaja V.B.
2000 *Komp'juternaja obrabotka massovogo archeologičeskogo materiala iz rannesrednevekovych pamjatnikov Evrazii*, Moskva.

Kunicki–Goldfinger J., Kierzek J., Kasprzak A.J., Małożewska–Bućko B.
1999 *XVIII–wieczne naczynia szklane z hut w Nalibokach i Urzeczu. Badania fizyko–chemiczne*, Warszawa.

Kunina N.Z.
1973 *Sirijskie vydutye v forme stekljannye sosudy iz nekropolja Pantikapeja,* dans: *Pamjatniki antičnogo prikladnogo iskusstva*, Leningrad.

La Baume P.
1973 *Glas der antiken Welt*, dans: *Wissenschaftliche Kataloge des Römisch–Germanischen Museums Köln*, vol. 1, Köln.

La Baume P., Salomonson J.W.
1977 *Römische Kleinkunst, Sammlung Karl Löffler*, dans: *Wissenschaftliche Kataloge des Römisch––Germanischen Museums Köln*, vol. 3, Köln.

Lamm C.J.
1930 *Mittelalterliche Gläser und Steinschnittarbeiten aus dem Nahen Osten*, vol. 1, Berlin.

Lehečková E.
1971 *Nejstarší moravské skleněné korálky*, Sborník prací filosofické fakulty brněnské University, E 16, pp. 99–102.

Ljubker F.
1884 *Real'nyj slovar' klassičeskoj drevnosti*, Moskva.

L'vova Z.A.
1958 *Technologičeskaja klassifikacija stekljannych bus domongolskoj Rusi*, Soobščenija Gosudarstvennogo Ermitaža, vol. 14, pp. 15–18.
1979 *Technologičeskaja klassifikacija izdelij iz stekla (po materialam rannesrednevekovych stekljannych ukrašenij)*, Archeologičeskij sbornik, vol. 20, pp. 90–110.

L'vova Z., Naumov D.
1970 *K voprosu o proischoždenii stekljannych bus VIII–X vv. Staroj Ladogi*, Slavia Antiqua, vol. 17, pp. 179–186.

Matson F.R.
1951 *The Composition and Working Properties of Ancient Glasses,* Journal of Chemical Education, vol. 28, n° 2, pp. 82–87.

Morin–Jean
1913 *La verrerie en Gaule sous l'Empire Romain*, Paris.

Naumov D.V.
1962 *Opyt količestvennogo spektral'nogo analiza drevnego stekla*, Sovetskaja archeologija, n° 4, pp. 115–120.

Neuburg F.
1962 *Antikes Glas*, Darmstadt.

Newton R.G.
1978 *Colouring Agents used by Medieval Glassmakers*, Glass Technology, vol. 19, n° 3, pp. 59–60.

Nowotny W.
1969 *Szkła barwne*, Warszawa.

Olczak J.
1960 *Wyniki analiz spektrograficznych niektórych zabytków szklanych z terenów Pomorza Zachodniego*, Materiały Zachodniopomorskie, vol. 5 [1959], pp. 277–294.
1966 *Szkło w Polsce do połowy XIII wieku*, Szkło i Ceramika, vol. 17, n° 9, pp. 232–240.
1968 *Wytwórczość szklarska na terenie Polski we wczesnym średniowieczu. Studium archeologiczno- -technologiczne*, Wrocław.
1978 *Piec szklarski*, dans: *Novae — Sektor Zachodni 1974*, Poznań, pp. 127–137.

Olczak J., Jasiewiczowa E.
1963 *Szklarstwo wczesnośredniowiecznego Wolina*, Szczecin.

Pasini A.
1885 *Il tesoro di San Marco*, Venezia.

Paulys Realencyclopädie
1893–1972 *Paulys Realencyclopädie der classischen Altertumswissenschaft*, vol. 1–23, Stuttgart.

Pawłowska H.
1954 *O zastosowaniu fotometrii płomieniowej w analizie szkła, cementu i surowców ceramicznych*, dans: *Prace Instytutu Przemysłu Szkła i Ceramiki*, vol. 2, n° 2, Warszawa, pp. 3–20.
1976 *Die Fertigung von Eichproben und Spektralanalyse von Glasantiquitäten*, Archaeologia Polona, vol. 17, pp. 75–87.

Pawłowska H., Łachnik E.
1965 *Spektrograficzna analiza szkieł technicznych i zabytkowych*, Szkło i Ceramika, vol. 16, n° 6, pp. 161–167.

Pfeffer von W., Haevernick Th.E.
1958 *Zarte Rippenschalen*, Saalburg Jahrbuch, vol. 17, pp. 76–88.

Philippe J.
1970 *Le monde byzantin dans l'histoire de la verrerie (V^e–XVIe siècle)*, Bologna.

Platz–Horster G.
1976 *Antike Gläser*. Ausstellung in Antikenmuseum Berlin, Berlin.

Ponomarev A.I.
1951 *Metody chimičeskogo analiza mineralov i gornych porod*, Moskva.

Richter G.
1911 *The Room of Ancient Glass*. Supplement to the Bulletin of the Metropolitan Museum of Art, June, New York.

Saldern von A.
1959 *Glass Finds at Gordion*, Journal of Glass Studies, vol. 1, pp. 23–49.
1974 *Gläser der Antike, Sammlung Erwin Oppenländer*, Köln.

Saldern von A., Nolte B., La Baume P., Haevernick Th.E.
1974 *Glassammlung Hentrich. Antike und Islam*, Düsseldorf.

Sasse B., Theune C.
1995 *Merovingian Glass Beads — a Classificational Model*, dans: *Glass Beads. Cultural History, Technology, Experiment and Analogy, Studies in Technology and Culture*, vol. 2, Lejre, pp. 75–82.

Sayre E.V.
1963 *The International use of Antimony and Manganese in Ancient Glasses*, dans: *Advances in Glass Technology. Papers and Discussion of the VI International Congress on Glass*, partie 2, New York, pp. 263–281.

Sayre E.V., Smith R.W.
1961 *Compositional Categories of Ancient Glass*, Science, vol. 133, n° 3467, pp. 1824–1826.

Smirnov K.F.
1953 *Severskij Kurgan*, dans: *Pamjatniki Kul'tury, Trudy Gosudarstvennogo Istoričeskogo Muzeja*, vol. 11, Moskva.

Smith R.W.
1957 *Glass from the Ancient World*, Corning–New York.

Sorokina N.
1969 *Das antike Glas der Nordschwarzmeerküste*, dans: *Annales du 4e Congrès des „Journées Internationales du Verre"*, Liège, pp. 67–79.

Spravočnik
1963 *Spravočnik po proizvodstvu stekla (travail collectif),* Moskva.

Stawiarska T.
1985 *Paciorki szklane z obszaru Polski północnej w okresie wpływów rzymskich*, Wrocław.

Sunkovsky R.
1956 *Antike Gläser in Carnuntum und Wien*, Wien.

Ščapova J.L. (Szczapowa J.L.)
1960 *O primenenii kačestvennogo spektral'nogo analiza stekla pri izučenii istorii steklodelija drevnej Rusi*, Sovetskaja archeologija, n° 1, pp. 91–101.
1961 *Wyniki analizy spektrograficznej wyrobów szklanych z wczesnośredniowiecznego Gdańska*, dans: *Gdańsk Wczesnośredniowieczny*, vol. 4, Gdańsk, pp. 27–34.
1963 *Stekljannye izdelija drevnego Novgoroda*, dans: *Materialy i Issledovanija po Archeologii SSSR*, vol. 117, Moskva, pp. 104–163.
1972 *Steklo Kievskoj Rusi*, Moskva.
1973 *Zasady interpretacji analiz składu chemicznego szkła zabytkowego,* Archeologia Polski, vol. 18, n° 1, pp. 15–72.

1975a *Iz istorii drevnejšej technologii stekla*, dans: *Očerki technologii drevnejšich proizvodstv*, Moskva, pp. 133–155.
1975b *Le verre byzantin du Ve–XIIe siècles*, dans: *Srednjovekovno staklo na Balkanu (V–XV vek)*, Beograd, pp. 33–48.
1977 *O chimičeskom sostave drevnego stekla*, Sovetskaja archeologija, n° 3, pp. 95–106.

Šelkovnikov B.A.
1959 *Steklo Kievskoj Rusi X–XIII vekov*, Vizantyjskij Vremennik, vol. 16, pp. 114–126.

Szilágyi K.
1994 *Perlentypen aus dem X.–XII. Jahrhundert in Ungarn und ihre archäologische Bedeutung*, Památky archeologické, vol. 85, pp. 75–110.

Technologia
1972 *Technologia szkła* (travail collectif), Warszawa.

Tempelmann–Mączyńska M.
1985 *Die Perlen der römischen Kaiserzeit und der frühen Phase der Völkervanderungszeit im mitteleuropäischen Barbaricum*, Mainz.

Tischler O.
1879 *Ostpreussische Gräberfelder III*, Schriften der Physikalisch–Ökonomischen Gesellschaft zu Königsberg, vol. 19 [1878], pp. 159–269.

Trowbridge M.L.
1928 *Philological Studies in Ancient Glass*, dans: *University in Illinois Studies in Language and Literature*, vol. 13, Illinois.

Turner W.E.S., Rooksby H.P.
1959 *A Study of the Opalising Agents in ancient Opal Glasses throughout Three Thousand Four Hundred Years*, dans: *V. Internationaler Glaskongress*, Glastechnische Berichte, Sonderband, vol. 32 K, pp. VIII/17–28.

Vessberg O.
1952 *Roman Glass in Cyprus*, dans: *Opuscula Archaeologica*, vol. 7, pp. 109–165.

Ziembiński Z.
1965 *Logika praktyczna*, Warszawa.

Zimmer K., Flórián K.
1979 *Spektrochemische Analyse von Glasperlfunden*, dans: *Abstracts XXI. Coll. Spectr. Intern. and 8. Intern. Conf. on Atomic Spectr.*, Cambridge, p. 56.

ATLAS DES COULEURS

Élaboration
J. Ščapova et L. Kwaśnik

Dessins
M.G. Fedorov et B. Sozański

1. BLANC **2. POURPRE**

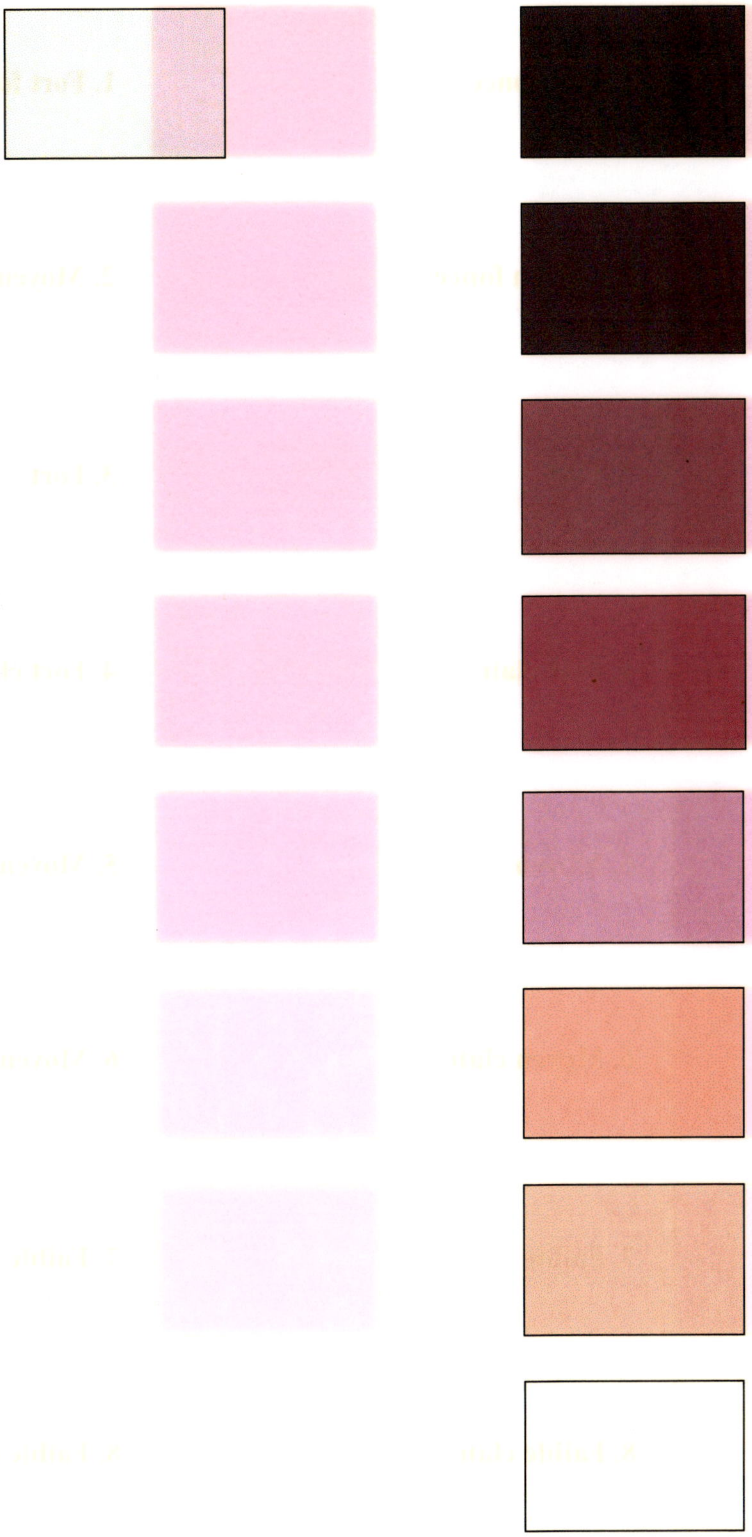

1. Fort foncé
2. Moyen foncé
3. Fort
4. Fort clair
5. Moyen
6. Moyen clair
7. Faible
8. Faible clair

3. ROUGE

1. Fort foncé
2. Moyen foncé
3. Fort
4. Fort clair
5. Moyen
6. Moyen clair
7. Faible
8. Faible clair

4. ROUGE–ORANGE

1. Fort foncé
2. Moyen foncé
3. Fort
4. Fort clair
5. Moyen
6. Moyen clair
7. Faible
8. Faible clair

5. ORANGE

1. Fort foncé

2. Moyen foncé

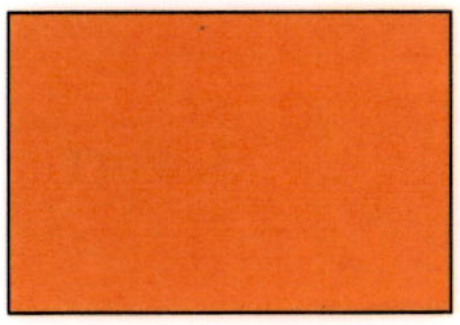

3. Fort

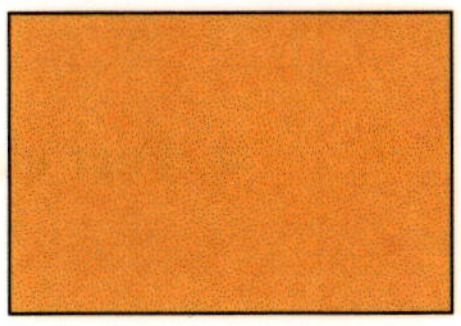

4. Fort clair

5. Moyen

8. Faible clair

6. ORANGE–JAUNE

3. Fort

8. Faible clair

7. BEIGE

2. Moyen foncé

3. Fort

4. Fort clair

8. Faible clair

8. JAUNE

1. Fort foncé

2. Moyen foncé

3. Fort

4. Fort clair

5. Moyen

6. Moyen clair

7. Faible

8. Faible clair

9. VERT–JAUNE

1. Fort foncé
2. Moyen foncé
3. Fort
4. Fort clair
5. Moyen
6. Moyen clair
7. Faible
8. Faible clair

10. OLIVÂTRE

1. Fort foncé
2. Moyen foncé
3. Fort
4. Fort clair
5. Moyen
6. Moyen clair
7. Faible
8. Faible clair

11. JAUNE—VERT

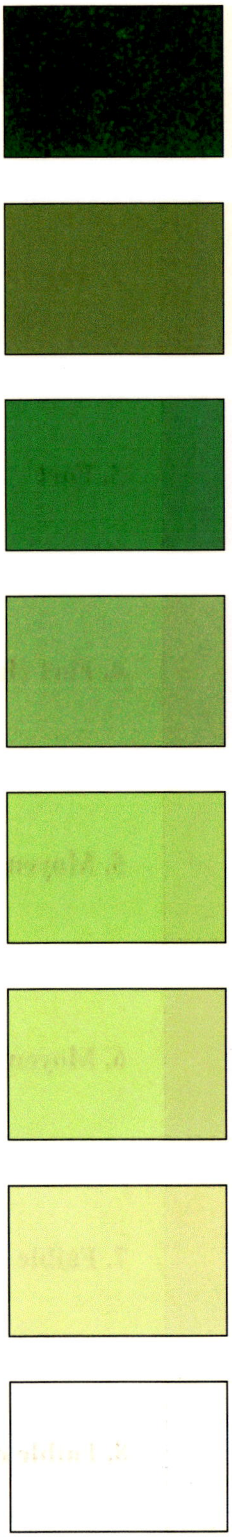

1. Fort foncé
2. Moyen foncé
3. Fort
4. Fort clair
5. Moyen
6. Moyen clair
7. Faible
8. Faible clair

12. VERT

1. Fort foncé
2. Moyen foncé
3. Fort
4. Fort clair
5. Moyen
6. Moyen clair
7. Faible
8. Faible clair

13. VERT–BLEU–PRIMAIRE	14. GRIS–BLEU–PRIMAIRE
	1. Fort foncé
2. Moyen foncé	2. Moyen foncé
3. Fort	3. Fort
4. Fort clair	4. Fort clair
5. Moyen	5. Moyen
6. Moyen clair	6. Moyen clair
7. Faible	
8. Faible clair	8. Faible clair

15. TURQUOIS

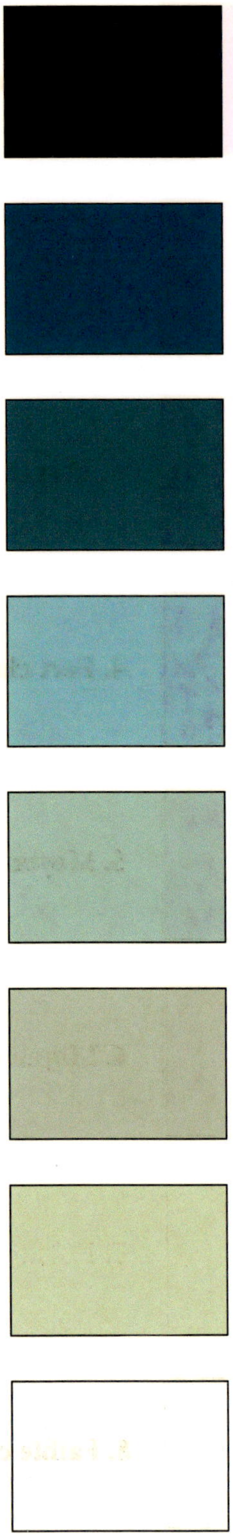

1. Fort foncé
2. Moyen foncé
3. Fort
4. Fort clair
5. Moyen
6. Moyen clair
7. Faible
8. Faible clair

16. BLEU

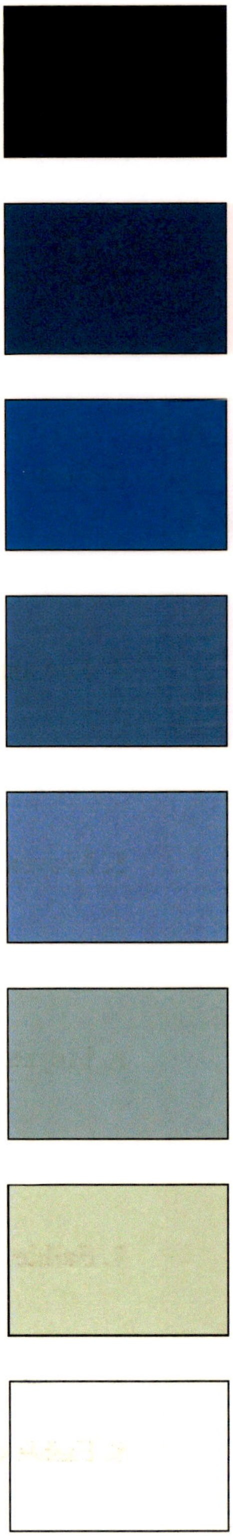

1. Fort foncé
2. Moyen foncé
3. Fort
4. Fort clair
5. Moyen
6. Moyen clair
7. Faible
8. Faible clair

17. VIOLET–BLEU

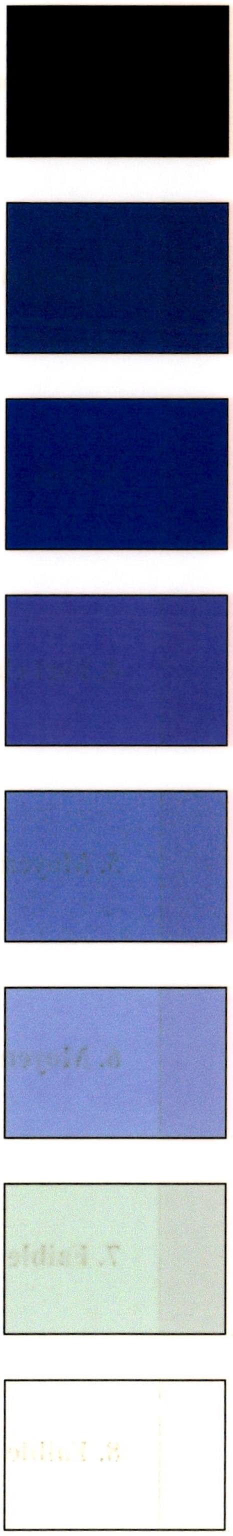

1. Fort foncé
2. Moyen foncé
3. Fort
4. Fort clair
5. Moyen
6. Moyen clair
7. Faible
8. Faible clair

18. VIOLET

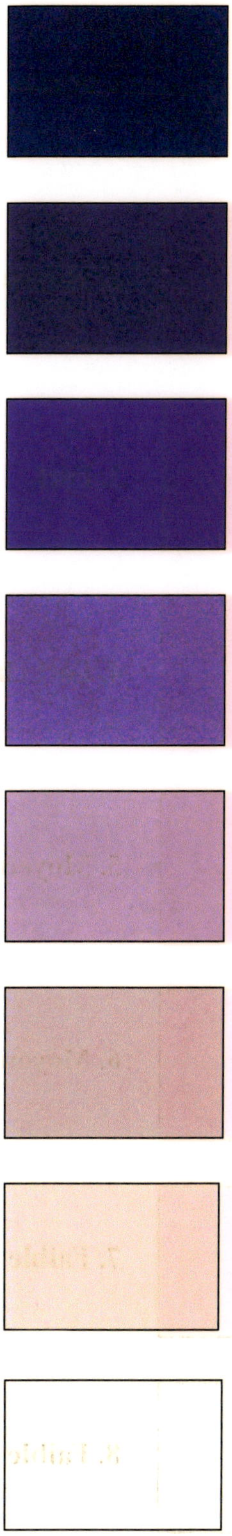

1. Fort foncé
2. Moyen foncé
3. Fort
4. Fort clair
5. Moyen
6. Moyen clair
7. Faible
8. Faible clair

19. ROUGE–BRUN	20. BRUN
	1. Fort foncé
2. Moyen foncé	2. Moyen foncé
3. Fort	3. Fort
4. Fort clair	4. Fort clair
5. Moyen	5. Moyen
6. Moyen clair	6. Moyen clair
7. Faible	7. Faible
8. Faible clair	8. Faible clair

21. GRIS **22. NOIRE**

1. Fort foncé

2. Moyen foncé

3. Fort

4. Fort clair

5. Moyen

6. Moyen clair

7. Faible

8. Faible clair